米其林二星「天婦羅近藤」
主廚近藤文夫的全技法圖解

天婦羅

近藤文夫

LaVie⁺麥浩斯

Master Chef 書系推薦序

（依姓氏筆劃排列）

把一件事做到極致的堅持

我經常與人分享這個概念：人一生做好一件事就夠了。

就像大師花了幾十年的功夫，才把一件事做到極致，這是身為廚師最需要「堅持、堅持、再堅持」的工作態度。舉凡細微末節的小事，都能用盡心思、仔細斟酌。

民以食為天，食物的精緻可代表一個國家的進步與水準，美食就是傳遞文化的一種方式。這本書再次證明日本人對細節及程序的重視，這也是他們在世界級美食殿堂能屹立不搖的原因之一。

這是一系列很實用的工具書，不但圖文並茂、淺顯易懂，也表達對新鮮及在地食物的尊重。作者不藏私地把所有細節鉅細靡遺地娓娓道來，讓閱讀者有脈絡可循，終能一窺大師精湛廚藝，展現大師風範，值得學習。

——雲朗觀光集團餐飲事業群總經理　丁原偉

美食滋味的立體延伸

我想我是能用食物寫日記的人。到過許多餐廳，拍照記錄當下的美食，一段時間過去，翻開那些照片，當時的場景還有食物的美好滋味，又立刻湧上心頭。

特別是一些吃了會流眼淚的食物。可能是紐約的街邊漢堡、洛杉磯的墨西哥菜、香港的烤乳豬、台南的虱目魚湯……，某個地方的某個料理、某位大廚的某道名菜，回想起來就像3D的效果，當時的色香味好像就在身邊迴盪，也或許再加上當時陪在身邊一起分享感動的人事物。

謝謝製造幸福感動的主廚們！相信「Master Chef」會讓所有讀者包括我自己，從自身的美食記憶中繼續延伸，了解主廚的故事，讓食物的滋味從3D再變成4D，更加地有滋有味。

——年代新聞「藝饗年代」主播　田燕呢

人生必訪的料理之境

從小在眷村長大的我，有時候父母親不在就會到隔壁家這邊吃吃、那邊吃吃的，讓我品嚐到來自各個地方的美食特色，也讓我對吃充滿了期待與好奇，吃完了這餐就想著下一餐要吃什麼，也是讓我如此步入了美食與料理人生之旅的契機。

這場美食之旅，除了概念上的人生經歷，也是我在世界各地踏尋料理原味的真實旅程；從實習時輾轉在法國各地餐廳習藝，到如今仍是頻繁四處造訪歐美或日本的名廚餐廳，便是為了開闊更寬廣的國際視野，然後最後回歸並反饋到自身的廚藝追求；如同料理雖然需要不斷地追求創新、與時俱進，但最終永遠仍是要回歸傳統的精神。

在這兩本「Master Chef」書系首打的兩位東京名廚的料理書中，反映了我在日本體會到的料理職人近乎日本武士道般追求極致的傳統與專業，幾乎就像是當我走進那家僅有十幾個座位的小舖時，所感受到的專一、專注，甚至是謙卑的那一刻餐廳氛圍，以另一種形式表現。這些職人們在這麼一個小餐廳裡面，忠於自我地去做想要做、會做的東西，不需要譁眾取寵地配合消費者。我很羨慕這兩位料理人，可以如此以最真實、純粹的料理，實現一個最真實的自我。

同為料理人，我可以感受到食譜中這些清楚的圖解與文字敘述之後，其實是舉重若輕地，將這些職人對於料理固執、甚至是鑽牛角尖的畢生執著與近乎「道」的態度，以及他們人生中面臨的艱辛挑戰，全部濃縮在一道道技法之中，而這些基本功便無形地擴散到酸甜苦辣之間，以五感六覺的形式，成為我們的美食饗宴。這就是一個料理大師創造出的美麗世界，也是每個料理人值得造訪的一站奇妙旅程。

——杜樂麗花園廚藝總監　任全滙

料理進級的時候

相較於其他料理體系，日本料理的精髓在於刀法、料理擺盤與食器的協調、嚴格的料理禮法與飲食禮法。自古承襲神聖稻米的價值觀，建立稻米、蔬菜、魚類的飲食模式。如果說料理是藝術，那麼日本料理無愧為綜合視聽味觸嗅五感的藝術。透過季節食材展現料理的生命力，追求敏銳的季節感；講究餐序的口味鋪陳和上菜的時機巧妙，展露不過度華美的簡樸美感和優雅品味。以及，秉持一期一會的誠意體貼款待來客。

「Master Chef」書系透過世界頂尖名廚的親自示範，傳遞對料理的傾盡熱情。也讓我回想起十五年前初為學徒的自己，曾經年輕氣盛對於炸物出現的輕蔑態度。後來才恍然大悟——用手觸感覺麵糊的稠度、用耳聽判斷滾油的溫度、用眼觀察食材特性呈現立體擺盤、用嗅覺調和麻油比例香氣、用心體貼避免客人燙口——原來炸物也能有這麼多變化，更是料理氣勢的展現。

我也還記得當年剛開始接觸燒烤的季節手法時多麼地熱衷，如春天的櫻鯛味噌燒、夏天的香魚鹽燒、秋天的鰆魚柚庵燒、冬天的寒鰤照燒。除了要掌握季節食材的特性，還要搭配不同季節的口味濃淡。最令我沉迷的是，如何在串叉時運用雙手與全神貫注，才能一次無誤地串出魚的生命力、展現其優游水中的姿態。又為了提升料理的香氣與口感的層次，更加鑽研於不同燒烤技巧的組合變化，例如海鱸鹽燒與杉板燒、古木梅花炙燒等等。

「花落的時候，就是料理進級的時候」，藉由此書讓我回顧了學習料理的初衷，追尋廚藝境界的料理魂，獲益非凡。

期待與「Master Chef」繼續一起努力，創新台灣餐飲業的國際視野、承啟台灣飲食的料理文化。

——新都里懷石料理料理長　吳明修

料亭神匠的「粹」與「藝」

法文的metiers，意思約略是中文的「行」（trade）、「業」（a vocation），也意指「一人所專精拔粹之領域」（an area of activity in which one excels）。

中文的「藝匠」，在日文裡約略相近「意匠」、「職人」。也許受到「君子不器」觀念的影響，中文的「藝匠」尚指「巧」的層次，不至「道」的境界。日文的「意匠」，則因日本文化對職人手藝、巧藝的敬重，除了「匠（藝）心獨運」、「頂真」、「照起工」等「師匠」精神外，還傳達出日文「粹」（iki）與「匠」（takumi）以及法文metiers等對創新意念、創造思維的崇敬與肯定。

都市高等遊民的深戲勝地

銀座原是江戶時代德川幕府的「中央造幣廠」所在，是鑄造銀幣的重地，後來成為日本頂尖時尚精品與流行風尚的發源地。東京的銀座並木通、神楽坂就像京都的祇園白川、上七軒，並稱「日本關東、關西事業最成功男士的OFF生活（指上班時間以外的私人生活）樂土」。是有一定身份地位，只在乎價值不在意價位的都市高等遊民（Rentier）生活家放鬆嬉遊深戲（deep play）的勝地。

不只時尚精品，關東地區最頂尖精湛的料亭意匠達人，也星群叢聚此地。例如「Master Chef」書系列領頭兩冊之炭火燒烤名家「銀座小十」（5丁目）奧田透、天婦羅神人「天婦羅近藤」（5丁目）近藤文夫均位處銀座此充滿大人魅力的夢想之街。

「吞天之氣，吸地之力」的旬節料理

意匠的創作從材料開始講究。

諸多星級料理神匠所從出的日本和食料亭「少林祖庭」德島「古今青柳」的小山裕久就認為，食材的品質在生長、種植或製作時就已經決定了，料理人的工作在於提升食材的狀態，讓客人吃到食材最巔峰的美味——「廚藝的終點就是食材」（德岡邦夫語）——以其細膩的手藝徹底發揮每種食材吞吸天地精氣神的精采。

飲饌食德的一流料亭意匠相信，每一種食材，一年之中一定有十天（旬）是最好吃的時段。

用當季食材讓客人享受節氣的精華、呈現食桌上的風景，是和食料理最重要的內涵。名亭「大坂吉兆」的湯木貞一在與小山裕久對談時便提到：「了解何謂簡樸，以春夏秋冬四季的變化與簡樸一起思考，才能品嚐滋味。這可以說是相當高深的學問，能夠掌握日本料理中的四季變化，確實呈現季節性的料理，對許多料理人來說已是竭盡全力。」這席話一方面指出日本料理的本質，另方面也點出和食料亭廚師修練的挑戰。

掌握四季變化絕非簡單概念，「所謂對季節的敏感，跟注意月曆的變化是完全不同的事」（小山裕久語）。季節轉變的細微徵兆，出現在水溫的變化中、反應在陽光的強弱裡；料理職人應該要能敏銳覺察大自然的細微變化，才能夠掌握食材的狀態，進而擬出菜單、發揮素材最鮮美的本質。

「旬節」料理的確是和食意匠的絕對信仰。

「銀座小十」的奧田透，就是出身德島「古今青柳」小山裕久門下，每年的招牌當家菜單是六月到十月的蒲燒鰻——特別是七、八月間鰻魚皮薄肉多，油脂豐美，特別誘人。「小十」用的是京都東北方琵琶湖產1.2公斤重的野生鰻，進貨後等上三天待油脂安定後，奧田方才使用。

帶領江戶前天婦羅進入蔬菜領域及薄麵衣炸法的開創性人物近藤文夫，後來更領先進入油炸無農藥的有機栽培蔬菜。

天婦羅近藤的蝦餅用的食材是五月從駿河灣運來的生櫻花蝦；文蛤用鹿島或九十九里出產；櫛瓜不用盛產的夏季，堅持四月的櫛瓜以標準麵衣細火慢炸更顯美味；南瓜則是北海道日高的里平，當地晝夜的溫差，能孕育南瓜特有的甘甜和鬆軟；茄子當然得是京野菜的代表之一，上賀

茂產的皮薄多汁圓形茄子；小洋蔥五、六月左右用愛知產、秋天則用夕張產。

料理職人不只採用切合節氣也接地氣的各式蔬果、魚介、肉品，更能「吞天之氣，吸地之力」，帶給客人天地的恩賜，享用養生與健康。

「慢工細活」的精準工序

對工序流程參數（Process Parameters）的精準要求，在「銀座小十」、「天婦羅近藤」身上均可看出。

奧田主廚的「鹽燒幼香魚」用小火花時間慢烤，為讓魚頭有一口咬下酥酥脆脆的口感，他在燒烤途中用串叉將魚嘴打開，使存在幼香魚頭內部的水份完全蒸發。另一訣竅則在調整鐵棒位置，將之在烤檯另一側架高做出高低差，使油脂可以流到魚頭呈煎烤狀態，受熱程度調控在「正面六分，背面四分」的比例。

「天婦羅近藤」的近藤主廚將麵衣的濃淡分為七階，不同食材最適炸溫各不相同。例如「炸文蛤」的麵衣就要稍濃（第二階）；而為避免文蛤的水份流失，首先需以170度的油溫下鍋慢慢油炸，接著再將溫度提高到175度，即能呈現出比生時更飽滿的模樣；但若溫度高到

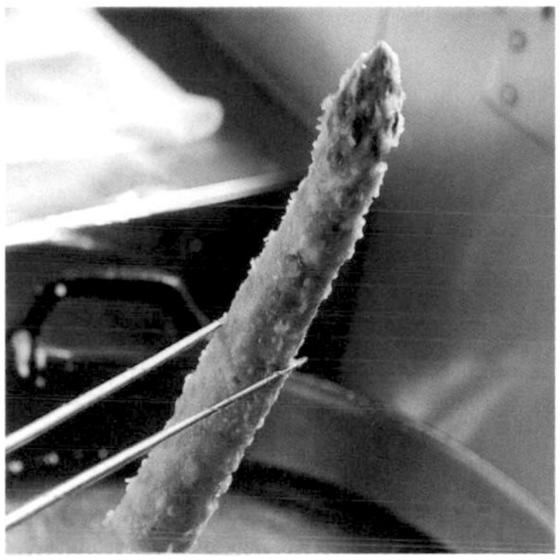

180度又會造成破裂，甜分也會隨著內部的水分流失。再如「炸蠶豆」的麵衣要薄透，豆類要均勻受熱，關鍵就在沾入若有似無的薄麵衣油炸，以鎖定蠶豆的香氣。

正是這種對材料配方、成分準度、工序流程參數一絲不苟的嚴峻要求，方成就和食的質樸內隱，以及只能默會（tacit insight）的美妙技法。

「用手思考、用身體記憶」，仰賴官能直覺的大匠巧藝

「銀座小十」的奧田主廚說：「日本料理中的炭燒是極富魅力，質樸而無法被數值化的美妙技法。」

不只技法和工序無法被數值化，如果你曾坐在「銀座小十」僅有六席的吧檯座位，親眼目睹奧田透的刀工，真是會令你佩服得五體投地。他在切食材時，眼光從來都是落在吧檯前的客人身上，還能一邊與賓客話家常。

諸位料亭意匠的行誼正是在啟示我們，深藏鑲嵌在其中的許多技能、功夫與能耐，只能親手思考，親自記憶——難以用言語傳達這些內隱的（tacit）深度工作智慧（Because Wisdom Can Not Be Told.）——意匠的味覺、觸覺等深度本能修為不同凡響，總是小心應變、完全集中其工序的流程。憑自身肌膚官能的感覺來調整油鍋或燒檯內的最適溫度。

食材燒烤時候叉棒的迴轉速度、傾斜時機與角度；天婦羅麵衣的薄厚、油炸的溫度……等操作條件，樣樣都要仰賴料亭意匠的直覺調整來傳達如此「手作經濟」的溫度感——整個工序流程完全靠手工作業。

「意匠．利器」交相輝映的高加值

除了手作的溫度感、深度專業的艱難，「意匠經濟」所創造的另一個高加值奧祕是不只對材料追求至善，也對工具利器永不止息的講究。

「銀座小十」的奧田透，堅持使用四國土佐出產，年輪排列緊密、質地緻密、硬度過人、特別耐高溫長燒的姥芽櫟木備長炭，彰顯意匠對「器」與「具」的使用——如此執著，絕無妥協。

職人對「器具」的講究，無不跟他的工法流程相互鑲嵌關連。主廚奧田透的「鹽燒七星鱸魚」，首先用小火，將油脂自刀痕密布的皮中釋出；待翻面時，再利用累積的油脂滴落在炭火上所產生的煙來燻烤。運用魚介自身的油脂將魚皮烤得焦脆，並帶有馥郁的煙燻香氣正是料理美味的祕訣——簡潔的美味中見真章。

從材料的嚴選、工具的執著、到工序流程講求的絕對謹慎。頂級食材在慢慢流逝的時光中熟成，又經由名人意匠的絕妙高明手藝才能完成。再配上盛擺佳肴的器皿物件烘托。

奧田透喜用摯友西岡小十的唐津燒——獨具個性的燒陶搭配做工神妙的料理，眼耳鼻舌身意，色聲香味觸法，每每令人色授魂與，沉醉忘我……完成「器」、「技」、「材」、「藝」的完美機遇，也是頂尖和食——炭火燒烤與天婦羅的精華所在。

絕頂級的原真體驗（Authentic Experience）

總結來說，銀座意匠的首要意圖，就在於取用一流的材質，運用精湛的手工，提供客人最頂級的體貼手感服務與最尊榮的個人化接觸。

當你吞下一口奧田透以出神入化的手藝翻烤的琵琶湖野生鰻魚；或是近藤文夫切成十多公分厚、慢炸四十分鐘、外皮如同Pastry千層派酥脆、內裡香甜鬆軟、水分甜分都被完美完封在內的招牌絕藝酥炸薩摩芋天婦羅……「天地逆旅，光陰過客；而浮生若夢，為歡幾何？」之感頓然萌起。

都市高等遊民，大隱於市。冰啤一杯在手，藉神匠美食「吞天之氣，吸地之力」，睥睨四方，顧盼自雄。

衷心感觸：最好的時光，就是當下此刻；最好的地方，就是神匠料亭此地。

此情此景，值得浮一大白，不亦快哉！

——國立政治大學科技管理研究所教授、美食愛好者　李仁芳

料理品味的畢生追求

我十分樂見「Master Chef」系列書籍的規劃與出版。專業的廚藝料理書籍，對台灣來說實在太重要了。早期在台灣當廚師，很容易被認為是不學無術，使我們失去很多傳承與發揚的機會。隨著時代的進步與國際交流，現在的廚師在台灣越來越受尊重，「料理」也成為被認同的一門藝術。

我自己在近十年前就接觸過日本的料理師傅，他們的專業令我留下深刻印象。包括從內部的食材要求、到外部的經營管理，樣樣都是學問。我認為做「廚師」這個行業，國際觀非常重要，唯有透過國際交流，我們的視野和態度才能成長。

例如西方國家，他們尊重廚藝，把料理視為生活裡的一種美學，這是整個社會文明及文化長期以來的養成。也因如此，在料理的世界裡他們對待食材的細緻與認真就遠遠超過我們。比較可惜的是，台灣以及整個華人地區，對待飲食的態度都仍停留在「烹飪技巧」的層次。你到歐美國家去用餐就會發現，東方及西方世界對待「用餐」這件事的態度完全不同。中式餐廳可能氣氛很熱鬧，餐點和氣氛都很火熱。但是對於西方國家而言，飲食已經融入在他們的生活裡，用餐就是一種享受。可能一餐搭配四種酒、什麼樣的料理搭配什麼酒，整套餐點的流程都是設計過的，這是一種知識和專業的展現。

相信透過「Master Chef」系列書籍的出版，年輕的廚師們能得到實際的幫助。許多廚師由於環境和種種因素限制，沒有辦法得到大師親自傳授或指點，但是透過「Master Chef」這個系列，可以與大師對話，從中獲得啟發。「廚師」不只是單純的職業，而是畢生的追求。

希望「Master Chef」書系能讓社會大眾更加領略料理精神及食藝之美，也更加尊重「廚藝」這個行業，尊重每一位用心料理的廚師。

——台北國賓大飯店行政總主廚　林建龍

每一口滋味都是向大師學習的課程

W・G・沃斯特夫人在其名著《廚師的十日談》一書中說：「發明一道新菜比發現一顆星星重要得多。因為我們已經有了太多的星星，但是我們卻沒有那麼多豐富的菜。」這段話在今日看來饒有深趣。飲食是最日常的人類活動，一碗清爽的麵，一份簡單的三明治，一杯乾淨的水，一天就這樣過去也是一種從容；然而列鼎而食，鐘鳴饌玉，精工於每一道菜的滋味，周到地安排一場宴席的所有細節，繁複絢麗，盡歡而散的生活也是一種過法。

當今之世，「飲食」漸漸從基本所需成為精緻消費，在美味、營養的追求外，大家也相信了專業人士評比推薦的廚師或餐廳，那些獲得星級肯定的廚藝，更是老饕趨之若鶩的追求。但我們在有幸品嚐之餘，是否真能體會廚師們在每份菜餚上所付出的心思、所奉獻的人生？

雖是我們所熟悉的料理，但大師從選材、切割、調製到擺盤，都蘊含了對食物本身美味及飲饌文化的信仰與堅持，以及其獨特心靈的智慧創意；每一次的上菜，都是一種可貴可歎之發明，不啻豐富了我們生活的內涵，也創造出人類對於飲食的可能想像。因此當我們接受了星級宴饗的款待，倘能對其藝業有更多的理解，或能將品嚐美食從感官的享受提升至於文化的思索，每一口滋味都是向大師學習的課程，讓我們更深刻地體驗美食之道。

「發明一道新菜比發現一顆星星重要得多」，或許我們更該忘掉那些外在的虛榮，不必計較哪位廚師獲得幾星的肯定，而應真正認識他們那無與倫比的料理概念與創作構成。因此「Master Chef」書系是相當值得期待的美食之旅，全書系博雅細膩，引人入勝；無論是想要親身體驗做菜樂趣，或是對美食文化充滿嚮往，意欲一窺大師廚藝的究竟，這套書都值得典藏並細細品味。

——師範大學國文學系教授、知名美食作家　徐國能

技近於道

飲食是每日所見最平凡的事，也是維持生命最重要的事，不可一日無之。

隨著生活水準的提升與文化交流的薰陶，人們對於飲食的要求也日趨精緻，飲食儼然成為五感同時進行的審美活動；「吃」成為一門學問，廚師手中的鍋鏟猶如藝術家手中的刀筆，料理展現的不只是美味，更是對人生、對文化的品味。

由「Master Chef」所引薦，一系列由世界頂尖名廚所著作的料理食譜。將讓讀者透過這些廚藝大師對料理的專注、堅持與用心，見識到他們對食材原味的慎重與對料理過程的一絲不苟。

為了舌尖上的那一味，絕不輕言妥協。

這些世界頂尖名廚所追求和貫徹的廚藝，已然技近於道。料理不再只是精湛的刀工或創意的表演，更透顯著深刻的人文內涵。閱讀他們的料理食譜，不僅是對廚藝技巧的提升，也對開闊台灣餐飲從業人員的視界與胸懷，堅定廚藝之路的墊基與拓展，助益良多。願為之序，誠心推薦。

——國立高雄餐旅大學校長　容繼業

唯有大師能成就大師

如果飲食是一門藝術，料理是一段修行，「Master Chef」無疑是廚藝之道的寶卷。不同於一般料理書，「Master Chef」除了對精細工法的演譯講究，連食材照片的呈現都傳來濃濃原味香氣，尤其讀到各位大師的心路初衷，都不免讓人若有所思，心領神會。

餐飲是技術、科學、藝術、人文流露的綜合表現，青年廚師除了需培養扎實的基本功，更應注重軟實力的涵容，創造個人的獨特性與自我想法，成為料理達人，進一步學習大師之道，修鍊大師的視框、思維與氣度。

從本書可看到每位大師近乎於道的苛求與堅持，書籍的鋪排編輯也聞到細膩與用心，難得有媒體願意深度與大師對話，也關心台灣飲食文化的傳承與推廣，希冀透過「Master Chef」的發行有助於台灣餐飲人才育成，打開餐飲人才創新視界與國際接軌。

唯有大師能成就大師，「Master Chef」值得您細細品嚐，回味再三。

——開平餐飲學校校長　馬嘉延

一窺廚藝大師之門

第一眼看到「Master Chef」書系，真是讓我又驚又喜——居然有大廚願意不藏私地公開努力多年的料理祕笈，而這正是台灣廚師、學徒、美食家、經營者目前最迫切需要的專業知識和花大錢也買不到的專門技巧。

在我心中，廚師絕對是一個藝術家。

品嚐他們的料理就彷彿是欣賞作品，從每一口食物中，感受他們的專注和用心。每當有感而發與廚師討論廚藝，對彼此言論產生火花時，更是一場集美食和感官滿足的心靈盛宴。

拜讀「Master Chef」便讓我有如在品嚐大師的好菜，意猶未盡。

從事廚藝教學和報導十七年來，我觀察「理論」和「細節」是目前台灣餐飲界最普遍欠缺的，而這方面正是日本人所最擅長。在日本居住多年的友人曾不只一次跟我抱怨台灣的日本料理與日本當地還是有很大的差距，尤其在「燒烤」和「天婦羅」這兩大方面，台灣很多師傅學的都是皮毛，是知其然而不知其所以然。

「銀座小十」主廚奧田透說過：「對我而言『燒烤』除了炭燒不做他想。」我曾兩次帶領美食饗宴團到京都的百年老店品嚐鰻魚飯，從木炭、鰻魚、醬汁到燒烤，無一不是鉅細靡遺的用心。那是即使科技再進步也無法取代炭燒這一門獨特技法的醇厚美味。我認為好的燒烤不但健康，還可以把多餘的油逼出，將食材的香氣引出，絕對不是吃來乾焦無味，只有一堆醬汁的燒烤可以比擬。

我認為天婦羅是「油炸的涮涮鍋」，在書中，「天婦羅近藤」的主廚近藤文夫說他的理想是：「不只把天婦羅當成一份油炸的工作。」所以他首創天婦羅中加入蔬菜，從用油、控溫、調粉挑戰麵衣如何輕、薄才能顯現出最頂級的菜香。他的天婦羅外皮絕對不會厚、重、油、膩，而是輕、薄、透、裡。炸好的海鮮或是蔬菜彷彿只是裹上薄薄一層蕾絲，只為了鎖住食材的鮮甜和增加香氣。

日本料理是一門很艱深的哲學和藝術，我非常不苟同近年來很多人倡導廚藝簡化，鼓勵用半成品來節省時間和成本，我認為這簡直是扼殺廚藝之美的殺手。

量多而質精的圖片，是「Master Chef」最大的特點，每一個細節、步驟和料理精神都不含糊帶過；大師級的主廚在自己專屬的領域中幾乎知無不談，宛如本人就站在你的身邊不厭其煩的叮嚀和分享；對於下定決心想認真學習卻難窺大師之門的人，「Master Chef」無異是一個千載難逢的絕佳機會。

商業繁榮需要美食當催化劑，而美好的都市一定得有好餐廳，一流的廚師會創造一個好餐廳，美食家會因好餐廳而生，不再孤寂。

——美食評論家　張瑀庭

完美，沒有終點

『一旦你決定好自己的職業，你必須全心投入工作之中。你必須喜歡它、迷戀它……你必須窮盡一生磨練技能，這就是成功的祕訣，也是讓人敬重的關鍵。』——小野二郎《壽司之神》

「熬煮一百次高湯就可以累積一百次資料」，日本料理宗師小山裕久如此叨絮。身為料理名亭「德島青柳」的店主，也是奧田透、神田裕行與山本征治等米其林名廚的師父，小山裕久日日重複熬煮高湯的動作，即便是使用相同的食材——柴魚片與昆布——但他仔細探究柴魚片的來源、昆布的部位、水質的風味、火候的差異、熬煮的時間，終於得以自在地做出表彰自身味道的高湯。

所謂的職人精神，就是不厭其煩地日復一日從事同樣的作業，看似簡單，卻需要堅強如鋼的意志才能貫徹始終。重複，並非一成不變，而是在每一次的實踐中追求更善更美的境界。不斷自我要求，不斷提升精進，職人把自己的工作當成一生的志業，他們希望攀爬生涯的巔峰，也始終心知巔峰從來不真正存在。完美，沒有終點。

很高興得知麥浩斯出版社 La Vie 編輯部即將推出「Master Chef」系列叢書，而首先登場的《米其林二星「銀座小十」主廚奧田透的全技法圖解炭火燒烤》與《米其林三星「天婦羅近藤」主廚近藤文夫的全技法圖解天婦羅》，正是得以向眾多讀者傳達日本料理職人精神的精采著作。

分別榮獲米其林三星與二星肯定的奧田透及近藤文夫，雖然擅長的料理領域並不一致，但不約而同在其著作中，扎實地介紹燒烤或天婦羅的基本功，並仔細推敲不同食材得以如何運用各該技術烹飪調理，將職人講究細節的態度與日積月累的功力表露無遺。期待讀者能心領神會理解日本職人的孤高精神，也期待 Master Chef 書系能引進更多大師之作。

——《我的日式食物櫃》作者、知名美食家　高琹雯

在食的精髓中找到真理

近日聯合國教科文組織，將日本和食文化列為世界非物質文化遺產。這突顯的正是日本人所不遺餘力在力求精緻且追求極致的文化精髓和底蘊！甚至已成為一種「道」。日本在歷史上製造了非常多錯誤，但世人仍對他們的民族性——尤其是他們文化的細緻、科技的卓越——都抱著景仰的尊重！與我們近在咫尺的日本，唐宋年間，不斷汲取大唐文化，以科學研析手法，仔細精研、改造，並了不起地從仿效到創造，再再地顯露他們謙卑、專注、實事求是的民族精神！

「吃」在咱們中華文化的記載中，有著悠久且輝煌的歷史。我們的「禮」、「樂」文化都是在「食」的基礎中奠定，說吃講食的精闢記載，多得不勝枚舉！過去的文人墨客、官貴人家，對「飲與食」不只有「規」更是有「道」；遺憾的是，在技藝水平商業化後，許多我們飲食傳統的「道與美」都因未被妥受保存、良好傳承而消失。

這幾年來，有非常多的台灣廚藝界年輕朋友自費至國外學習、參訪，甚至去比賽。但以我的觀察，許多廚師回來以後，表面上是有些進步，但嚴格說只習得了一些影子、皮毛，而沒有真正在「食」的精髓中找到真理！

如果我們的廚師能對每一樣菜餚的製作過程到桌面、進而到就口後的味蕾呈現，都能有一套堅持的方向，廣義的舒發味與香、色與型的「道」，我們美食國際化的願景方有期待！

一道美食的表現，不應僅止於好看而已，它一定要好吃，因為好吃，才是美味；美味，才是美食，這是最簡單不過的道理。過去許多廚師在看書時，常常只看圖片，看了圖片就覺得自己也會做了，不明就理之外，也不去追求對文字的理解；當然，有許多廚師可能是出自對語言與文字的隔閡，無法看懂法國菜、義大利菜與日本的食譜等。現在 La Vie 願意費力將「Master Chef」的系列套書引入並翻譯，大家不只能賞圖，也能讀字了！「Master Chef」書系的清楚和仔細，是許多台灣食譜所未能及的；而其中大師對料理的細膩和堅持，更是許多台灣師傅在程度上所無法比擬的。

我真心希望這樣的書籍能持續出版，讓台灣其他的出版社也能感染這種仔細度的氛圍，使得台灣的食譜能因這系列書籍的誕生，而提升內容的精緻度與細緻度；更讓我們的廚師，能真正深入食譜的字裡行間，領略技巧之外，更去感受深一層的文化意涵，讓台灣年輕一輩的廚師，在這樣的學習下能有更精緻的表現。期期以盼！

——知名美食家、美食作家、美食節目主持人　梁幼祥

美味料理的探究

近幾年，我有幸邀請到二位米其林三星主廚，其中 Chef Christianle Squer 的作品如宮廷般華麗非凡，工法細緻繁瑣，每道菜皆蘊含豐富層次，不論是視覺或味覺總令人驚喜連連；Chef Alain Passard 則崇尚自然，不僅注重料理的美味及美感，更重要的是能保留住食材特性，使吃的人也能充分感受到食材、甚至大自然的美好。

這兩次和米其林頂尖大廚合作的學習經驗，讓我獲益匪淺，除了非常直接地吸收到米其林等級的烹調技法，他們個人對廚藝的專業態度和作菜時的創作理念，更遠超出我所能想到的；透過米其林大師的引領，直接汲取他們最精華的專業知識，讓我對料理創作和技巧有了豁然開朗的領悟。

約十七年前，我在書局買了一本日本出版的法國料理書《法國料理的探究》，這本書收集了當代知名料理人的特色食譜，其圖文編排之細膩，即使完全不懂外文的我亦能充分理解每一道料理所傳達的要點。日本所出版的書籍一直有非常簡明易懂的編排，這對正在搜尋大量學習資料的我很有幫助，這也是一般歐美書籍所看不到的。

每一種食材特性必須透過最適合它的方式，才能延續出美味的料理，我也在這些書上透過每一位頂尖廚師的不同風格，看到食材特性如何被充分發揮、甚至創造出令我意想不到的結果。

「Master Chef」書系收錄了各大名廚和他們的料理，在讀者尚未能目睹頂尖廚師風采時，便能先透過書籍閱覽來自世界各地大師的廚藝哲學精髓，以及學習他們的創作精神和料理技巧，甚至更細膩地，深入了解到他們如何依照時節，搜尋當令食材，各種專業考量。

這是一系列傳達好物、好料理的書系，也是專業廚師、老饕、美食家，甚而喜愛料理的家庭主婦都會愛上的料理書，透過這些豐富的圖文，必將帶領大家親臨一場有如繁花盛開的料理盛宴。

——Thomas Chien 餐飲廚藝總監　簡天才

一種「讓人品嚐最鮮美食物」的堅持

炸物，那酥脆的口感與麵衣的香氣，在口中交織出「喀滋」的奏鳴曲，讓人為那單純卻又深奧的美味深深著迷。

日本人對事物的執著，對細節的用心，從對食物的敬重即可窺端倪。料理的精美，不僅在於食材的烹調與擺盤，更包含用餐的氣氛與景色。真正的美味，一旦品嚐過，這輩子便難以忘懷那味蕾上曾經綻放的感動。

本書精美的圖片與詳細的解說，結合東京米其林二星主廚近藤文夫多年在日本料理界掌廚的豐富經驗，讓人不禁驚嘆近藤主廚如此慷慨不藏私地分享炸物料理的訣竅。配合不同季節，有著不同食材組合、不同油溫以及不同醬料。從食材挑選、處理、保鮮，到油溫高低、麵漿比例等等，各式各樣料理炸物應有的知識與技巧都濃縮在這一本書中。

本書不僅是一本食譜，更像是一位知識淵博的料理師傅親自一對一指導著讀者，隨時為我們提供最詳盡的炸物知識，讓我們了解近藤主廚「想讓人品嚐最鮮美食物」的堅持。

——法國廚藝教室主持人　柯瑞玲

日本巨匠創建的烹調歷史

日本料理最注重的是季節感。

春天探出頭來的蜂斗菜與杉菜，夏天豐饒的玉米和南瓜，秋天的樹木結實累累，冬天有百合根等新鮮的冬季蔬菜，此外，春夏秋冬還有當季的海鮮。活用這些季節性的食材，巧妙地以烹調的方式、色彩、擺盤的變化來呈現出四季感。

這本書不只提及諸多天婦羅專門店的特有合適食材、薄且通透的麵衣、精心挑選的油等，再加上圖解清楚地解說基本的烹調技術。雖然天婦羅專門店在台灣少之又少，但本書完整收錄專門店獨特的烹調方法，以及日本巨匠創建的烹調歷史，將日本傳統江戶前的技術毫不藏私地分享給讀者，可以說是作者嘔心瀝血之作——將江戶時代至今的傳統天婦羅搭配新食材的變化，為天婦羅專門店的發展努力而成。

江戶前，意指著使用東京灣撈捕上岸的海鮮所烹調而成的料理，其他地方的海鮮無論如何鮮美皆不能稱之為江戶前。讀者們不妨也參考本書，使用台灣各地的新鮮食材做做看台灣獨特的天婦羅，也許會有新的味覺發現也說不定。

——六福皇宮祇園日本料理行政總主廚　冨田宗太郎

油鍋之下

油炸是非常迷人且令人安心的料理。種類繁多甜鹹全包之外，既能是街頭小吃，也能撐起高級餐廳的場面。

不論在我旅行、工作的哪個城市，是倫敦攤車的炸魚薯條、是哥本哈根酒吧裡的炸豬皮、是漢堡港口邊的炸豬排、是巴黎餐廳裡的泡芙馬鈴薯、是曼谷街頭的炸雞翅，或者是台灣俯拾皆有的鹽酥雞。無一不是均勻褐化得恰到好處，質地不同於煎、烤等乾熱烹調法的蓬鬆酥脆表皮。內裏或許多汁或許鬆軟，基本上就是能撫慰人心而且吃來輕鬆那樣口感的料理。自己在家作也是簡單容易成功的一種料理手法。

但我必須說，真正出色的油炸料理對於我來說是需要大量經驗的累積，並且十分專注嚴肅面對的一門學問。

油炸菜色大多時候在你選定備妥食材、挑好裹料、定了油溫，一但下鍋數秒後就沒有什麼回頭路能走。而且起鍋後也必須在一定的時間內品嚐，除了像是根莖類的脆片、各式油炸麵食點心，賞味時間還能撐上也不算久的一小段時間外，幾乎所有油炸料理在接觸到空氣、盛盤、搭上佐料或醬汁後，風味口感便開始以秒為單位地直線往下墜落。

所有的條件都得在對的時間裡一次到位。換句話說，這是種一次決勝負的烹調手法。

在我還是學徒時，廚房裡的油炸區域完全沒有定溫油炸機，所有的油炸料理都得仰賴一柄鐵鍋裡的熱油和底下的瓦斯爐火，至於火力大小除了手動調整火力外，無聲無息的炸油裡，溫度是高是低、是否達到適合下料的溫度，則完全需要靠感覺和經驗。另外像是西式炸魚條或義式炸乳酪等油炸料理表面包覆的粉漿也毫無比例可言，還是得完全仰仗五感來記住大廚們的配方。這對一開始負責油炸工作的我來說，每一次的料理都像是一場賭局。更不用說從表面判斷食材是炸得恰到好處、帶生未熟或是過老乾柴了。

即便到現在，每次我在設計新的油炸料理，進行試驗時，面對油鍋我還是會不免感到緊張，因為不論你多有經驗，成功失敗得在料理起鍋放進嘴裡後才能見真章。

在拜讀此書時，我除了感受過去經驗在書中被驗證的喜悅外，更多的是感佩近藤主廚在天婦羅料理上的創意及對於細節的苛求。不論是食譜步驟的解說、料理的架構概念、職人的精神理念或是對於油炸料理的各項元素解釋、工作流程的先後順序動線設計等，無不令人感到受用。

近藤主廚將畢生累積的料理技巧、細節化整為零，此書對任何一個階段的餐飲從業人員或美食愛好者來說，都是必備的參考書籍。

——《菜市場裡的大廚》作者、知名廚師　喬艾爾

推薦的話

我初次造訪「天婦羅近藤」時，當初還是一間位在小路深處的店。自從那次被熱愛美食的妹尾河童先生邀請之後，至今已不知經過了多少年。

當時的第一印象，從各方面來說，那種帶有強烈衝擊又具新鮮感的心情，直到現在仍清楚地記得。味道當然不用說，近藤先生對於工作的態度，尤其是在人品方面著實讓人喜愛和尊敬，自此之後便開始持續造訪。

由於在用餐當中無論詢問什麼問題都會仔細回答、不藏私地分享，讓用餐變得更加愉快。特別是說到那些關於對品質的堅持、嚴選食材的話題時，更是讓人為之興奮感動，不自覺聽得津津有味。

那樣的近藤先生，這次終於要出版《全技法圖解天婦羅》一書，真可說是一件值得慶賀的喜事。

正由於是一位追求完美絕不輕易妥協的人，才有辦法寫到這種讓人訝異的地步，鉅細靡遺的說明，任誰都能輕易了解。

再加上精美的圖片連小細節也不放過，想必大部分的人看了也會想親身嘗試。真心推薦喜愛這本書的讀者，絕對要挑戰一下近藤流的天婦羅。

今後也請多保重，同時期待未來還有榮幸能品嚐到嶄新的創作食材。

南禪寺・瓢亭　十四代　店主
高橋　英一

作者的話

帶來美感、香氣、感動的天婦羅

我小時候的夢想，是成為料理人。六歲時父親過世，雖然母親獨自一人將我們兄弟教養長大，但當時並不像現在這樣屬於食物資源豐富的年代，吃飯這件事本身就相當不易。因此我曾經憧憬著，如果會做菜、能成就美味的料理會是多麼美好。

學校畢業後，進入東京御茶水的「山之上飯店」。當時被吉田俊男社長斷定「你有一張和食的臉」，也因為那一句話，而分配到「和食天婦羅山之上」。

曾經利用每天工作的空檔，為了學習和食前往京都；或是為了精進天婦羅的手藝，嚐遍都內的天婦羅店。並同時仔細地反覆閱讀料理的書籍加深知識。

就這樣有一天，突然開始對天婦羅當中為何有許多魚類，卻沒有蔬菜的這件事抱持疑問。請教某位店主，得到的回答是「正因為是油炸江戶灣的魚才叫做江戶前的天婦羅」。

原來是這個道理啊。雖然了解，但難道不應該加入蔬菜嗎？這樣的想法越來越強烈。就像一直以來，我並不想這只是一份「油炸」的工作，而是期待能將天婦羅確立成為一道料理。向社長說明自己的想法，表達是否應該加入蔬菜之後，得到社長「我也是這麼認為」的肯定。

雖然在一開始，推出蔬菜的天婦羅時曾被訓斥「我可是來吃天婦羅的唷」，但我始終不放棄繼續供應。並且時常研究要油炸何種蔬菜，或是要用哪種方式油炸。

就在這樣的過程當中，發現要製作出散發蔬菜香氣的天婦羅，麵衣的濃度佔很大的關係。想要感受到蔬菜的香氣，只有讓麵衣更薄才是唯一的辦法。但這樣又再次帶來客人間更差的評價，被抗議「厚麵衣才是天婦羅」。因為當時的主流是沾著厚厚麵衣、帶有飽足感的天婦羅。但即便這樣也只能不氣餒地持續下去。

隨著那樣的日子不停地重複，終於開始考慮「獨立」這件事。期望可以在自己的店裡做想做的事，這種想法變得強烈。想要自由地製作天婦羅。想要更多的年輕顧客來品嚐天婦羅。想要呈現道地的料理。在追求蔬菜天婦羅的這段期間，又開始想要嘗試油炸無農藥的有機栽培蔬菜。

一九九一年終於實現那樣的想法，在銀座開始了「天婦羅近藤」。

從那以後的二十一年之間，各種的天婦羅問世。本書是集合我工作的大成編寫製作。解說至今為止我所有的工作內容。

我在炸天婦羅的心得是「美感、香氣、然後感動」。您如果可以感受到那樣的天婦羅，我將衷心歡喜。

二〇一三年一月

天婦羅近藤　近藤文夫

米其林二星「天婦羅近藤」主廚近藤文夫的全技法圖解◎目次

第三章 蔬菜天婦羅

春季的天婦羅

春季的山菜

夏季的天婦羅

秋季的天婦羅

【備註】

●天婦羅的食材以海鮮和蔬菜作區分，並且各自再細分為「春」「夏」「秋」「冬」。天婦羅的食材名稱依五十音的順序排列收錄。

●天婦羅的食材皆是依照實際在「近藤」所供應的季節食材來分類。營業的食材多是當季初產或因應節慶祭事，因此本書的季節分類有時會出現與食材向來的「盛產期」不同的情況。有一些類似像明蝦那種一年四季都會用到的天婦羅食材，在這裡則被歸類到該食材最適合做天婦羅的季節。

●每一種天婦羅皆附上油炸順序的圖表。「粉」是指裹粉。「衣」是指沾麵衣。「炸」是代表油炸的作業。關於麵衣的濃度則以：①濃　②稍濃　③稍稍濃　④標準　⑤稍稍淡　⑥稍淡　⑦淡，七個階段表示。而油的溫度方面，在「炸」的下方標示著適合的溫度帶。「１８０℃→１７５℃」是指在１８０℃下鍋後，待溫度下降並保持在１７５℃油炸之意。另外，「１７０℃～１７５℃」則是表示在１７０℃～１７５℃之間下鍋，在這中間的溫度帶油炸。

裝訂・版面●阿部泰治「ペンシルハウス」
攝影●海老原俊之
原書編輯●佐藤順子

第一章

天婦羅的基本技法

季節的天婦羅食材

對天婦羅而言，最少不了的就是季節感。本書登場的海鮮和蔬菜的天婦羅食材，皆是以「近藤」店內供應的季節來做介紹。當中食材有些與原本的「盛產期」不同，使用的是盛產期前的初產之物。

[海鮮]春

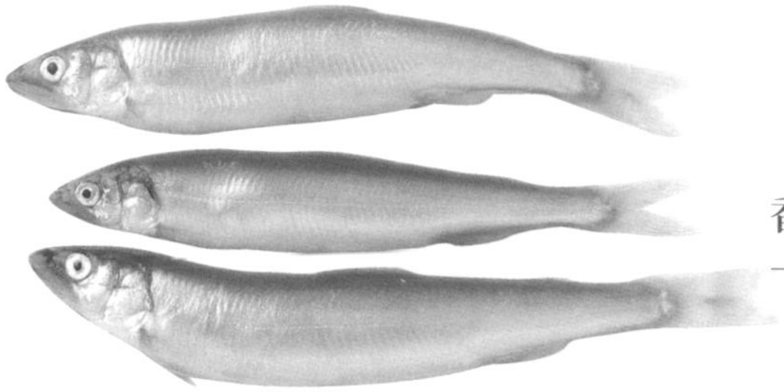

香魚　稚香魚
→ p42

小柱
→ p47

櫻花蝦
→ p50

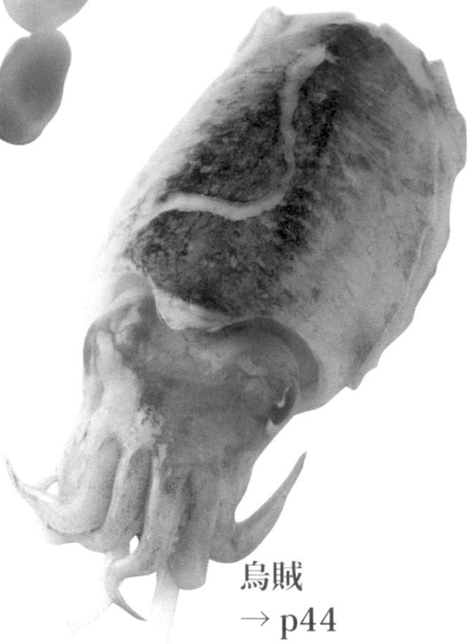

烏賊
→ p44

魩仔魚
→ p52

文蛤
→ p54

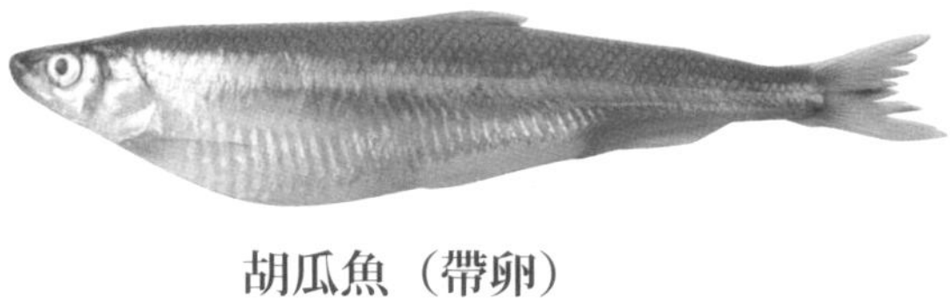

胡瓜魚（帶卵）
→ p56

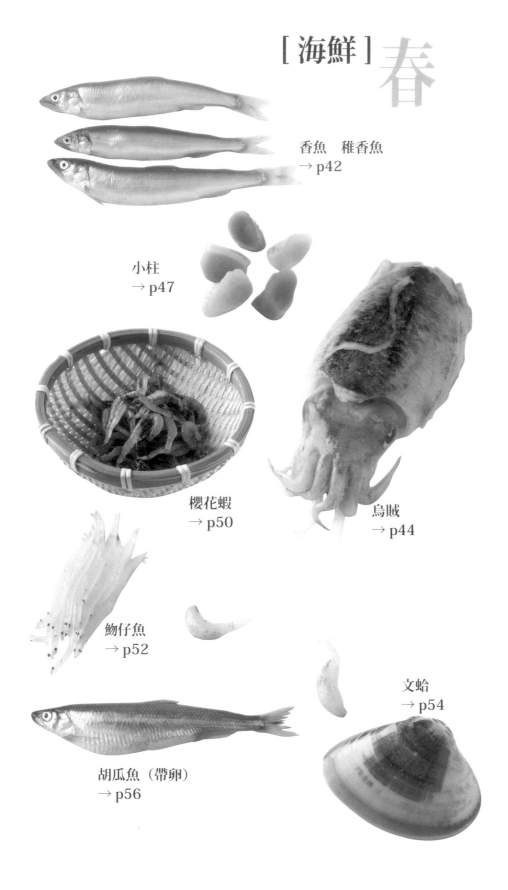

春 [蔬菜]

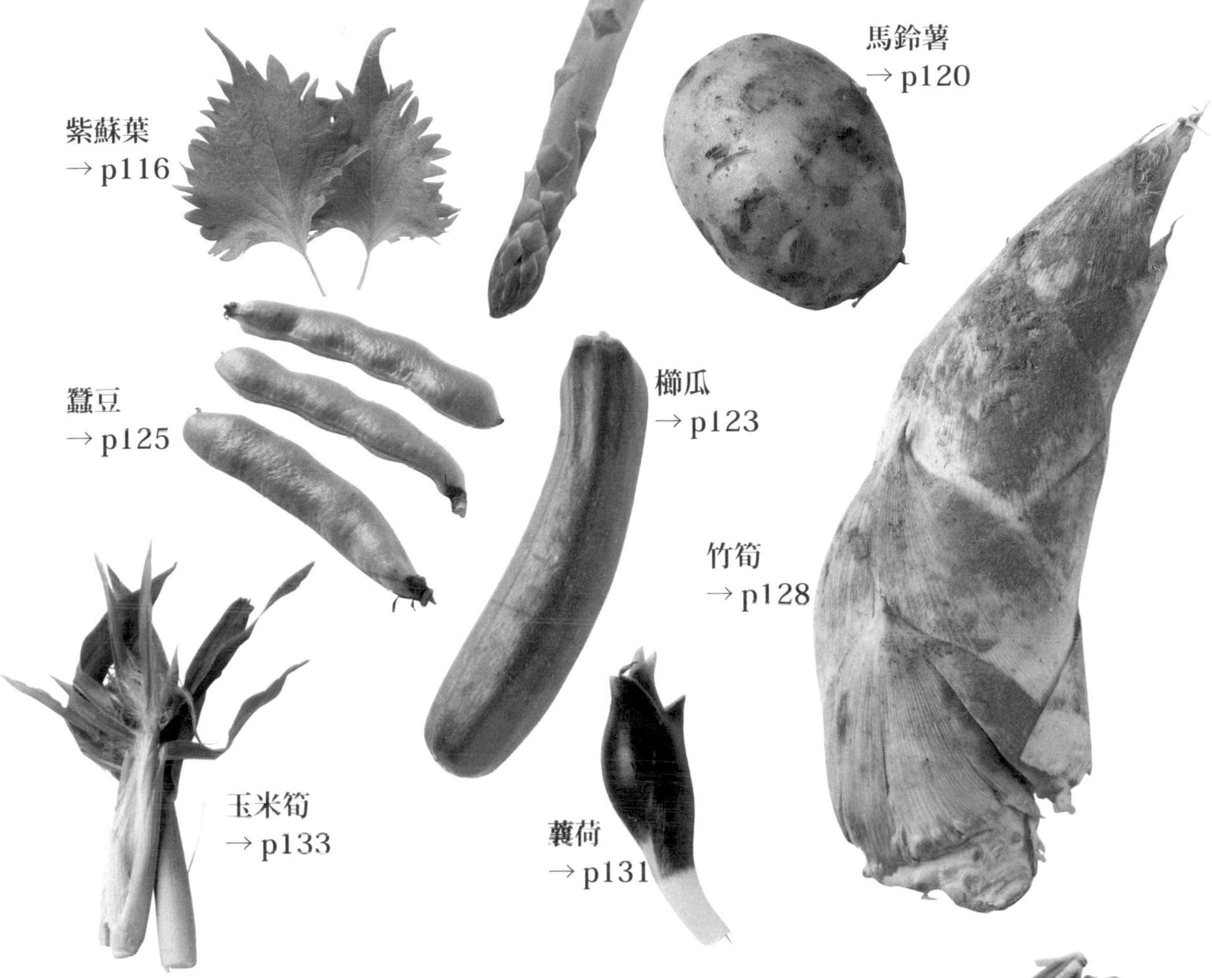
蘆筍
→ p118
馬鈴薯
→ p120
紫蘇葉
→ p116
蠶豆
→ p125
櫛瓜
→ p123
竹筍
→ p128
玉米筍
→ p133
蘘荷
→ p131

春 [山菜]

駝鳥蕨
→ p138
行者蒜
→ p136
漉油
→ p139

[山菜] 春

刺嫩芽
→ p142

水芹　山芹
→ p141

紅葉笠
→ p140

筆頭菜
→ p144

濱防風
→ p146

蜂斗菜
→ p148

山芹菜　野生
→ p150

山獨活
→ p153

雪笹
→ p157

蝦夷立金花
→ p152

夏［海鮮］

岩牡蠣
→ p66

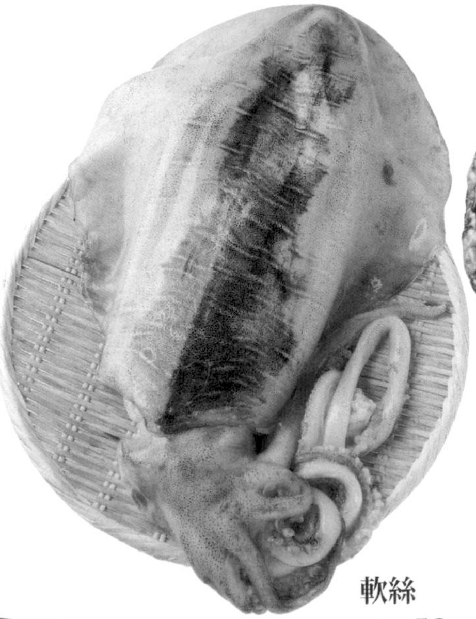

軟絲
→ p58

鮑魚
→ p62

沙梭
→ p69

銀寶
→ p72

明蝦
→ p75

烏賊　新烏賊
→ p79

蝦
→ p82

海鰻
→ p85

大眼鯆
→ p89

[蔬菜] 夏

木通
→ p158

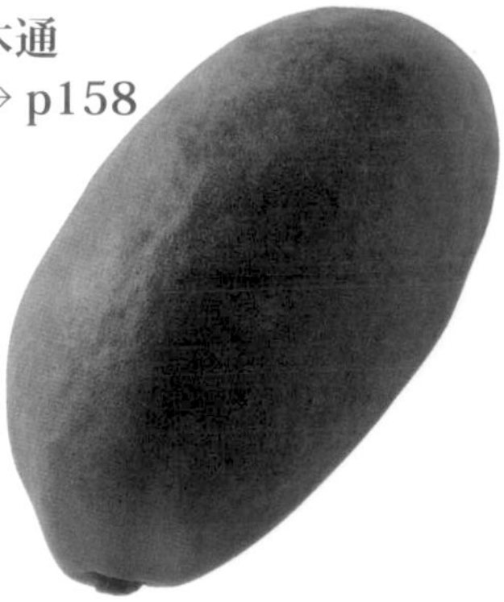

秋葵
→ p160

秋葵花
→ p162

銀杏　新銀杏
→ p170

南瓜
→ p164

圓茄
→ p168

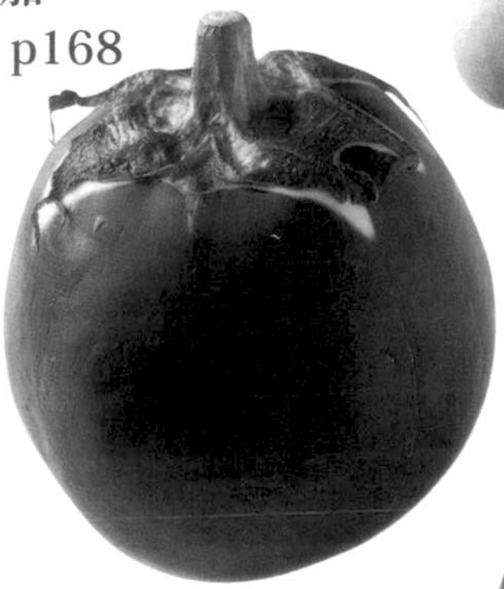

小洋蔥
→ p172

四季豆
→ p174

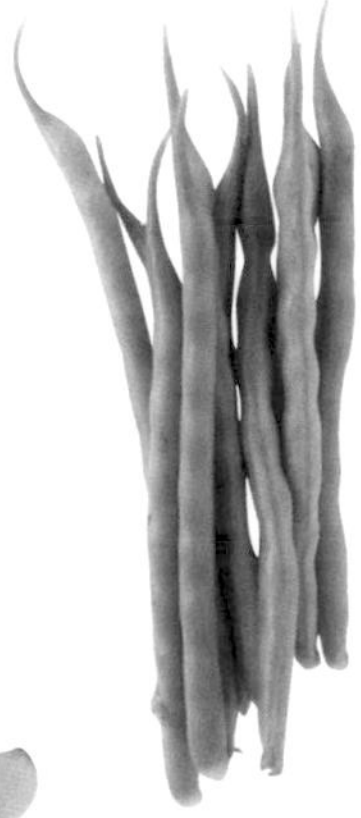

生薑　嫩薑
→ p178

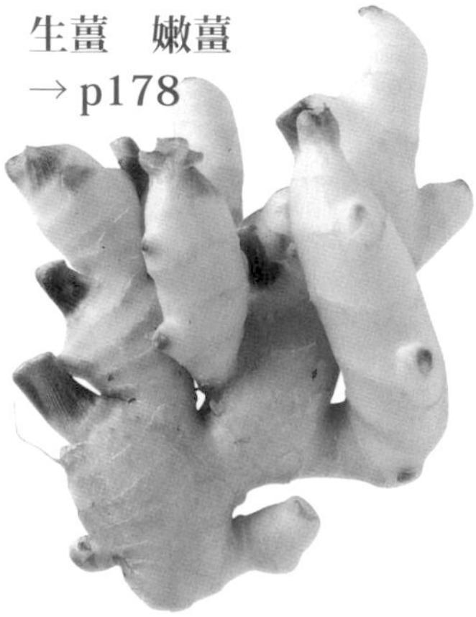

甜玉米
→ p180

燈籠椒
→ p176

箭竹筍
→ p184

山芹菜
→ p186

蓮藕　嫩藕
→ p188

秋 [海鮮]

蝦虎魚
→ p92

[蔬菜]

栗子
→ p190

金針花
→ p192

零余子
→ p194

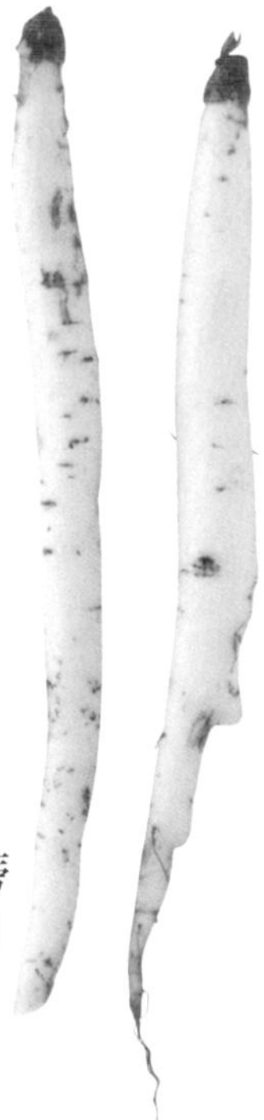

山牛蒡
新山牛蒡
→ p196

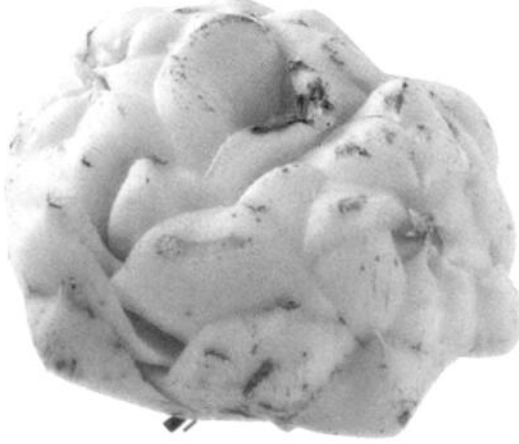

百合
→ p198

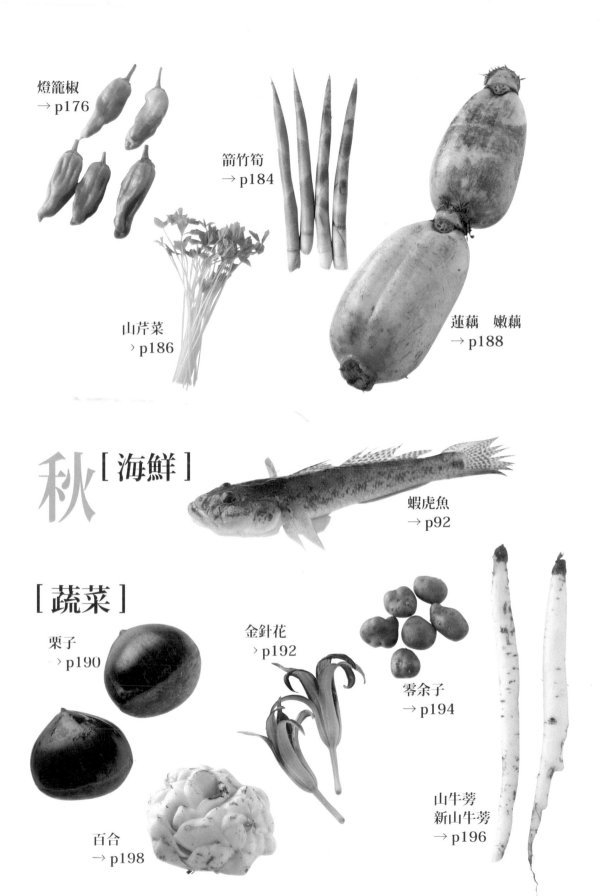

秋 [菇類]

香菇　原木
→ p200

滑菇
→ p 205

松茸
→ p211

鴻喜菇
→ p 203

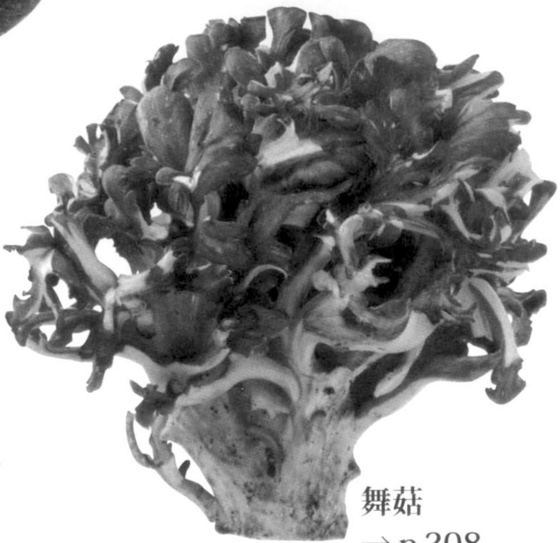

舞菇
→ p 208

冬 [海鮮]

剝皮魚
→ p102

星鰻
→ p96

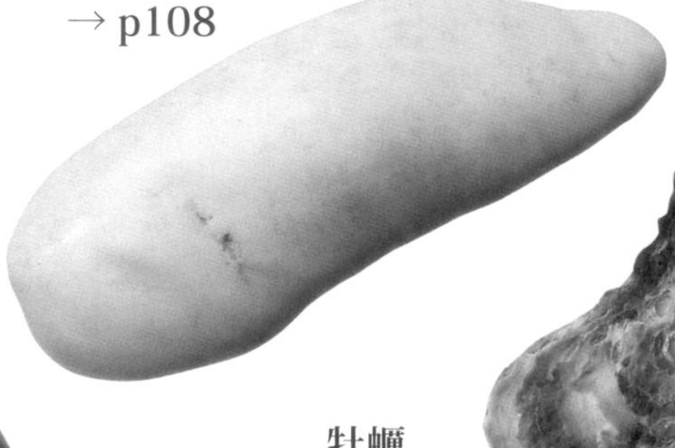

白子　河豚
→ p108

魩仔魚
→ p106

牡蠣
→ p99

扇貝
→ p112

接觸海底的下殼呈白色，上殼則是附著藻類等物質。

白子　鱈魚
→ p110

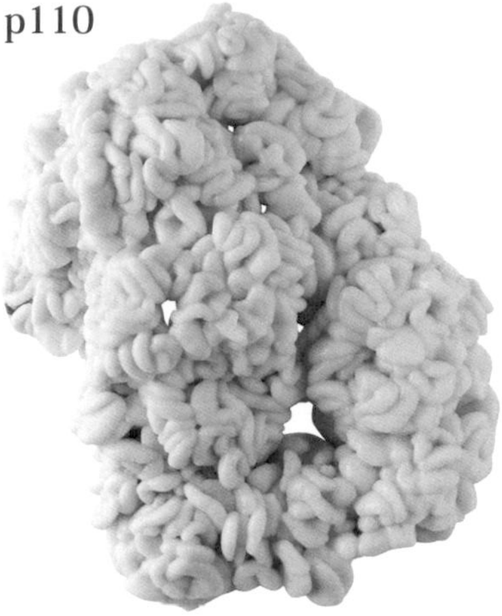

冬 [蔬菜]

慈菇
→ p214

蕃薯
→ p216

胡蘿蔔
→ p224

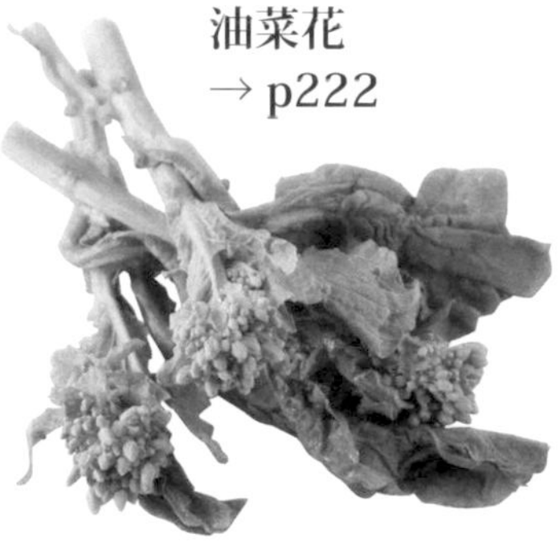

油菜花
→ p222

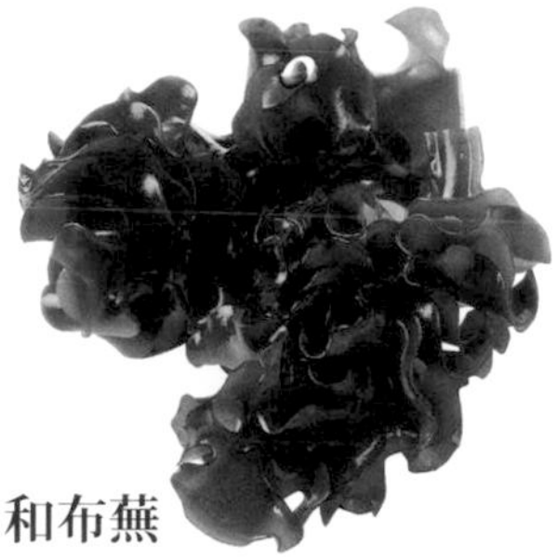

山藥
→ p220

和布蕪
→ p228

天婦羅的基本材料

製作天婦羅時不能缺少：粉、蛋汁和炸油。將各式各樣的食材搭配這三種極為簡單的材料加以調和，再把各自特有的風味以天婦羅的方式完美呈現，正可說是天婦羅職人的技術。

粉

使用低筋麵粉。事先過篩麵粉，讓空氣均勻混入，之後加入蛋汁時便更容易攪拌。

蛋汁

最重要的是要在混合均勻的狀態。並不是將蛋打勻後加水，而是在水中打蛋後再攪拌成蛋汁，順序是重點。

雖然蛋白比蛋黃不易溶解，但在水中，比起蛋黃，蛋白更容易混合，因此依照這個順序來製作蛋汁。

使用攪拌棒（粗筷），充分地來回攪拌至起泡。大概到起泡的程度就表示蛋白已混合均勻。

粉

蛋汁

水　2公升
蛋（L size）4個

炸油

焙煎胡麻油（極淡）1
太白胡麻油 3

炸油

百分之百的胡麻油（竹本油脂）。將焙煎胡麻油（極淡）與未經烘焙程序的太白胡麻油（太白）以1：3的比例調和。

極淡是指利用低溫烘焙的淺色胡麻油。在太白當中加入焙煎胡麻油後，不僅可以增加黏稠度，同時還能增添香氣。例如星鰻等食材，如果只單純使用太白胡麻油，就無法炸出理想的酥脆口感；想要完美表現出星鰻特有的美味，就需要添加焙煎胡麻油。

炸油在營業時間中需時常更換。由於維持食材的香味是第一考量，因此不是補充，而是全部更換。例如，中午以顧客數十五人的午間套餐為主，一輪下來需更換3～4次的油。到了晚上，「おまかせ*」的主廚推薦餐點增加，油的劣化速度加快，更要換到5～6次。

炸油不是到要使用時再進行調和，而是事前準備好比較方便。

*在日式料理店當中，顧客不自行點餐，將菜色交由主廚決定的用餐方式。

麵衣製作

○標準的麵衣

篩粉和蛋汁以1：1的比例（等量）來調配標準的麵衣。

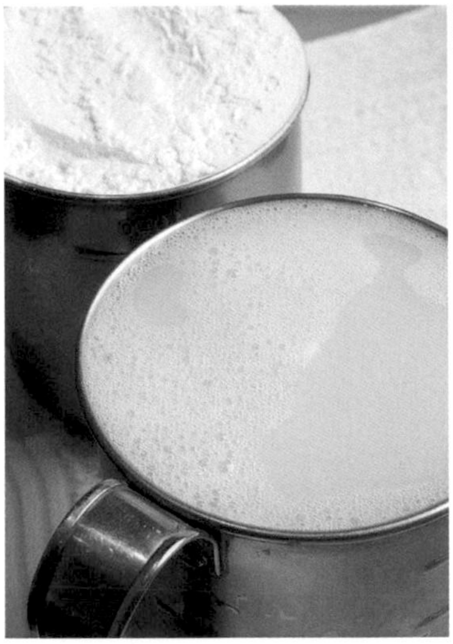

包裹著標準麵衣的沙梭天婦羅。標準的麵衣呈現無法透視內部食材顏色的質感。

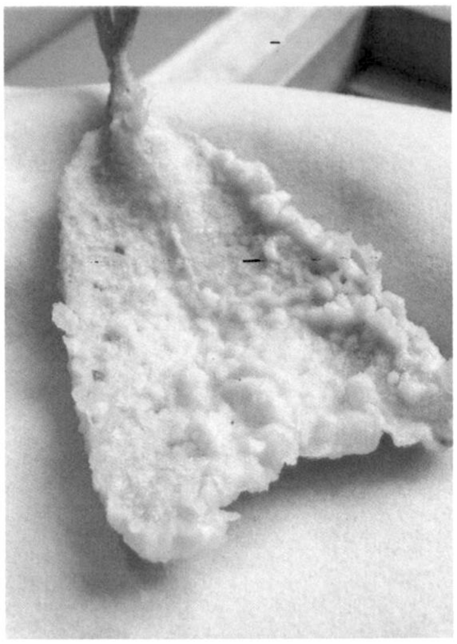

① 將蛋汁倒入碗內，再將篩粉分數次加入。如果將蛋汁倒進麵粉內，將會難以攪拌，因此需將麵粉加入蛋汁當中。

② 將打蛋器橫放，以畫8字的方式攪拌，注意不要產生粘性，大致地混合。

③ 浮在上頭的麵粉，利用打蛋器敲壓至下方。

④ 標準的麵衣。多少殘留一些小麵團也無妨。

⑤ 大約到筷子撈起時，麵衣不會中斷、可垂直滴落的程度。

稍濃的麵衣和稍薄的麵衣

營業時，先在一個碗中，事先調好稍濃的部分、標準的部分和稍薄的部分。這麼做的話，即可迅速依照水分和形狀各有不同的天婦羅食材，搭配適合的麵衣濃度下鍋油炸。若每一樣食材都從頭開始調製麵衣會無法趕上出菜的進度。

① 在標準麵衣的三分之一處，加入大約一湯杓的麵粉。這部分就成為稍濃的麵衣（A）。切記勿將碗內全部混合成相同的濃度。大致到邊端部分的麵粉調勻即可。

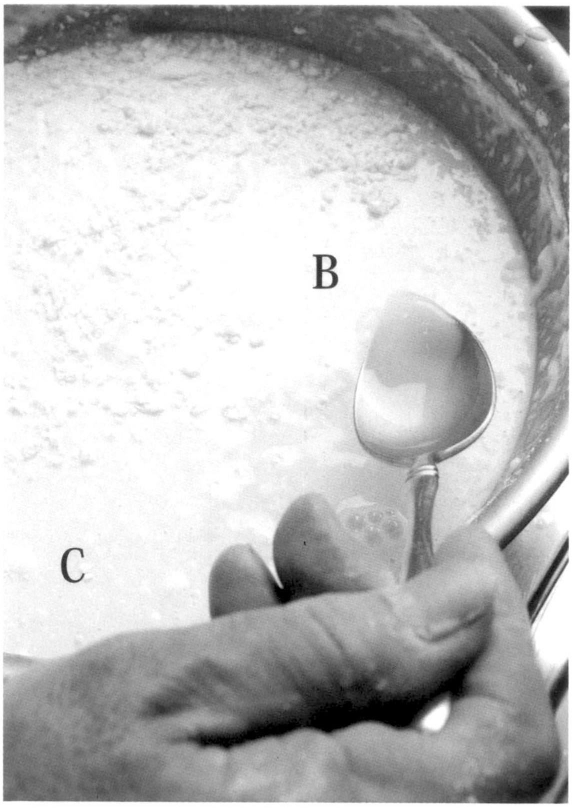

② 旁邊加入大約兩湯匙的蛋汁稀釋，這部分就成為稍薄的麵衣（B），蔬菜等食材就是沾這邊的薄麵衣。剩下的部分（C）則是維持當初標準的濃度。

目測稍濃的麵衣

稍濃的麵衣，會厚厚地附著在攪拌棒上，有麵團殘留。

食材上留下濃稠的麵衣。

目測標準的麵衣

攪拌棒上殘留著滑順均勻的麵衣。

食材上殘留薄薄一層滑順的麵衣。

目測稍薄的麵衣

一下就滑落，攪拌棒上幾乎沒有麵衣殘留。

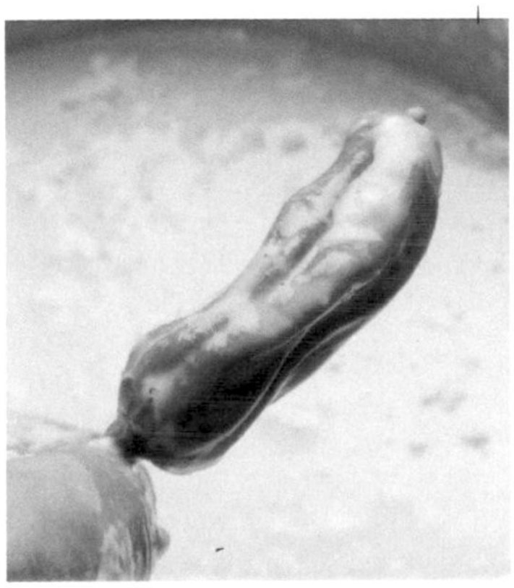

食材的光滑表面上，幾乎沒有麵衣附著。

目測小柱天婦羅餅用的麵衣

用漏杓撈起後，麵衣會滑落到下方。油炸小柱時，麵衣太薄食材容易焦黑，太濃又無法呈現出鮮豔的色澤，因此調整到標準和稍薄之間的濃度最為恰當。但如果是製作易熟的山芹菜或是胡蘿蔔等蔬菜天婦羅餅時，則需使用更薄的麵衣。

油炸完成。最適當的麵衣濃度是可以清楚看見小柱透出的橘紅色。

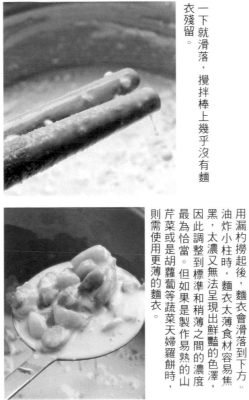

油溫的判斷方法

製作天婦羅時，需根據食材的含水量等不同來調整油炸的溫度。蔬菜類是從１７０℃開始，而星鰻之類的則是用１９０℃左右的高溫油炸。另外，沒有任何天婦羅食材會使用低於１７０℃的油溫。

這裡將說明如何利用目測，在炸油裡放入標準的麵衣，從麵衣所冒出來的氣泡外觀，來判斷油的大約溫度。

170℃

適合全部蔬菜的油炸溫度

麵衣在無聲的氣泡當中沉入鍋底，然後再快速地浮起。

160℃

對炸天婦羅來說明顯過低的溫度

麵衣沉重緩慢地沉入鍋底，然後再緩緩地浮出。麵衣無論是在沉入或浮起的過程，幾乎都不會有氣泡出現。如果在這種油溫下油炸，會造成麵衣吸油，變成油膩軟爛的天婦羅。

190℃

適合炸星鰻，或是續炸多數天婦羅的油炸溫度

麵衣倒入的瞬間，表面同時產生大量的微小氣泡。輕的麵衣不會下沉，只會在表面散開，少數集中的麵衣會沉到中間，但不會落到下方，之後馬上隨著氣泡浮起。氣泡仍未改變，且大量地冒出。從側面看就可以清楚地了解氣泡的旺盛度和數量。

180℃

適合蝦子等海鮮類的油炸溫度

倒入麵衣時，麵衣落下的瞬間會在周圍產生氣泡並快速地向下沉，但只維持在接近鍋底處並不會完全沉入。接著同時冒出許多氣泡並迅速浮起，在油的表面散開。麵衣無論是往下落或是浮起時都會產生許多氣泡。

油炸料理檯的配置

製作天婦羅的順序是裹粉、沾麵衣和油炸。因此符合這項作業流程的料理檯配置是極為必要。

在「近藤」，站在油炸師父的角度，面向左側的料理檯擺放麵粉、麵衣和蛋汁。右側的料理檯則是放了油鍋、瀝油桶和濾油杓、油炸專用筷。是由左到右來進行作業流程。

另外，這裡的配置方式是給習慣右手的人使用。

中間擺放瀝油桶和濾油杓，兩側則是油鍋，在油鍋的右手邊放置油炸專用筷。位在右側角落的是稱為一文字的小鐵鏟。這是為了清理麵衣、炸油或是麵粉等髒污而準備。而在油鍋上方，則是為了防止油濺至吧檯，並安裝了兩片可拆式的透明壓克力板。

營業時，需同時準備兩口不同油溫的油鍋。把面向右側的鍋子，設定成較低的溫度（170 ～ 175℃左右），左側的鍋子則維持在較高的油溫（180 ～ 190℃左右），將食材放入適合各自溫度的鍋內油炸。而隨著油炸作業的持續，左側的鍋內溫度也會跟著降低，這時可以臨機應變，將右側油鍋的溫度提高到 180℃，再把食材移至右側鍋中，以合適的溫度繼續油炸即可。

（左側的料理檯）

在油鍋的左側，擺放整套製作麵衣的用具。由左上方開始是漏杓、湯杓、裝了水的鋼杯和打蛋器、以及裝著過篩小麥粉的碗，其左下的鋼杯裡是蛋汁，右下則是麵衣的碗（倒入蛋汁備用）。

在料理檯鋪上濕毛巾，避免用具滑動。

天婦羅的基本製作過程

①～⑧的一連串作業需迅速且順暢地進行。這是在油炸黃金時間稍縱即逝的天婦羅時，不可或缺的重要關鍵。

①

準備天婦羅的食材

↓

②

調整麵衣

＊想要較濃稠時，可在標準的麵衣當中加入麵粉，想要較薄時，則可添加蛋汁稀釋。

↓

③

在天婦羅的食材上裹入麵粉

＊拍去多餘的麵粉。根據食材的種類，有些只沾取部分，有的則是完全不沾粉直接油炸。

↓

④

確認油溫

＊放入少量麵衣，以麵衣在油鍋中的狀態來判斷。

→

⑤

在③上裹入麵衣

＊去除多餘的麵衣。

↓

⑥

油炸

＊最初下鍋時，面朝上的部分，擺盤時此面也朝上。

↓

⑦

瀝油

＊在適當的時候從鍋內取出。

↓

⑧

出菜

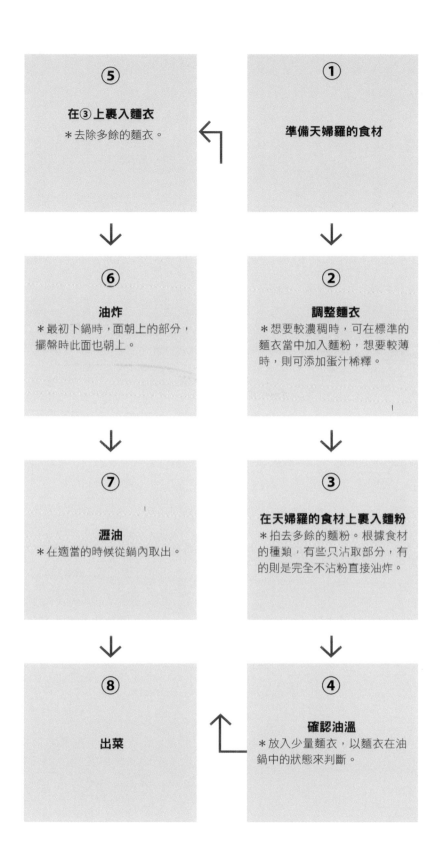

天婦羅食材的油炸順序

以①蘆筍、②茄子、③蓮藕、④青椒為例，將油炸順序配合圖片加以解說（兩人份）。圖片上的配置是依照慣用右手的人來設計。

由於蘆筍形狀細長，麵衣散開的範圍較廣，為了不讓其他食材受到影響，最先下鍋。當麵衣開始固定後，便放入最花時間油炸的茄子。然後再放進第二費時的蓮藕。最後加入的青椒，由於表面光滑，麵衣容易剝落，因此不希望有任何大動作，要在不移動鍋子的短時間內油炸完成。

另外油炸的時間和溫度，以蔬菜本身帶有的澀味（加熱後轉變為甘味）強度和水分來決定。帶有澀味的蔬菜，需經過充分的時間油炸來帶出甘味。但山藥類則除外，因為大部分是食用嫩芽之故，所以不受限在此範圍。

兩口油鍋的作用 為了維持適當的溫度

這裡從油炸師父的角度來看，左側的鍋子（A）是180℃，右側的鍋子（B）則是調整到170℃（圖片①）。

整個流程基本上是先在A鍋讓麵衣固定，再移至B鍋調整火侯。雖然在溫度高的A鍋，是放進裹上麵衣的食材來讓麵衣固定，但當油炸的數量過多時，油溫就會隨之下降。因此這時為了要維持油溫，就必須將麵衣已固定的食材移至B鍋。

使用兩口油鍋，是為了營業時能維持在適當溫度，油炸多種的天婦羅食材。隨時臨機應變，移動兩邊的鍋子，時常保持在適溫油炸，便可以呈現出清爽的麵衣，這也是帶出食材美味的關鍵。

若是油溫過低，將會拉長油炸時間，讓麵衣吸油。而溫度過高，食材與麵衣之間則會產生縫隙，造成炸油囤積。因此維持適溫極為重要。

另外在第二章和第三章當中，將使用一口油鍋來進行簡單的說明。

① 將準備好的食材裝進木盤，放在面前的左側。調整麵衣濃度。

② 在最先放入食材的A鍋中，倒入麵衣確認油溫是否為180℃。由於要油炸的食材不只一樣，因此溫度上的設定要比蔬菜的適當溫度再高一些。

③ 左手拿兩根蘆筍裹粉，右手用攪拌棒確認麵衣的濃度。

④ 手握住兩根裹粉後的蘆筍，再用攪拌棒分別夾起一根蘆筍，將多餘的粉去除。

⑤ 分別沾上麵衣，再去除多餘的麵衣。

⑥ 將蘆筍迅速地滑入A鍋。另外一根也同樣沾上麵衣，放進A鍋。

⑦ 接下來將茄了裹粉沾麵衣後放入A鍋。另一人份的茄子也同樣地裹粉沾麵衣放入A鍋。

⑧ 之後將蓮藕裹粉，沾上麵衣放入A鍋。另一人份的蓮藕也是一樣。這時A鍋的油溫已下降。

⑨ 為了維持170℃的油溫，用油炸專用筷將兩人份的蘆筍，從A鍋移至170℃的B鍋。

⑩ 兩人份的蓮藕也同樣移至B鍋。A鍋（下降至160℃）只留下茄子。

⑪ 撈起並清除A鍋內的麵衣碎屑。A鍋的溫度再次上升。

⑫ 用攪拌棒將麵衣放入A鍋，確認溫度（180℃）。利用左手將青椒裹粉。

⑬ 把青椒裹入麵衣，在A鍋裡放入青椒。另一人份的也同樣沾上麵衣放進A鍋。

⑭ 用油炸專用筷，將兩人份的茄子從A鍋移至B鍋（170℃～175℃）。

⑮ 可以起鍋時，從B鍋將兩人份的蘆筍取出、瀝油。

＊之後油炸完成的天婦羅，將油瀝乾，照順序放在鋪上天紙的盤內立即端出上菜。

⑯ 接下來就是A鍋青椒的起鍋時間，將兩人份的青椒取出、瀝油。

⑰ 再從B鍋取出兩人份的蓮藕，瀝油。蓮藕的油炸時間稍長。

⑱ 茄子大約維持在175℃用充分的時間油炸。等到了起鍋時間，從B鍋將兩人份的茄子取出，瀝油。

出菜的順序

無論是套餐或單點的出菜順序，最開始的一定都是明蝦。美麗的紅色讓人印象深刻，更重要的是日本人極愛吃蝦。接下來，考慮與蝦子顏色可以形成對比的食材，例如有著鮮綠色的蘆筍。

通常便是在這樣海鮮和蔬菜的交替之間，完成整個套餐的流程。海鮮類的順序是從油溫較低的沙梭、再來是大眼鮪、最後是高溫的星鰻這般，從油炸溫度低的食材開始供應。

沙梭的魚身纖細帶有女性化的印象，因此利用低溫油炸，呈現出柔和感。另外也有比目魚類的食材，所以也必須考慮到油鍋的容量面積。

大眼鮪則是帶有男性化印象的魚類，因此要比沙梭用更高的油溫，而油炸色澤也要比沙梭深，把香氣逼出。

星鰻要比上述的食材再高溫炸到酥脆才能顯出美味。

在吃的順序上，也是建議從柔軟細緻的食材開始，漸漸到有咬勁的食材為佳。

如果是蔬菜的話，出菜順序從莖葉類開始，再來是果實類以及根菜類。根菜類多數澀味較強，而澀味會因為加熱轉變成甘味。因此帶有澀味就表示具有甘味，甘甜的食材就放至最後出菜。

以上就是大致的順序，不過最重要的還是出菜的時機。每個人用餐的速度不同。為了不讓用餐的顧客空等，必須抓好節奏一道一道上菜，但如果油炸的速度快過用餐的速度，會讓盤內天婦羅過多，反而造成食慾下降。

站上吧檯後，必須掌握住全部顧客的用餐狀況，以便在恰當的時間點上菜。

第二章
海鮮天婦羅

香魚

稚香魚

Ayu

來自琵琶湖、體長約11公分的稚香魚，是三月中旬到四月底登場的天婦羅食材之一。這個時期的香魚稱作稚香魚，過了這段期間則稱為若香魚，到了秋天就成了帶卵香魚。

香魚微苦的腹部內臟相當美味，因此為避免油炸過程中魚肚破裂，要特別注意油的溫度。

油炸

與養殖的香魚相比，野生香魚的內臟苦味較為明顯。

油炸的要點

要避免香魚富含獨特風味的魚肚破裂。由於稚香魚體型小，因此要用比其他海鮮天婦羅再稍稍低一點的油溫，約20～30秒快速油炸。

粉 → 衣 稍薄 → 炸 接近180℃

① 在標準的麵衣當中加入蛋汁，稀釋成稍薄的麵衣。

② 握住尾鰭，將魚全部裹粉後，再拍掉餘粉。

③ 沾上麵衣，將多餘的麵衣瀝乾淨。

④ 垂直滑入接近180℃的油鍋當中，一旦往下沉後浮起。

⑤ 反覆翻面，注意不要讓魚肚破裂。

⑥ 當氣泡減少、聲音安靜後即可起鍋。

⑦ 瀝油。

烏賊

Cuttlefish

就如同名字一般，體內有著堅硬的石灰質內殼，也稱作墨魚。雖然是屬於春天的天婦羅食材，但一～二月的品質更佳。另外，在八月底上市的小型新烏賊（↓79頁），體型雖薄，但口感軟嫩滑順相當美味。

油炸的要點

用較高的油溫快速油炸，讓周圍的麵衣酥脆，同時保留烏賊中心半生的透明感。

粉
▼
衣 稍濃
▼
炸 190℃

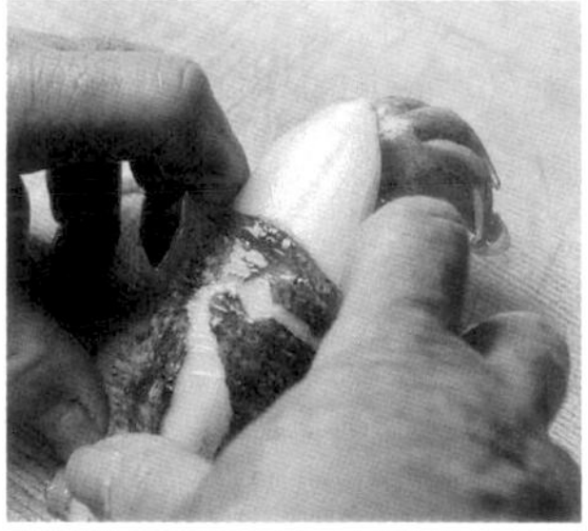

由於體內有堅硬的石灰質內殼而稱作烏賊。

準備工作

處理完畢的烏賊。

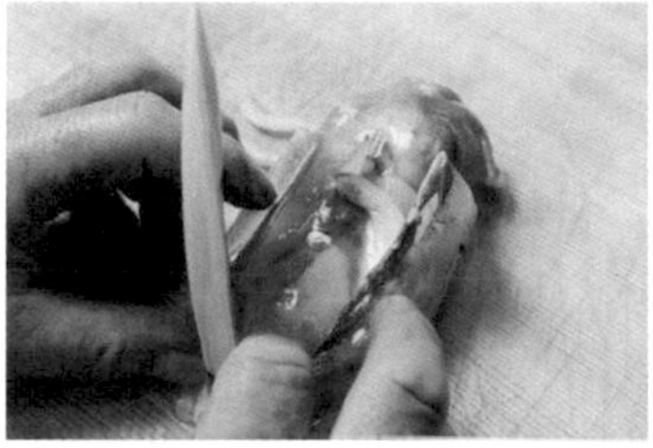

① 在殼的上方縱向入刀，再用手指剝開殼的兩側取出。

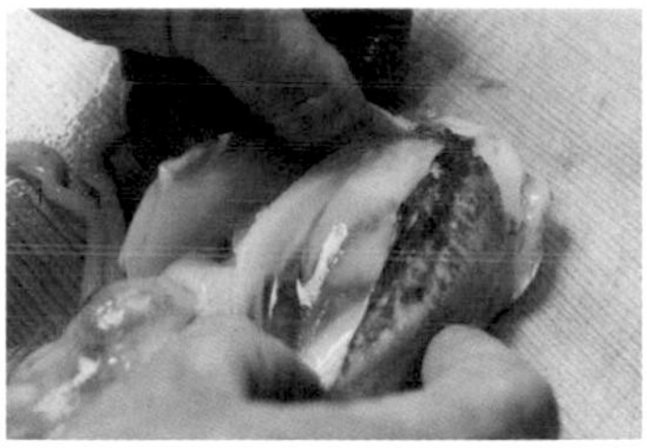

② 注意避免墨汁破裂，撕去薄膜。

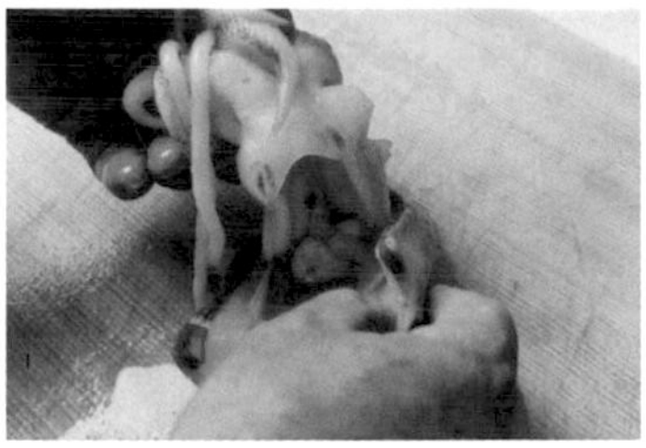

③ 將烏賊腳與內臟同時扯下。

④ 呈現全部取下的狀態。

⑤ 從旁邊開始用手指將表皮剝除。

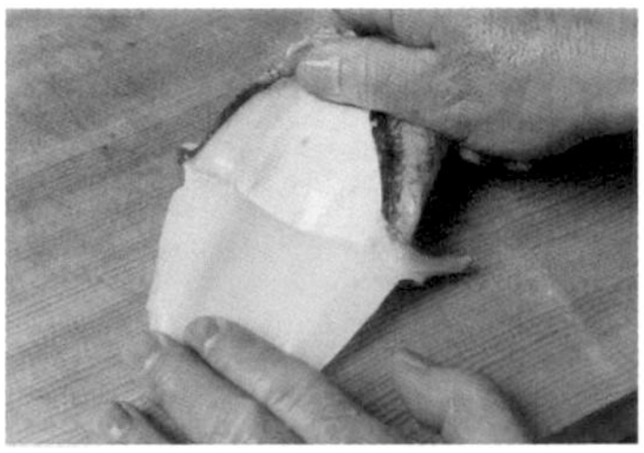

⑥ 將皮剝到一個程度後翻面，壓住身體，將皮整片扯下。

⑦ 內側朝上，切除兩邊堅硬的部分。

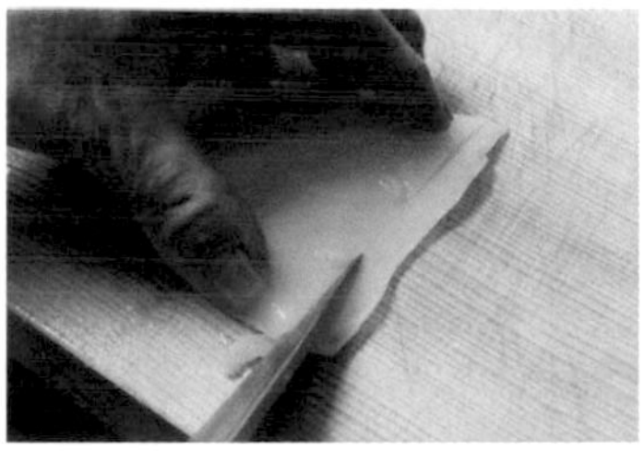

⑧ 從下端切一刀，保留外側的薄皮不要切斷。

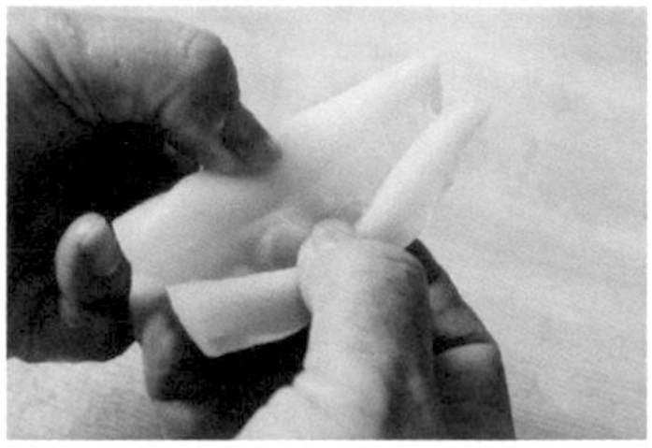

⑨ 從切口處將外側的薄皮撕除。

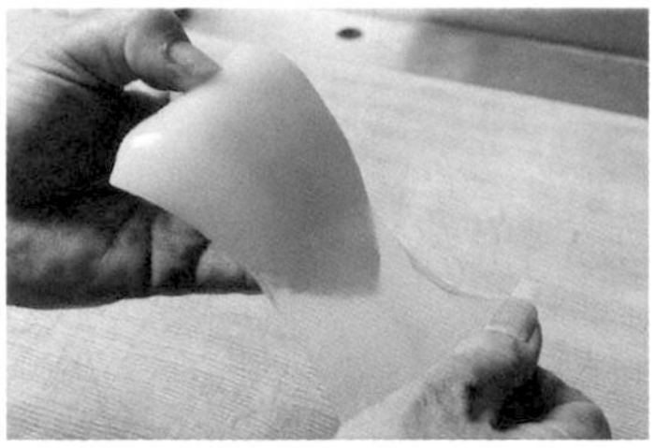

⑩ 避免薄皮破裂，迅速撕除。

⑪ 從外側下刀，保留內側的薄皮不要切斷。

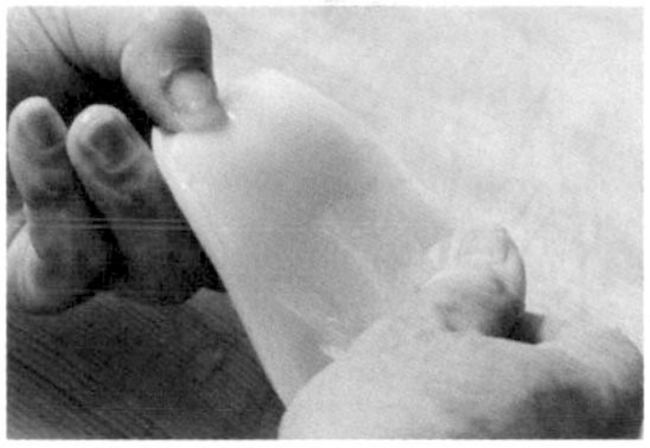

⑫ 撕除內側薄皮。

⑬ 對半切片。

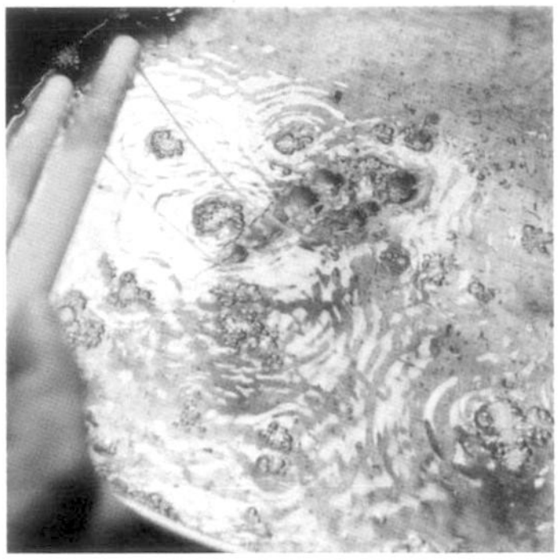

① 油的溫度需到 190℃。為確認油溫先將麵衣放入。

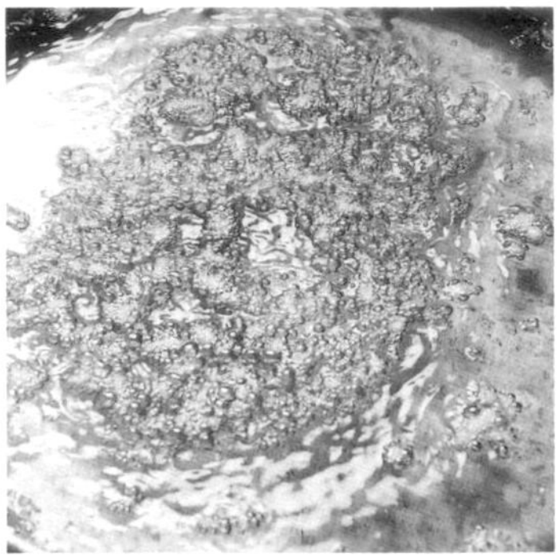

② 沉到途中的麵衣馬上浮起散開，大約到這種程度就表示油溫已升至 190℃。

③ 將烏賊裹粉後拍掉餘粉，再沾入稍濃的麵衣。

④ 快速地將烏賊放入 190℃的油鍋當中。一開始會產生許多氣泡。

⑤ 當氣泡稍微減少後，迅速起鍋。

⑥ 瀝油。之後烏賊多少還會因為餘熱再熟一些，出菜時，中間要呈現還帶有透明感的熟度，為方便食用因此對半切片。

小柱

Kobashira

小柱的盛產季在春天，同時也是天婦羅餅的基本菜色。小柱是青柳貝（中國蛤蜊）的貝柱，連結在兩殼之間。雖然形狀大小各有不同，但這裡只使用大的貝柱來製作。

由於水分含量高，如果和其他的天婦羅餅一樣使用薄麵衣，將會造成小柱和麵衣之間的水分失去平衡，因此需多加注意。另外，為了要呈現出天婦羅餅的厚度，將食材分成兩次下鍋後再集中。

油炸的要點

先將第一批的小柱放入高溫的油內，直到麵衣固定，再將剩下的小柱加入。而等第二次的下鍋之後，再全部集中成球形。待形狀固定後翻面，約八分熟即可起鍋，之後利用後續的餘熱悶熟。

關鍵是在油炸過程中不時將火轉弱，讓水分適當地蒸發。要呈現出小柱外側酥脆、內部多汁的口感。同時需注意避免讓山芹菜焦黑。

粉
▼
衣 稍薄
▼
炸 180～190℃
▼
第二次下鍋 180℃

準備工作

① 在碗內裝水，加入一搓鹽。

② 將小柱放入清洗後，再過濾水氣。

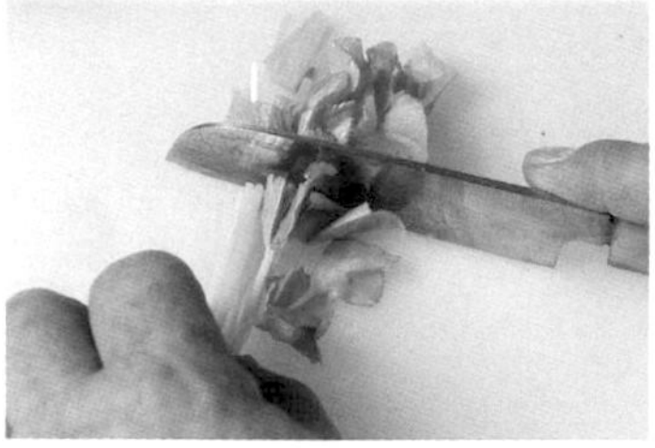

③ 將山芹菜大塊切段。

④ 一人份的小柱和山芹菜。

① 將小柱和山芹菜混合，加入麵粉。

② 利用漏杓攪拌，將小柱每一顆都均勻裹粉。

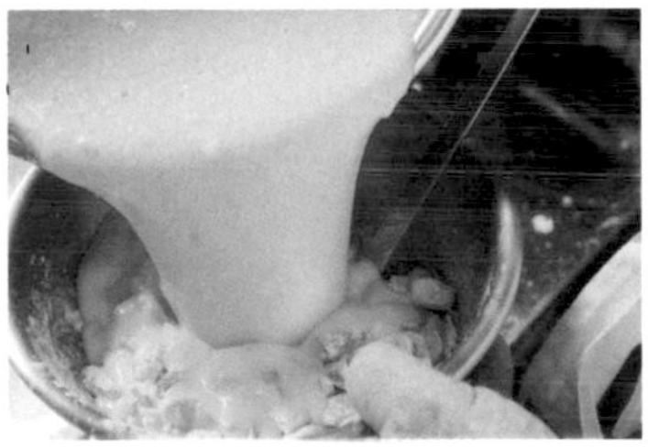

③ 加入麵衣，再倒入蛋汁稀釋。

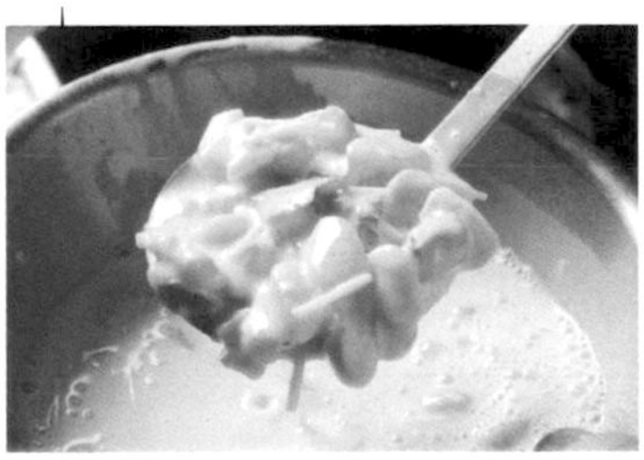

④ 濃度稀釋到食材周圍有一層薄薄的麵衣殘留，並能垂直滴落的程度。

⑤ 將全部大約三分之二的量，從靠近內側鍋緣的地方，輕輕地放入180～190℃的油溫當中。

⑥ 麵衣散開，冒出許多細小的氣泡。將麵衣碎屑撈除。

⑦ 如圖片般集中後，暫時將油溫調降至180℃。

⑧ 將剩下的食材倒在上方，並且將散落的小柱用筷子集中。

⑨ 周圍固定後翻面。將火轉弱，慢慢地讓內部充分受熱。

⑩ 再次翻面。加熱到下面七成、表面三成。

⑪ 接下來氣泡變大轉少，用筷子夾起有變輕的感覺。直到麵衣的內部都確實地油炸，差不多可以起鍋。

⑫ 確實將油瀝乾淨。

櫻花蝦

Sakura shrimp

將五月從駿河灣*運來的生櫻花蝦製成天婦羅餅。祕訣在於油炸出蝦殼的香氣，並且呈現清爽酥脆的口感。

要將天婦羅餅油炸出立體感，需分兩次下鍋堆疊成形。因此為避免麵衣過重，要先將麵衣稀釋。

油炸的要點

需等第一次下鍋的食材確實固定後，再放入第二次的份。要油炸出蝦殼酥脆的口感。

粉 ▼ 衣 薄 ▼ 炸 180℃ ▼ 第二次下鍋 180℃

*位在日本靜岡縣，是日本最深的海灣。

油炸

① 將一人份的櫻花蝦放入小型的碗中。

② 倒入麵粉，將粉布滿每一尾櫻花蝦，充分裹勻。

③ 加入涼蛋汁稀釋的麵衣。為了帶出蝦殼的香氣，麵衣要薄透。

④ 濃度大約是用漏杓撈起會迅速滴落的程度即可。

⑤ 在鍋內灑入麵衣確認油溫。待180℃後，用漏杓將櫻花蝦輕輕放入鍋內。

⑥ 暫時下沉。將散落的麵衣碎屑撈除。

⑦ 稍微浮起成形。

⑧ 用漏杓將剩下的櫻花蝦堆疊在成形的天婦羅餅上，製造出高度。

⑨ 第二次放入的食材終於固定，到這個狀態後即可翻面，再稍微油炸。

⑩ 變色後再度翻面。圖片上是翻面後的狀態。

⑪ 當氣泡減少，全部呈現出油炸的酥脆色澤時，即可起鍋。

⑫ 確實將油瀝乾淨。

魩仔魚

Whitebait

魩仔魚需選擇身上沒有污點，到內部都呈現透明感的為佳。如果不新鮮，首先會從頭的連結處開始變白，要十分注意。

從十二月到隔年一月的魩仔魚體型尚小，因此拿來做成天婦羅餅（→106頁）。但到了春天體型變大後，便可將12～13尾集中包在紫蘇葉裡油炸。由於集中在一起，因此中心還未完全熟透，可以品嚐到半熟的狀態。

為了帶出紫蘇葉的香氣，建議沾鹽食用。

油炸的要點

待周圍確實固定後，迅速起鍋，保留中心半熟的口感。

衣 稍薄
▼
炸 180℃→170℃

準備工作

處理完成的紫蘇葉卷。

① 將**魩**仔魚快速地清洗後鋪在紙巾上，再放上一層紙巾將水分吸乾。水分殘留會造成油炸時噴濺油花。

② 將紫蘇葉放平，上頭集中擺入 12～13 尾的**魩**仔魚後捲起。

油炸

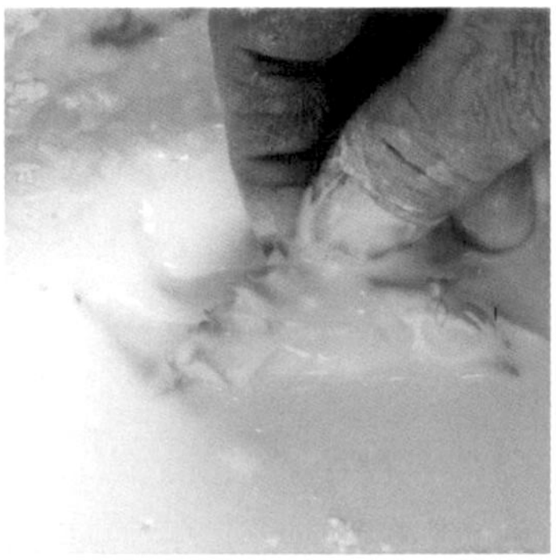
① 在標準的麵衣裡加入蛋汁稀釋。拿起紫蘇葉的邊端，調整好形狀後，不裹粉直接整卷放入麵衣當中。

② 保持手拿的姿勢放進 180℃的油鍋當中。麵衣一下子散開，同時冒出許多細小的氣泡。

③ 待形狀稍微固定不會散開後，即可把手放開。將油炸碎屑撈除。之後維持油溫 170℃。

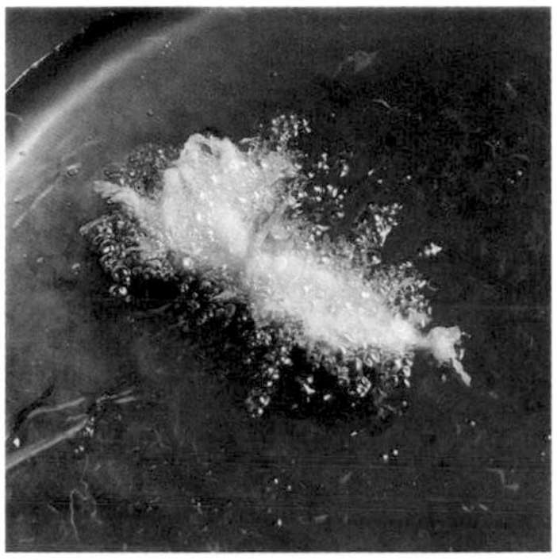
④ 氣泡的聲音漸漸安靜並減少後，就接近起鍋的時候。最後再將油溫提高，油炸出脆度。

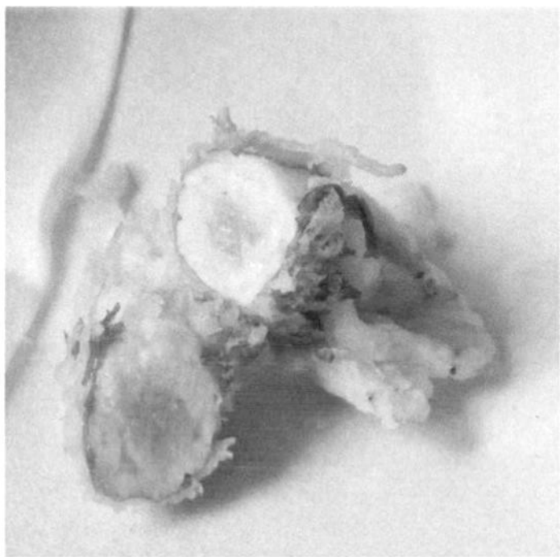
⑤ 當氣泡更趨減緩後，迅速起鍋。對半切開，可以看到中心的部分還呈現半生的狀態。

文蛤

Hamaguri clam

文蛤太生不好吃，但過熟又會讓肉質縮小變硬。唯一能品嚐到文蛤最美味的方式就是製成天婦羅。

外殼色澤漂亮、具有重量的文蛤，裡面的肉質也較肥嫩。貝殼上的年輪是成長的印記，因此選擇紋路多的為佳。另外，貝殼確實緊閉的也表示新鮮。

「近藤天婦羅」使用的是鹿島或九十九里產的文蛤。

油炸的要點

文蛤溫度到180℃會造成破裂，甜分也會隨著內部的水分流失。文蛤含豐富的水分，因此油溫過高反而會如同水煮。

須避免水分流失，因此需慢慢地油炸，即能呈現出比生的時候更飽滿的模樣。

粉
▼
衣 稍濃
▼
炸 170℃→175℃

已剝殼處理完畢的文蛤

準備工作

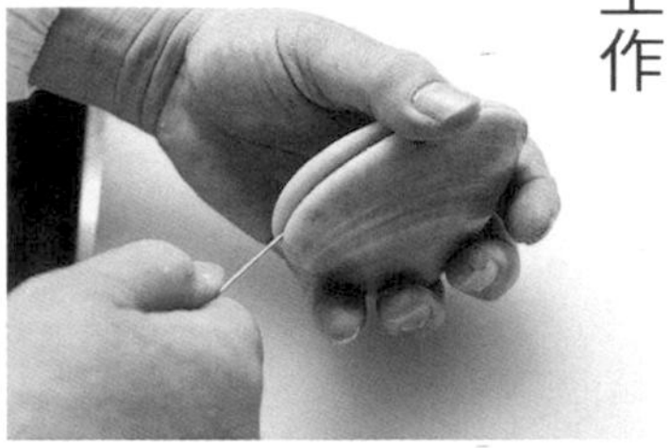

① 殼直立握住，將金屬刮杓插入兩殼間的細縫當中。

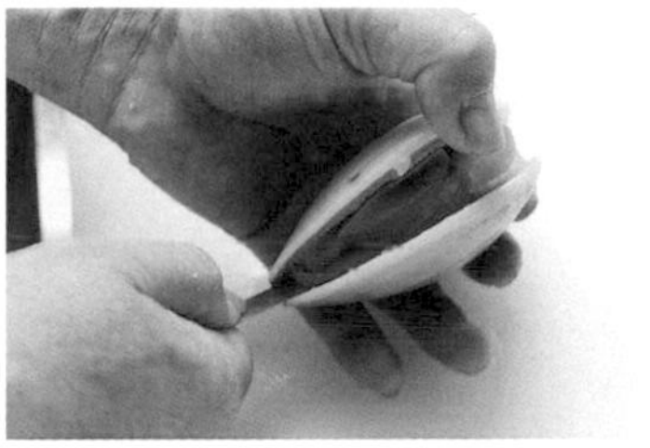

② 用金屬刮杓沿殼搓動，割開兩處閉殼肌。

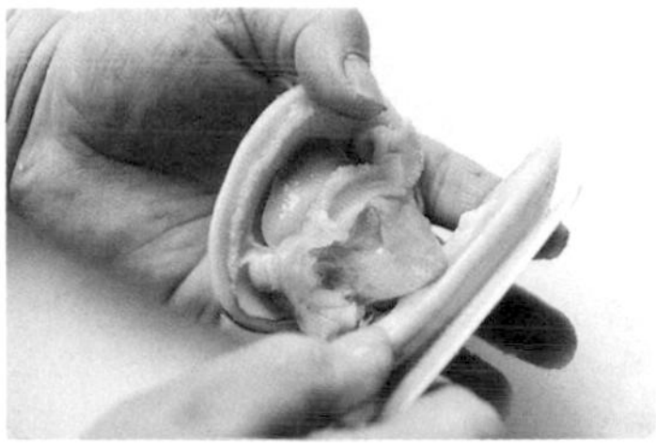

③ 將殼打開。

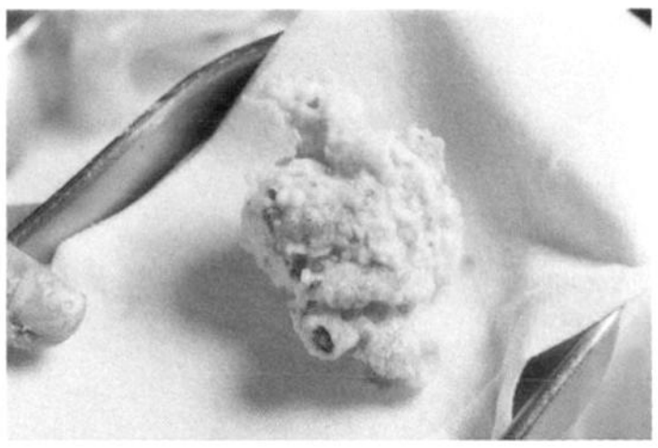

④ 再以同樣的方式把另一邊殼的閉殼肌割開，取出貝肉。

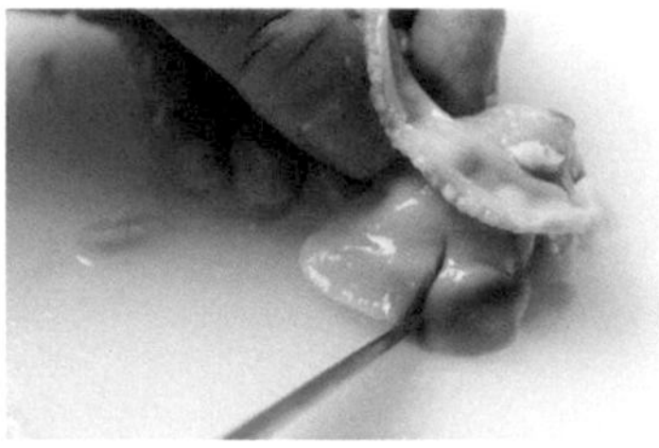

⑤ 用菜刀在斧足上劃一刀，以防止油炸時破裂。

油炸

① 將整粒文蛤包括內側都仔細地裹粉。

② 在標準的麵衣當中加入麵粉，調成稍稍濃的麵衣，放入文蛤。

③ 輕輕地放入170℃的油鍋，注意溫度過高會造成破裂。

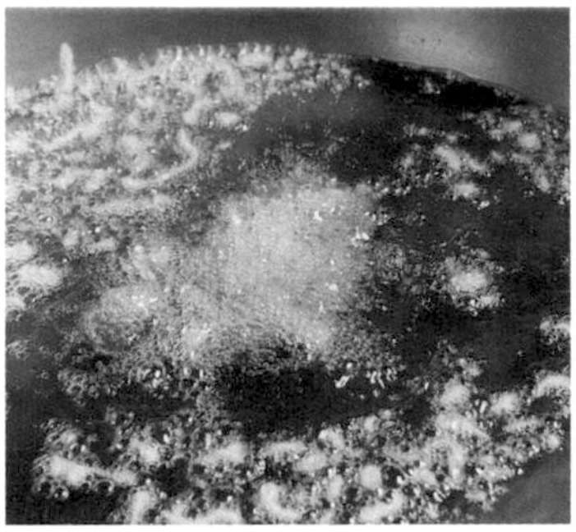

④ 稍微往下沉，麵衣散開。

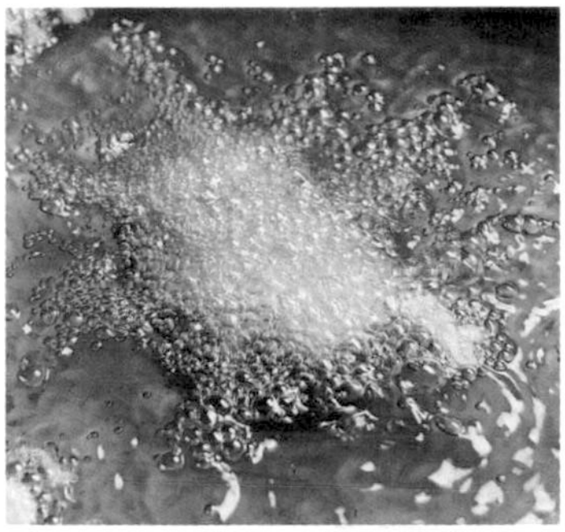

⑤ 冒出許多細小的氣泡，適時地撈除油炸碎屑。稍微浮起。

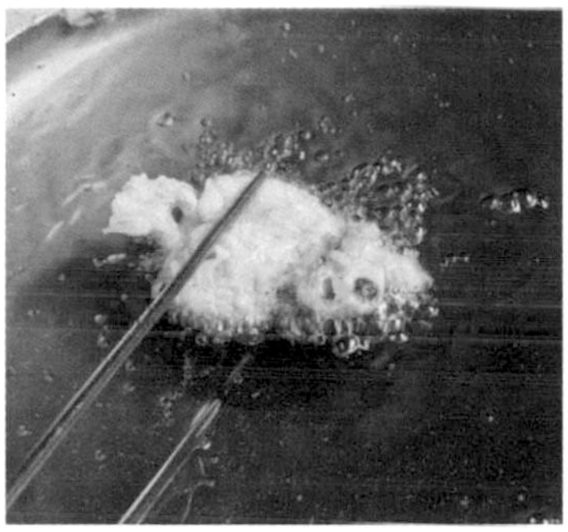

⑥ 反覆翻面，當氣泡變大減少後即可起鍋。將溫度調高一些（175℃），仔細地油炸到稍微上色即可。

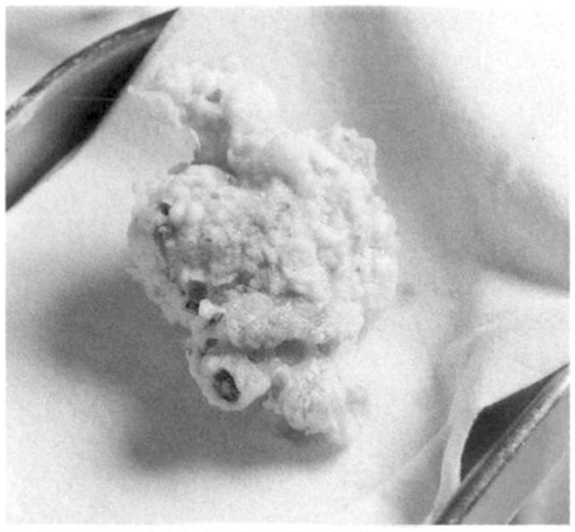

⑦ 放在鋪上紙的盤內瀝油。

胡瓜魚（帶卵）

Pond smelt

胡瓜魚*的盛產季在早春。

使用的是在這個時期帶卵的雌魚。由於胡瓜魚產卵前的腹內有許多魚子，而養分都囤積在魚卵內，因此骨質鬆軟入口即化。

油炸時，溫度過高會造成腹中的魚卵破裂，所以關鍵是在放入180℃的油鍋之後，要將油溫調降維持在170℃當中。觀察油的聲音和浮起的狀態，重複開火關火來調整溫度。

油炸的要點

用稍低的油溫仔細油炸，讓腹內的魚卵可以充分受熱。由於魚的水分含量高，餘熱容易導入，因此七、八分熟後取出，之後再利用餘熱悶至全熟即可。

粉
▼
衣
稍薄
▼
炸
180℃→170℃

*亦稱黃瓜魚，新鮮時，有淡淡的黃瓜氣味。

準備工作

① 將胡瓜魚用清水快速洗淨，再把水分擦乾。

油炸

① 用手拿起尾鰭裹粉，拍去多餘的粉。

② 在標準的麵衣裡加入蛋汁稀釋，再將胡瓜魚放入裹勻。

③ 將魚垂直放入180℃的油鍋當中。一時間往下沉、麵衣散開，同時冒出許多細小的氣泡。之後將油溫維持在170℃，注意避免魚肚破裂。

④ 最初是魚肚的部分浮起，氣泡稍微減弱。重複翻面。

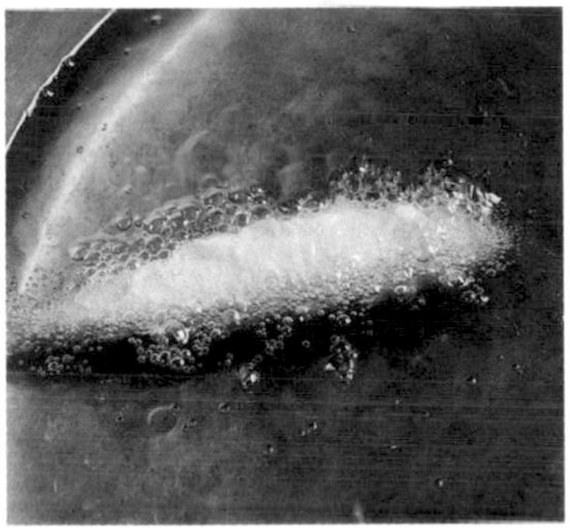

⑤ 氣泡變大減少，聲音也變得安靜。當背部浮起時即可起鍋。

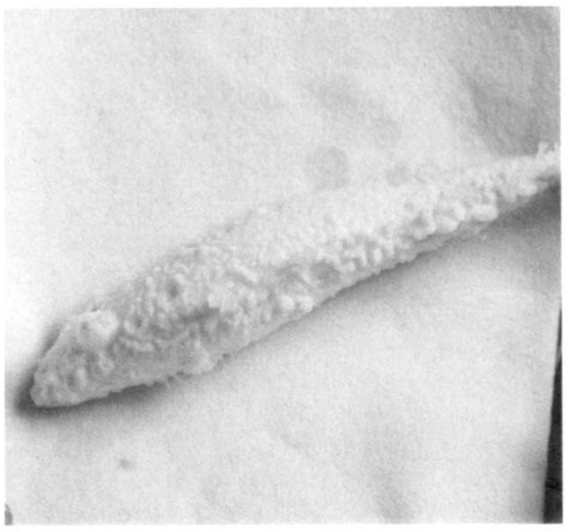

⑥ 瀝油。

軟絲

Bigfin reef squid

四月到七月的天婦羅食材。烏賊的種類繁多，這裡是使用春末夏初登場的軟絲。2.5kg的大型軟絲，肉質豐厚但軟嫩香甜，也相當適合用來做刺身等料理。

新鮮的軟絲，油炸後會更顯飽滿。這裡要呈現出中間微溫的半熟狀態。另外，在準備工作上，有些店家會將軟絲剝去一層皮後刻花。但這裡並不需將軟絲切紋，因此要將兩枚皮都事先剝除。

油炸的要點

不用小火細炸，直接用190℃的高溫快速油炸，中間維持半熟的狀態。

粉
▼
衣 標準
▼
炸 190℃

準備工作

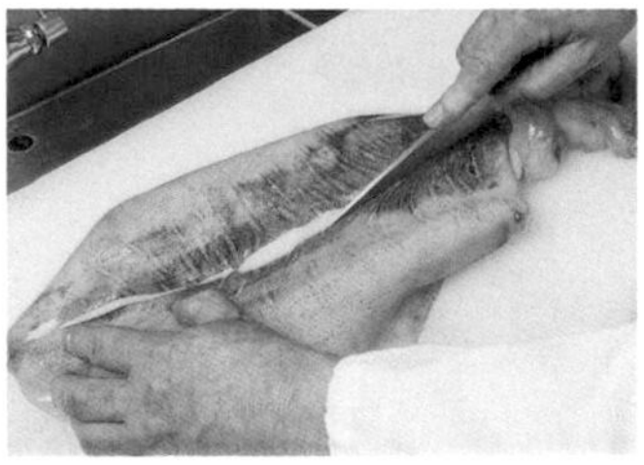

① 在中央處縱向下刀切入厚皮。

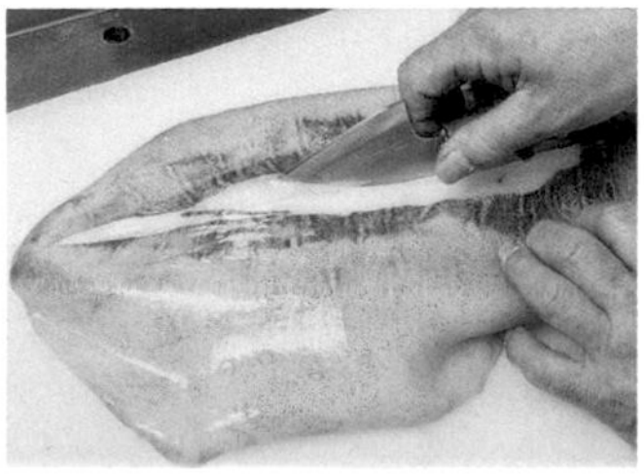

② 將刀刃以反方向（逆刀）劃入切口，切開。

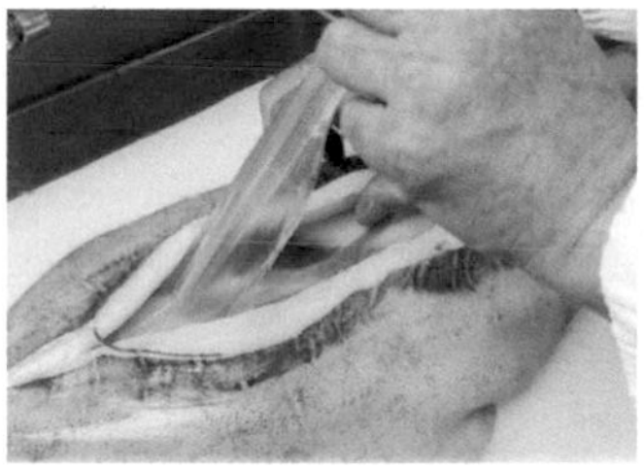

③ 取出中間軟骨。

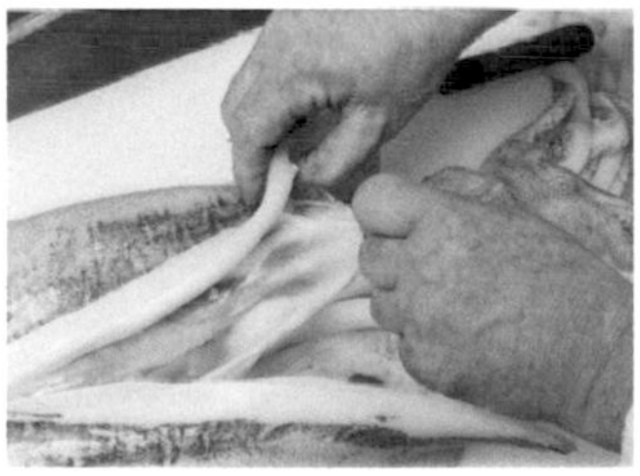

④ 將內臟和內側的膜一同取出，順便摘除觸鬚。用清水洗淨後擦乾水氣。

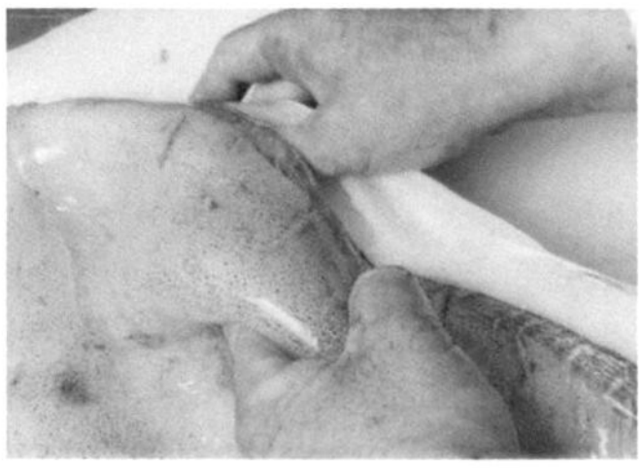

⑤ 表面朝上，用手指剝開兩側肉鰭的邊緣。

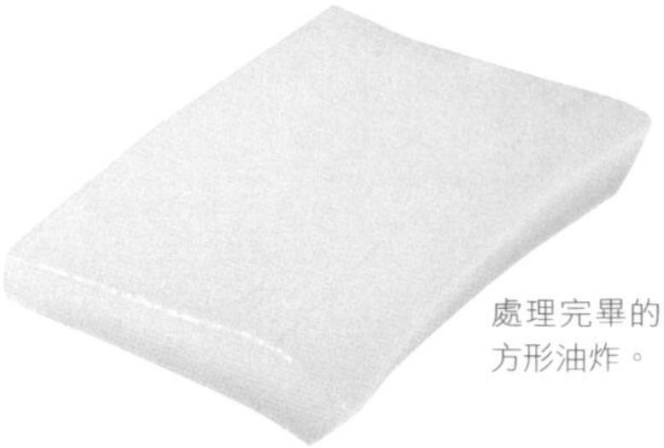

處理完畢的軟絲。切成方形油炸。

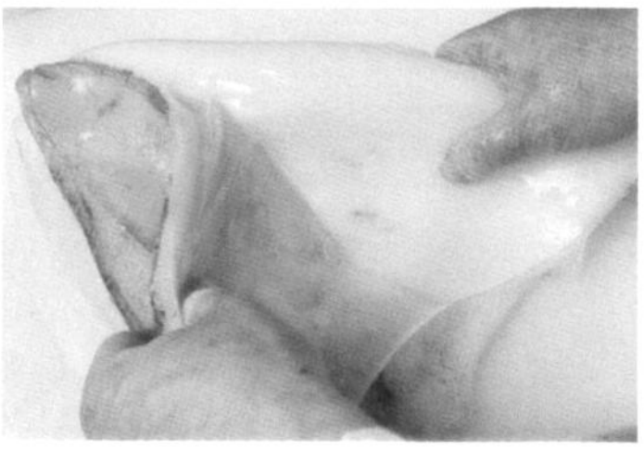

⑥ 將兩側肉鰭剝除。

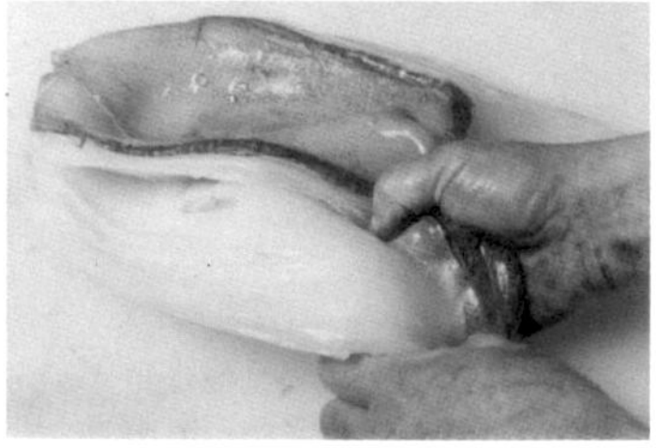

⑦ 確實握住已剝開的一角。

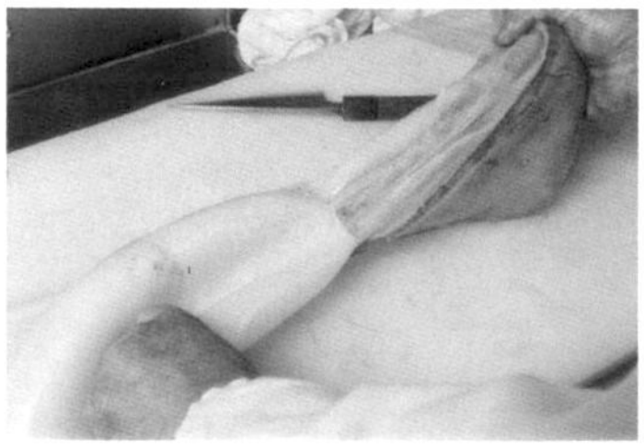

⑧ 將肉鰭扯下。

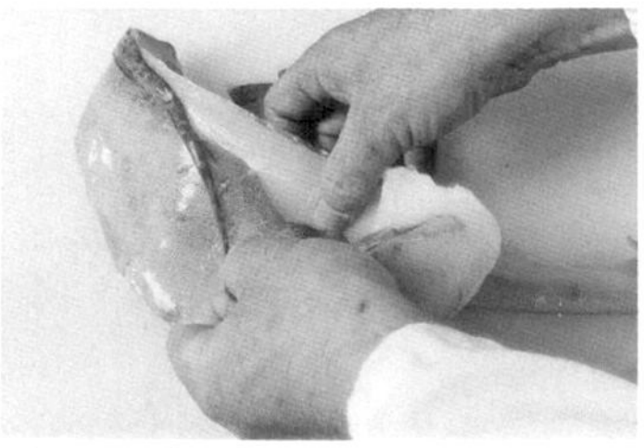

⑨ 從肉鰭取出結實富有彈性的軟絲體。

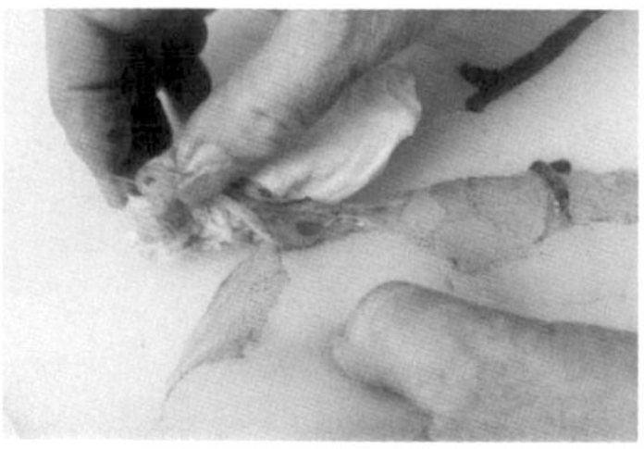

⑩ 肉鰭去除薄皮後可做為刺身等料理。

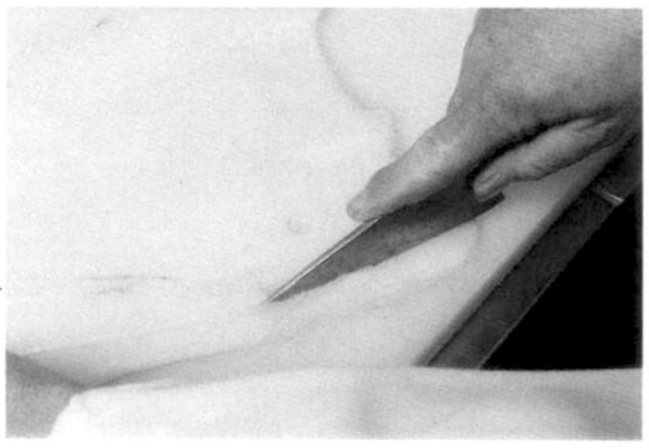

⑪ 為了去皮將身體兩側的邊端切斷。連結軟骨的部分也切除。

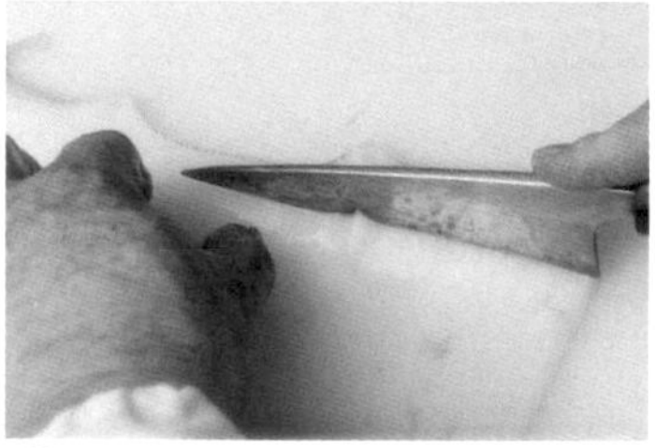

⑫ 內側朝上，從下擺處入刀，保留皮的部分不要切斷。

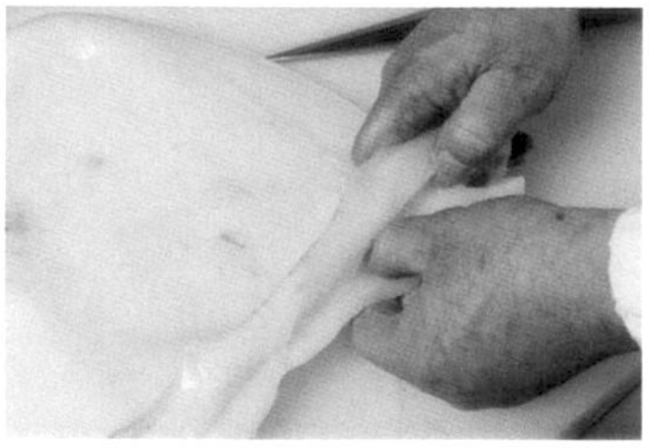

⑬ 表面朝上，從⑫的刀口處用手指將皮拉開。

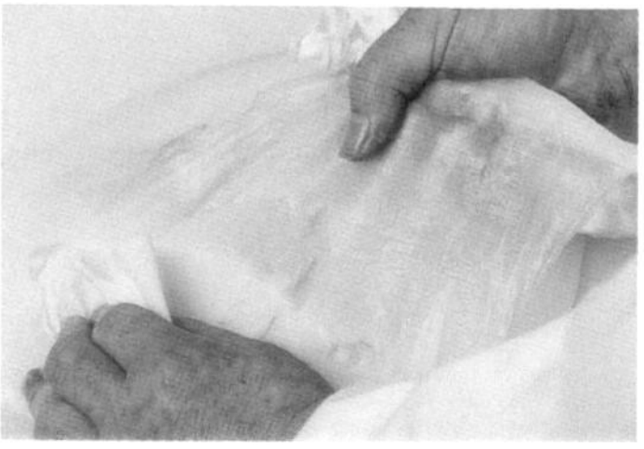

⑭ 確實壓住軟絲，將皮撕下。

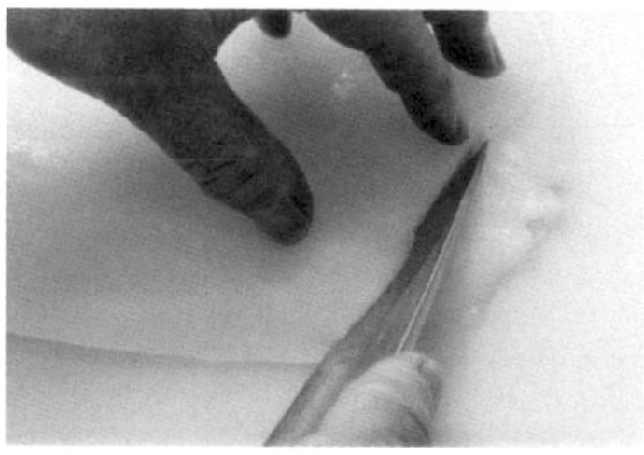

⑮ 在前端的位置劃一刀。

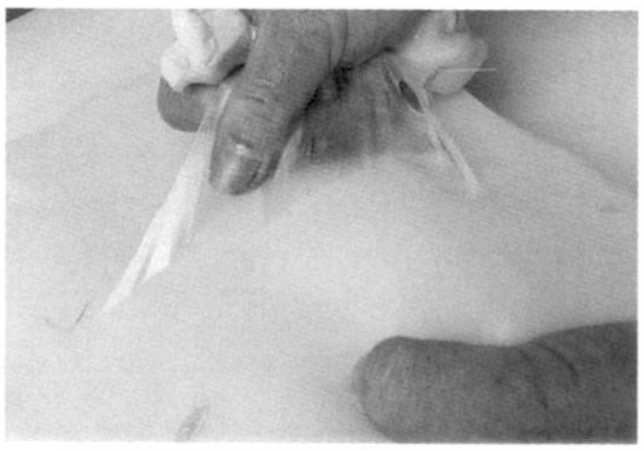

⑯ 將軟絲翻面壓牢，剝去另一側的皮。

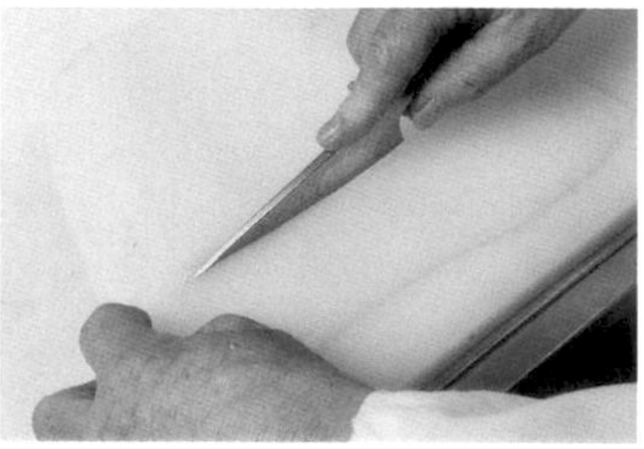

⑰ 切成每段寬度約7～8公分、長5公分的方形。一人份為一片。

① 全部裹上麵粉後，再拍除多餘的粉。

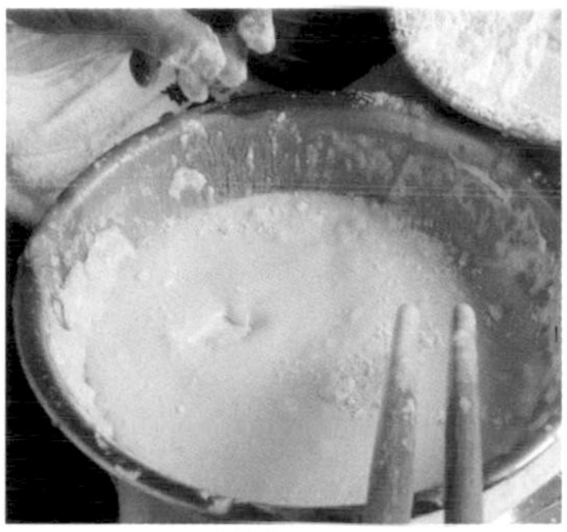

② 沾入標準的麵衣。

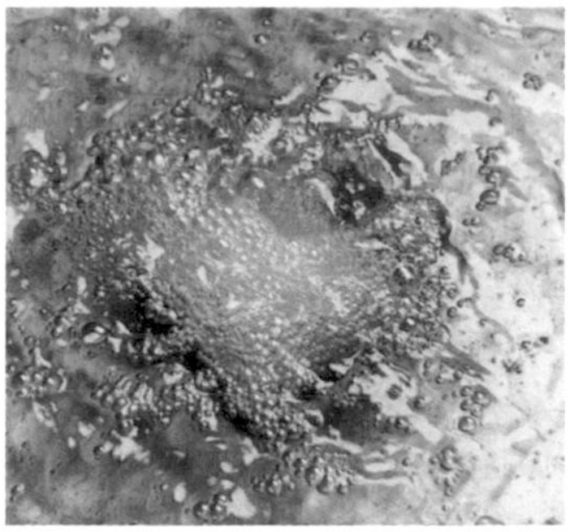

③ 去除多餘的麵衣後，放入 190℃的油鍋當中。剛開始會冒出許多細小的氣泡。

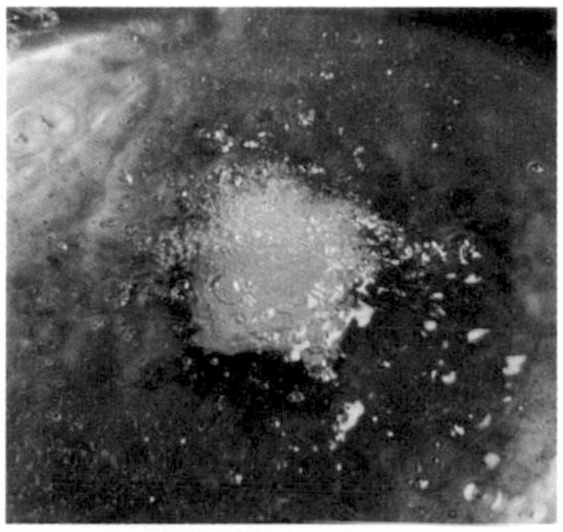

④ 重複翻面，當氣泡減少到如圖片般的程度即可起鍋。

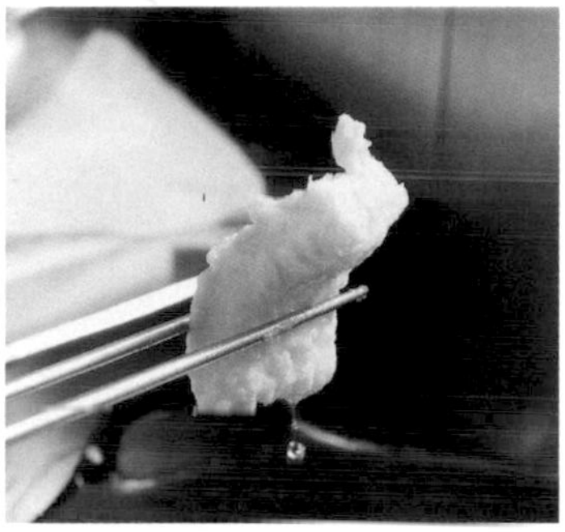

⑤ 肉身飽滿具有厚度。

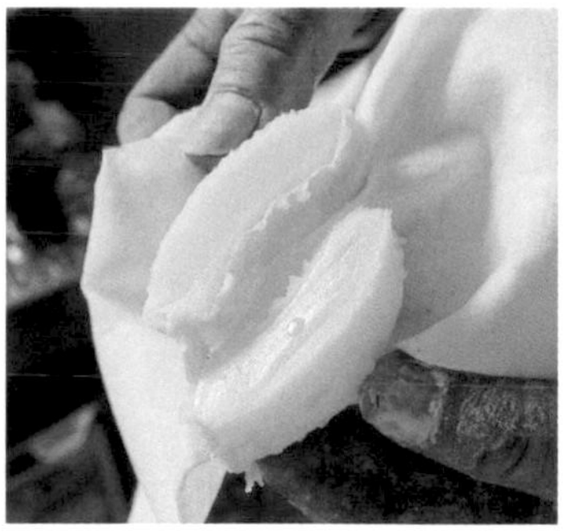

⑥ 完成後的軟絲，中心如圖片般，呈現出微溫半熟的狀態。

鮑魚
Abalone

鮑魚進貨過了一段時間，內部就會開始吸水。而吸水的鮑魚在油炸後，當中的水分會滲出，造成麵衣軟爛，因此切記須使用新鮮的鮑魚。

鮑魚依身體的顏色以「黑」和「赤」來稱呼（這裡是使用黑）。黑鮑魚雖然在刺身等生食上，比赤鮑魚更有咬勁，但實際上卻具有加熱後變柔軟的特性。善用這項特性，不將它薄切，而是切成大塊，保留當中的鮮甜來油炸。

祕訣就在不將鮑魚完全炸熟，保留當中的水嫩口感，只需加熱到中心呈現微溫半熟的狀態即可。由於鮑魚肝帶有獨特的風味，因此分別油炸後再一起附上。

油炸的要點

避免鮑魚身體表面的水分流失，將肉切成大塊，同時呈現出帶有咬勁的口感。麵衣調整到稍稍濃，油炸溫度不可過高，五分熟即可取出。

［肝］
粉
▼
衣 稍濃
▼
炸 170℃

［身］
粉
▼
粉 稍濃
▼
炸 180℃→170℃

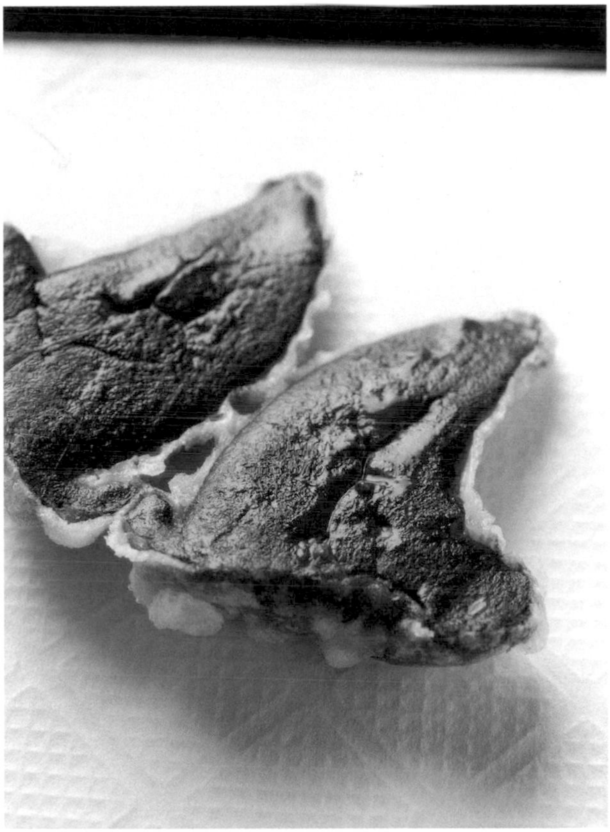

① 在水龍頭下用鬃刷將粘液等髒污清洗乾淨。為避免鹽分滲到內部，不使用鹽刷洗。

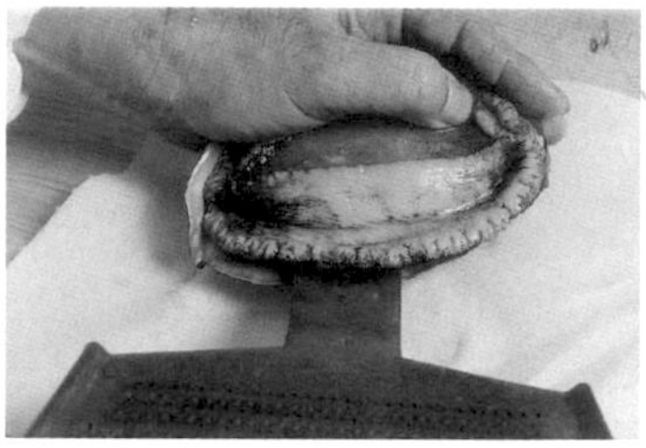

② 鋪上紙巾防滑，將刨刀柄插入殼肉之間。

③ 將刨刀柄沿殼滑動取出貝柱。

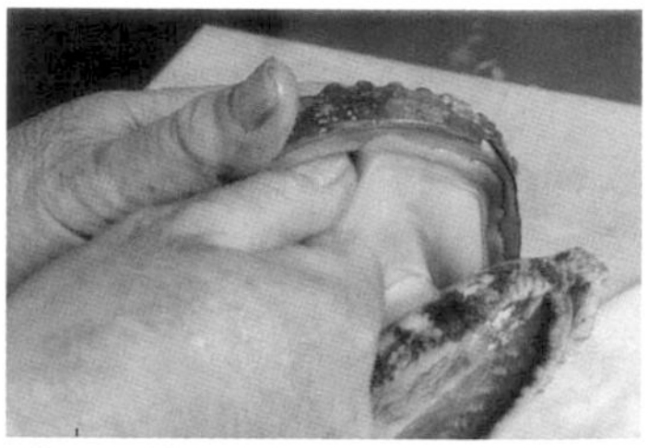

④ 用手指將肝邊緣的薄膜剝除。

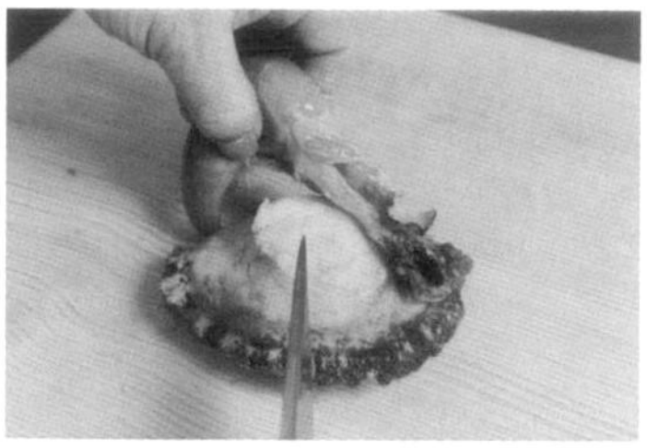

⑤ 去殼、將肝取出，並切斷連結處。

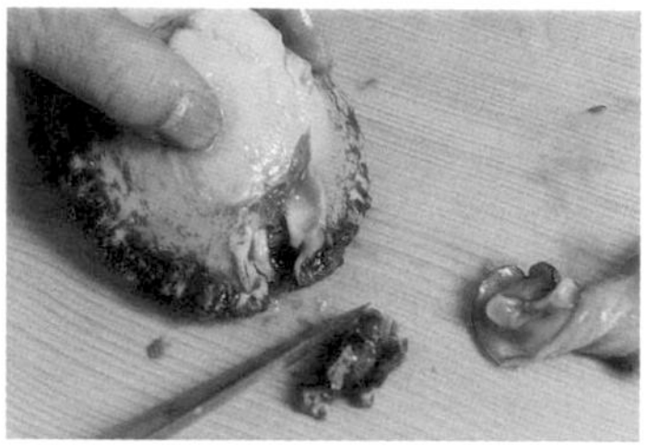

⑥ 在嘴的周圍以 V 字型切下。

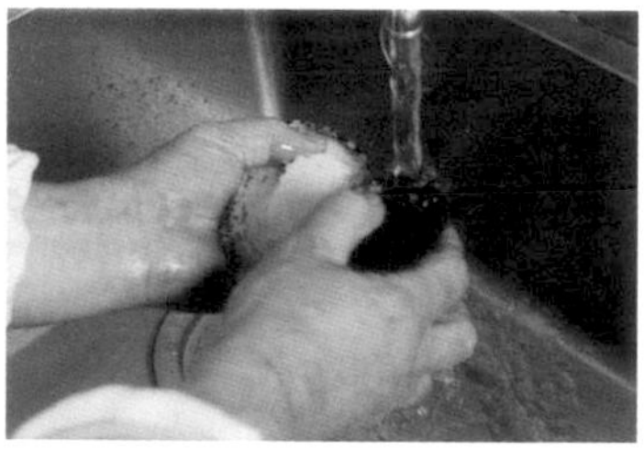

⑦ 再次用鬃刷和清水沖洗，用紙巾擦拭水氣。

⑧ 翻到背面，從貝柱的中央對切。

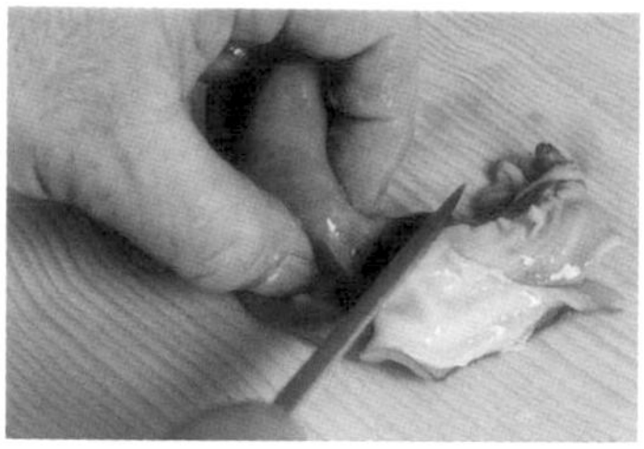

⑨ 將肝上面的內臟切除，調整成三角形。

處理完成的鮑魚和肝。一人份是二分之一塊。

① 首先從肝開始油炸。將肝裹粉後，去除多餘的粉。

② 沾入稍濃的麵衣。

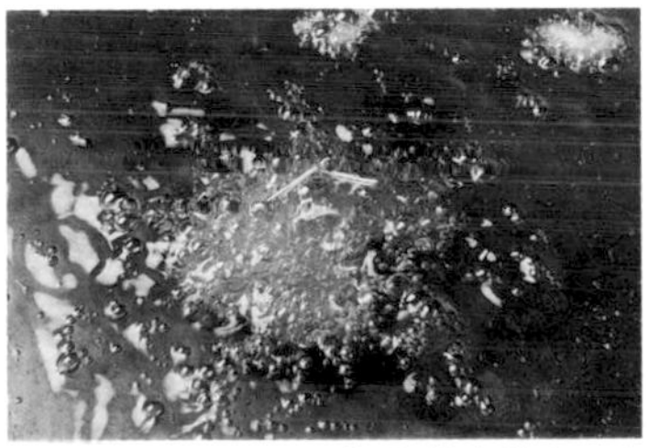

③ 輕輕地放入 170℃的熱油當中，注意避免油溫過高造成肝臟破裂。暫時往下沉，重複翻面。

④ 當氣泡減少，全部浮起後即可起鍋。瀝油。靜置片刻後對半切。

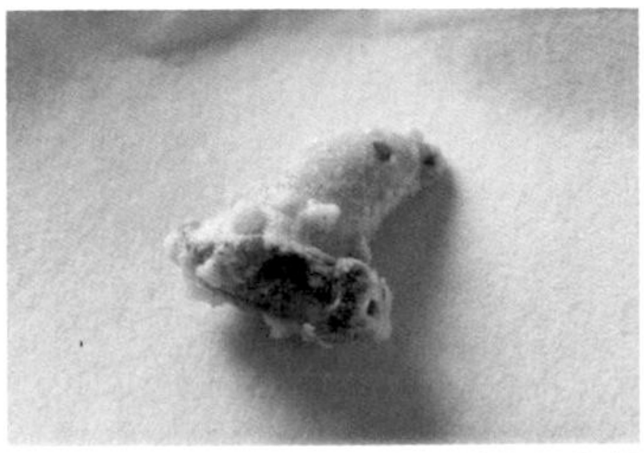

⑤ 接下來開始油炸鮑魚。將鮑魚全部裹粉，再把餘粉清除乾淨。

⑥ 沾入稍濃的麵衣。

⑦ 內側朝下放入 180℃的油鍋當中。注意避免油溫過高而讓表面失去水分。

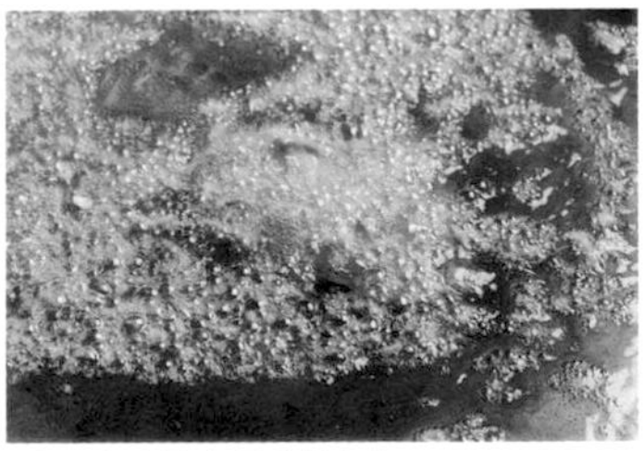

⑧ 產生許多細小的氣泡。

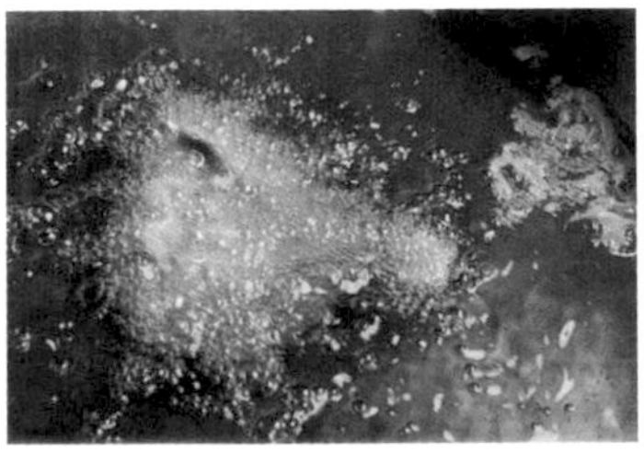

⑨ 當氣泡減緩到圖片般的程度即可翻面。油溫維持在 170℃。

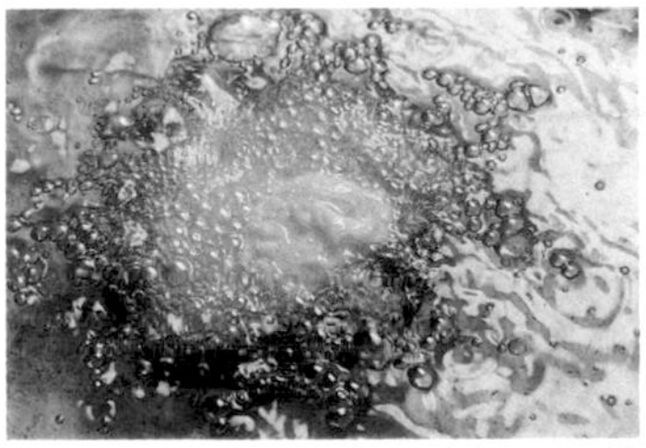

⑩ 表面也確實地加熱。重複翻面，讓兩面都能均勻受熱。

⑪ 當氣泡變大減少後即可起鍋。注意加熱的狀況。

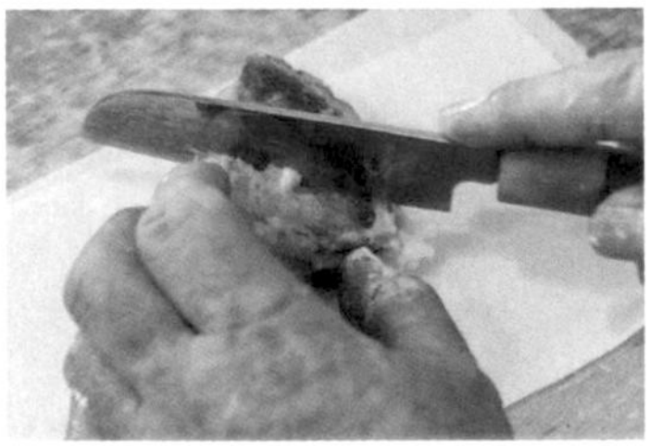

⑫ 取出瀝油、對切。

岩牡蠣

Oyster

岩牡蠣據說因外型如岩石而得名。每一顆個體的形狀及大小完全不同，因此必需將殼打開後，才能判斷可食用部分的大小。這裡是使用富山產的岩牡蠣，海岸的氣味強烈，油炸後相當美味。

為了避免失去牡蠣的水嫩口感，油炸時要將水分鎖在其中。另外，牡蠣在油炸後的肉質幾乎不會縮小。

準備工作

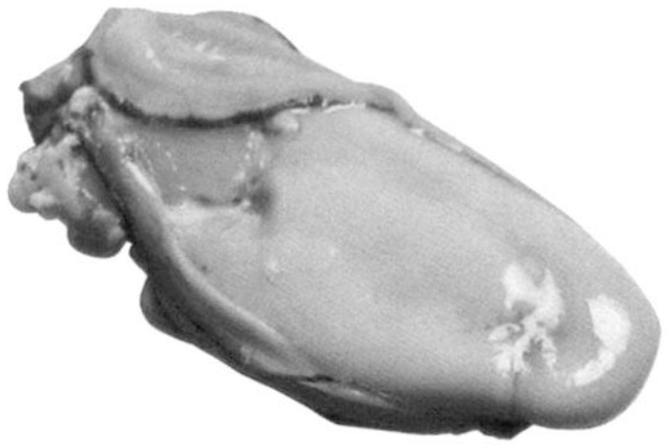

處理完成的岩牡蠣。

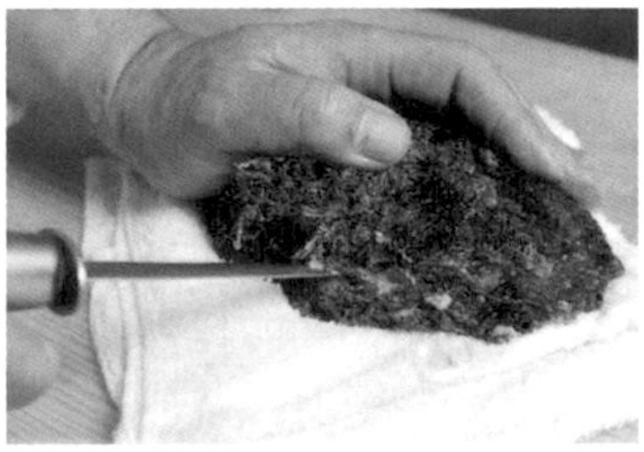

① 鋪上濕布防滑。由於手持剝開容易受傷，因此在毛巾上進行。找尋殼的接縫處。

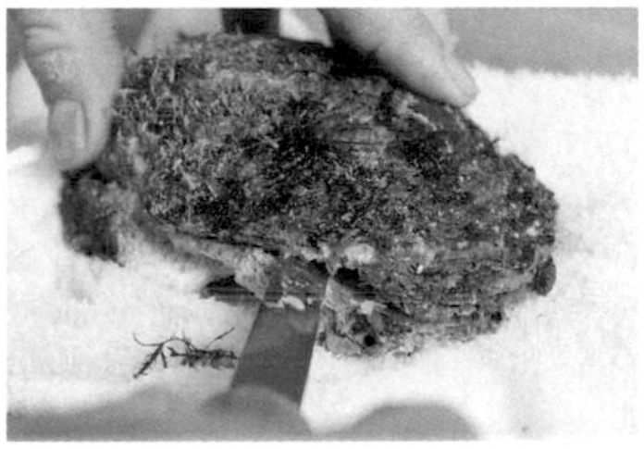

② 將牡蠣刀插入接縫當中沿殼劃開，把連結上殼的貝柱和薄膜去除。

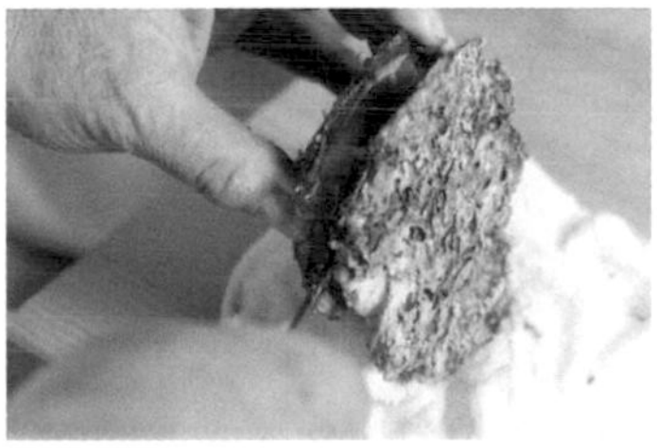

③ 扭轉牡蠣刀把殼打開。

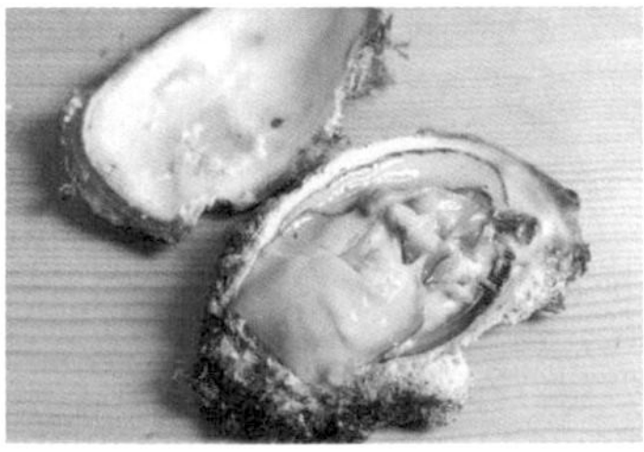

④ 分開上殼。

⑤ 沿著下殼轉動牡蠣刀，將牡蠣肉取出。

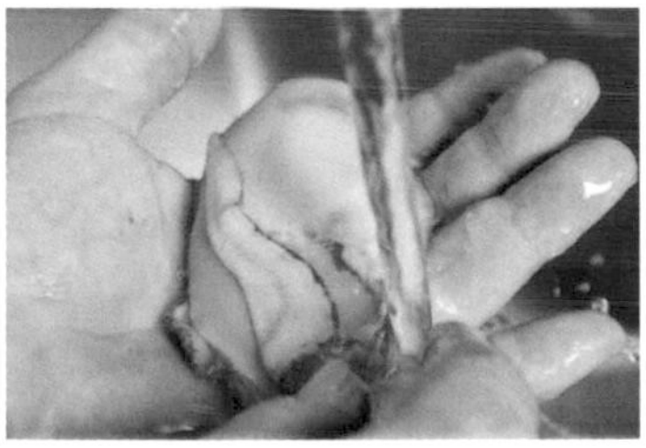

⑥ 以清水沖洗，去除殘留的殼碎屑等雜質。擦乾水氣。

油炸的要點

牡蠣的肉質柔軟，因此為了讓肉質確實固定，不翻面油炸。同時要油炸出酥脆的麵衣，並保留內部甘甜的水分，需將油溫維持在175℃。溫度過高會造成破裂。

粉
▼
衣
稍薄
▼
炸
175℃

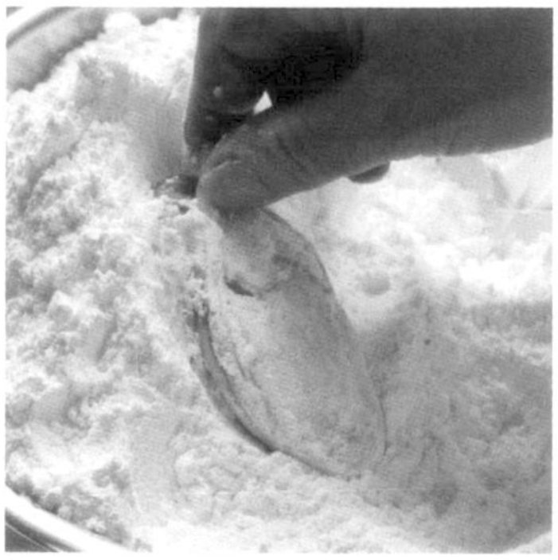

① 用手拿住牡蠣的邊緣裹粉。

② 沾入稍薄的麵衣後，將多餘的麵衣瀝淨。

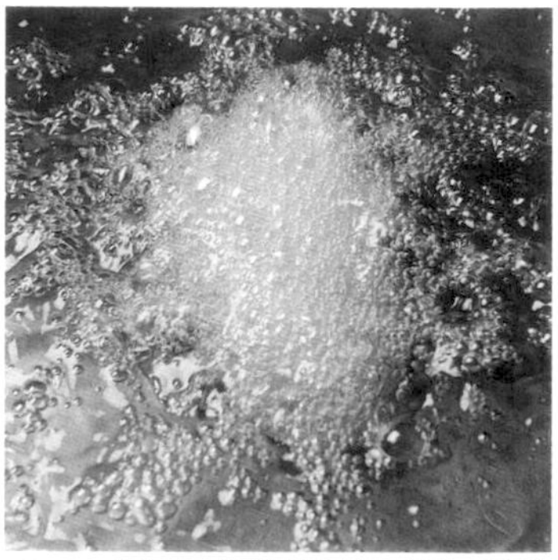

③ 一放入175℃的油鍋後，麵衣瞬間散開，同時冒出大量細小的氣泡。

④ 整顆牡蠣暫時往下沉。不要翻面，一直保持這樣油炸到最後。

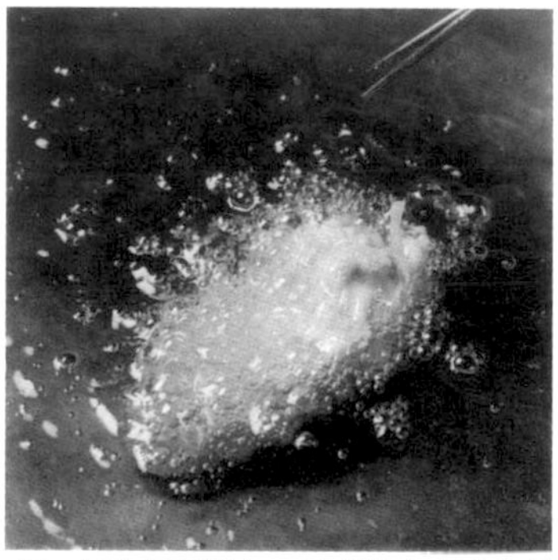

⑤ 氣泡漸漸變大，同時聲音也開始靜下來。當牡蠣整顆浮起時即可起鍋。

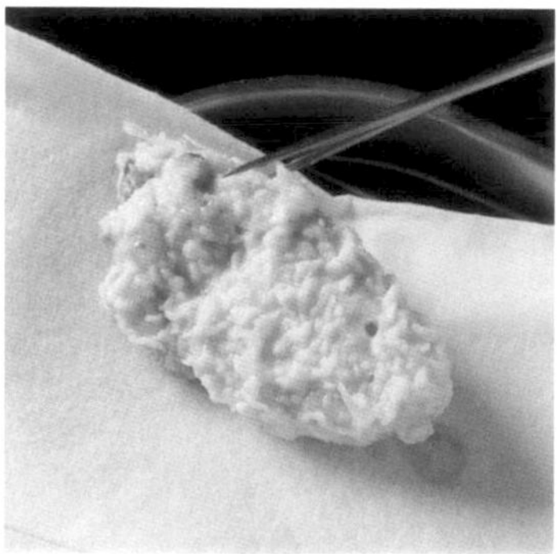

⑥ 瀝油。不切片直接供應，讓客人可以品嚐到牡蠣最原始的美味。

沙梭

Sand borer

沙梭要選擇身上有大量鱗片、如珍珠般表體發光的為佳。鱗片數量充足的沙梭，握住時身體不會彎曲，呈現緊繃筆直的狀態。這裡是使用江戶前（即東京灣）產的沙梭，與其他地方捕獲的相比，不可思議地樣貌截然不同。

淡白色的沙梭是屬於味道纖細的白肉魚，因此用高溫將麵衣油炸到酥脆，反而會破壞味道的平衡。建議在油炸時需使用稍低的油溫，避免麵衣上色。

油炸的要點

第一要考慮沙梭和麵衣的味道與口感是否統一。需使用稍低溫的油，呈現出鬆軟的口感。由於背開法（剖開背部）的沙梭魚身單薄，切忌油溫過高。若是超過180℃，會造成魚肉加熱過度，失去原本的味道。利用油炸蔬菜的感覺來製作即可。

粉
▼
衣 稍濃
▼
炸 180℃→175℃

準備工作（背開法）

處理完成的天婦羅食材。

① 將沙梭用清水快速地沖洗後，擦乾水氣。

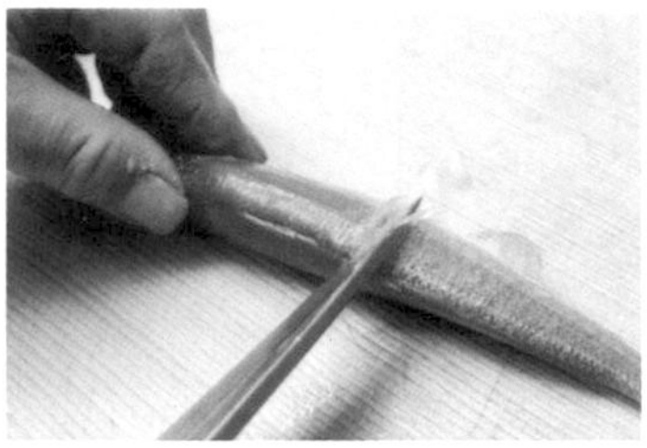

② 背朝自己，將刀刃立起，從尾鰭用擦的方式移動菜刀，將鱗片刮除。

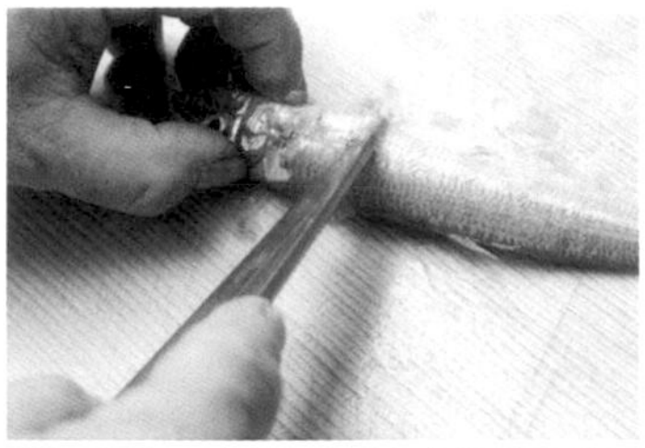

③ 魚鰭連結處和腹側等較難去除的部位，用刀鋒仔細地剔除。

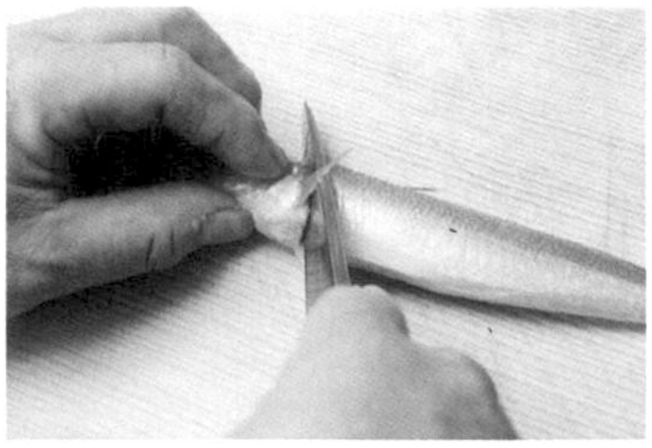

④ 魚肚朝自己，將菜刀稍微向內側傾斜，從胸鰭正後方斜切，將背骨切斷。

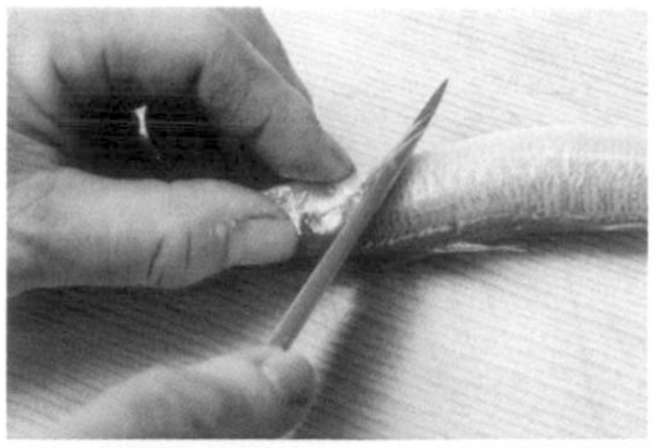

⑤ 翻面，背朝自己，和④相同的要領斜切入刀。切到背骨時，將刀鋒直立切斷背骨，將魚頭切落。

⑥ 用刀鋒將內臟取出。

⑦ 背朝自己，從頭的連結處入刀，沿著背骨順勢往下切。注意避開魚肚上的皮。

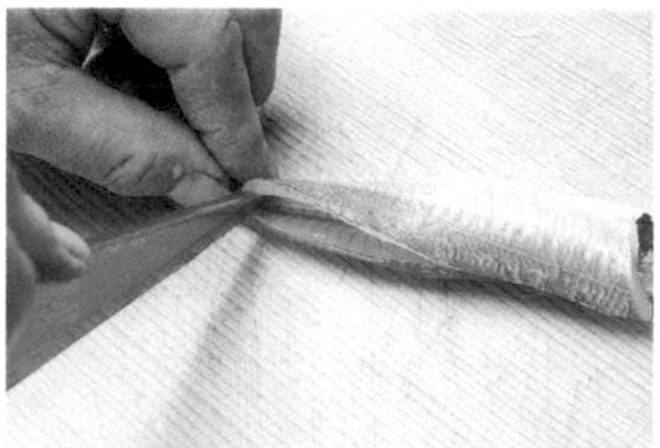

⑧ 切到尾鰭的連結處，用刀鋒切斷尾鰭連結處的背骨。注意不要將尾鰭切落。

⑨ 將沙梭的魚身打開。

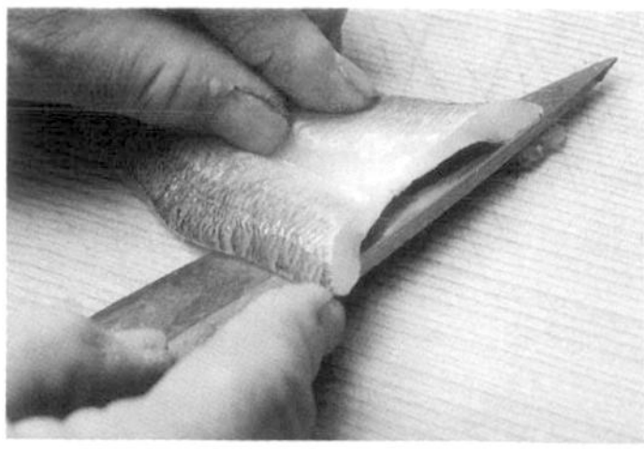

⑩ 將背骨按壓在砧板上，在緊鄰背骨的上方入刀，沿著背骨切到尾鰭連結處切斷。

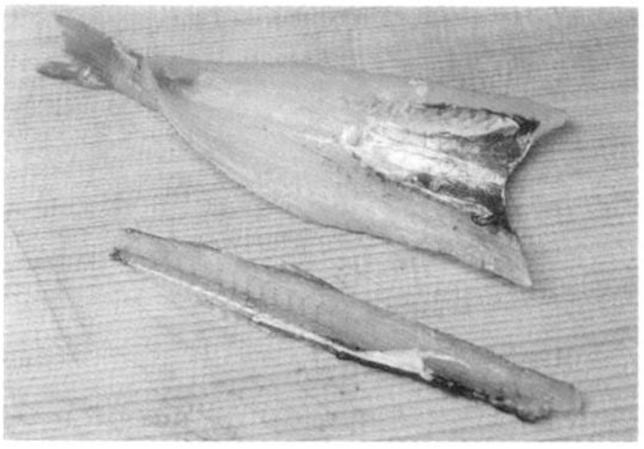

⑪ 背部剖開的沙梭和已分離的背骨。

⑫ 按住尾鰭附近，用菜刀沿著腹骨入刀薄切將腹骨削除。

⑬ 逆向握住菜刀，同樣將另一側的腹骨削除。把腹骨完全清除乾淨。

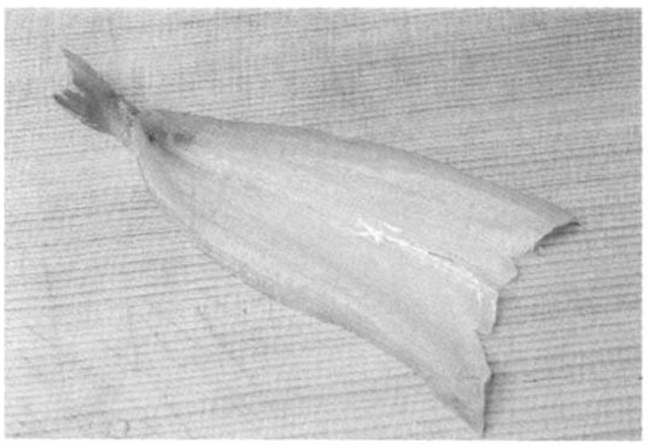

⑭ 處理完成的沙梭。

① 拿起尾鰭將魚身全部裹上麵粉，再將餘粉拍除。

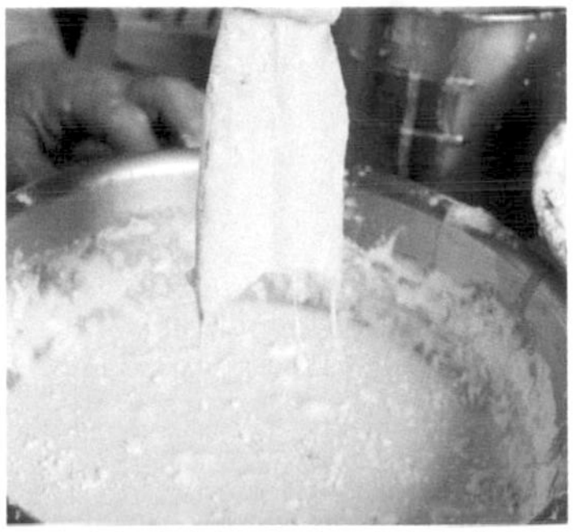

② 在標準的麵衣裡加入麵粉調整到稍稍濃的程度，用攪拌棒夾住沙梭兩側沾入麵衣。

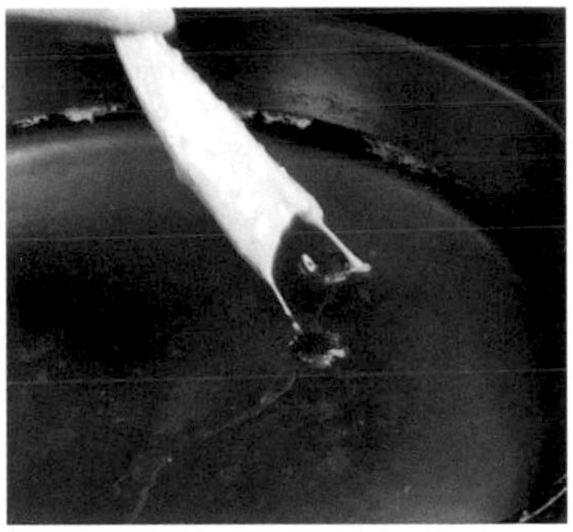

③ 魚皮朝上讓麵衣均勻包覆，投入180℃的油鍋當中。魚皮和魚身之間最美味，因此要避免魚皮加熱過度。

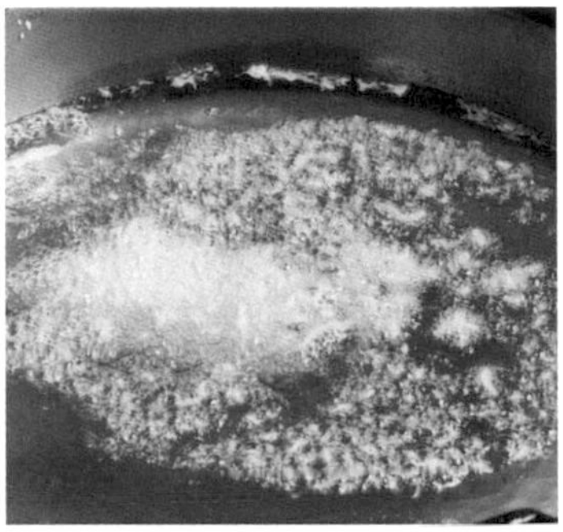

④ 麵衣瞬間散開，沙梭下沉。不時關火點火，將油溫維持在175℃。

⑤ 沙梭浮起，仍冒出許多細小的氣泡。重複翻面。

⑥ 當氣泡變大、聲音漸漸安靜後即可起鍋。

⑦ 從油鍋內取出，放在鋪上紙的盤內瀝油。

銀寶

Gunnel

雖然以前銀寶是江戶前必備的天婦羅食材，但最近進貨量減少，甚至被冠上夢幻的魚種，入手益發困難。銀寶的特徵是側身扁長的魚體，五月下旬到六月正是品嚐的季節。這裡是使用東京灣捕獲的江戶前活魚。

油炸到香脆後，即可呈現熱呼鬆軟的美味魚肉。另外，銀寶若不是活體價值會減半。因為魚肉會變質，無論油炸技術再好，都無法呈現鬆軟的口感，因此必須使用活體。

油炸的要點

由於白肉魚是屬於肉質結實、相當甘甜的魚種。因此料理時要將麵衣稍微上色，確實地油炸。

粉
▼
衣 稍薄
▼
炸 180℃以上

準備工作

處理完成的銀寶。

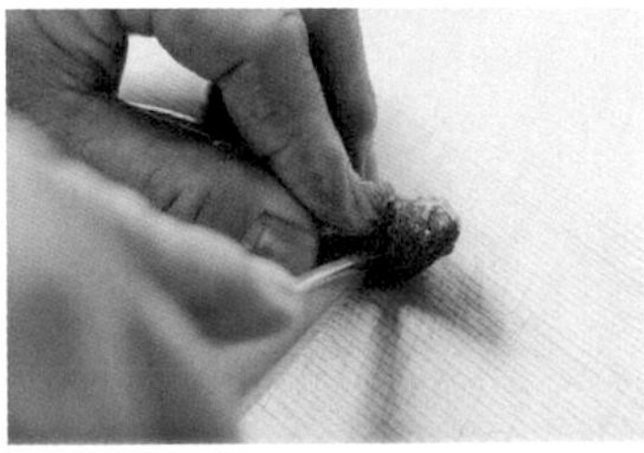

①背朝自己，從頭的連結處入刀切斷背骨，再用清水沖洗。

②先在砧板的角落用錐子敲開一個洞。背朝自己，將胸鰭連結處和洞對齊後，用錐子固定。

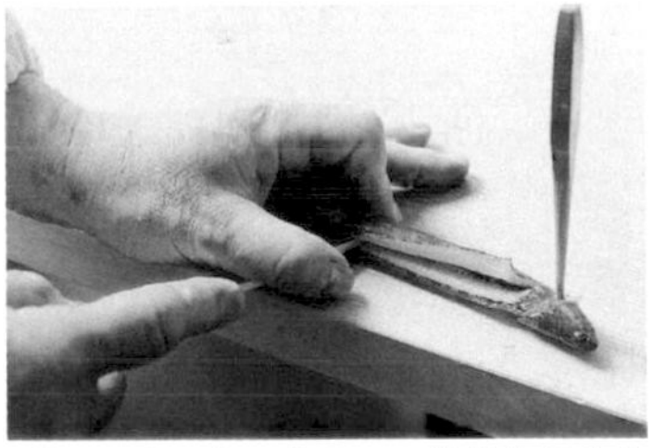

③從靠近錐子處入刀，沿著背骨上方切至魚尾。以左手食指感覺刀鋒來調整切片位置。

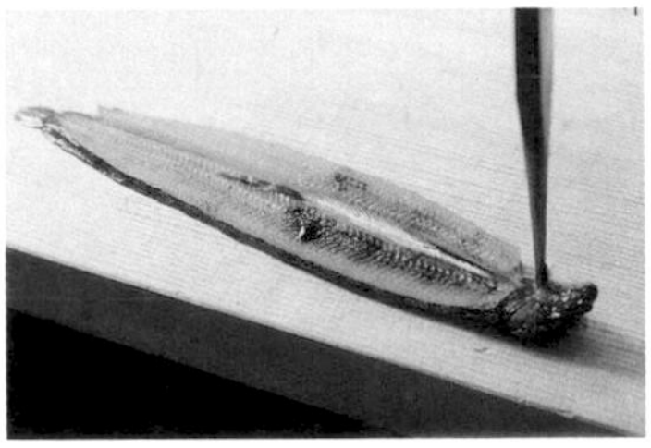

④取出內臟。背部剖開的銀寶。

⑤從背骨下方入刀，沿著背骨薄切，分開背骨。

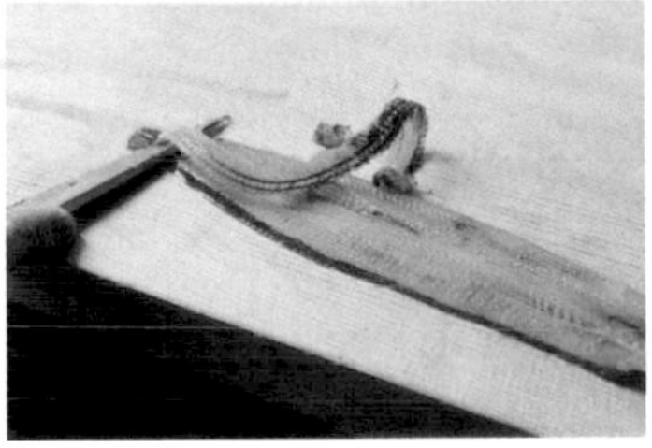

⑥讓背骨和魚尾相連接，不要將背骨切斷。

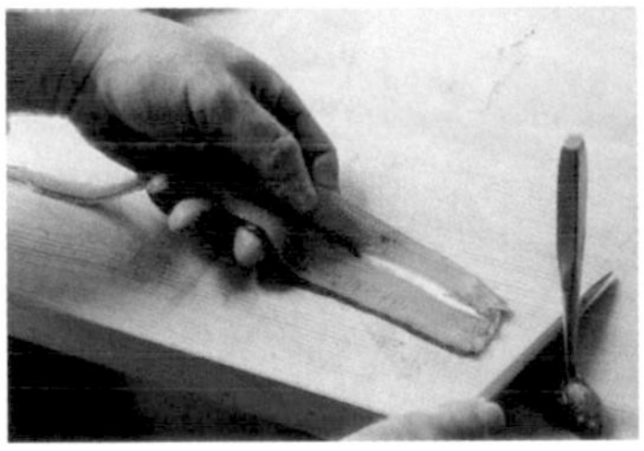

⑦切下魚頭。

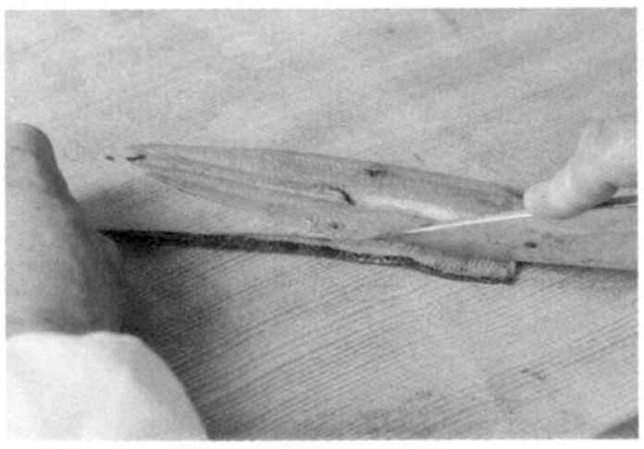

⑧切除和⑥殘留的背骨相連的背鰭。

⑨削除腹骨。

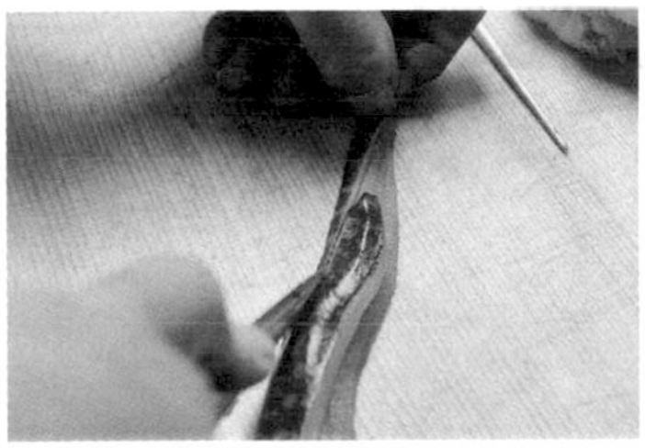

⑩並且從外側切除腹鰭。

⑪用刀跟敲打內側腹骨連結處的魚骨，以方便食用。

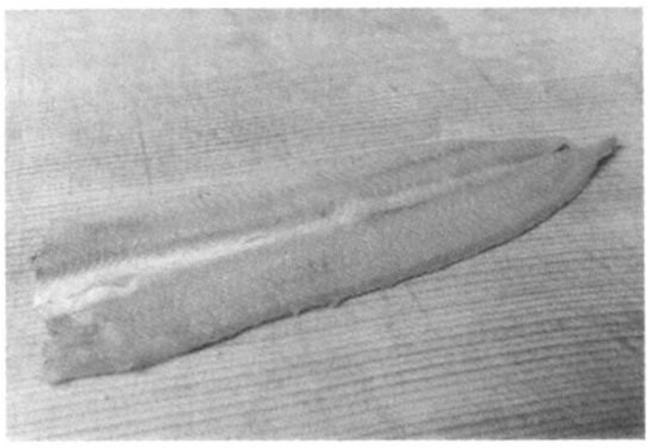

⑫處理乾淨的銀寶。

① 裹粉，並沾上薄麵衣。

② 將魚身拉直，垂直放入 180℃以上的熱油當中。

③ 一開始冒出許多大氣泡。過程中重複翻面。

④ 當氣泡減少且聲音變安靜後，即可起鍋。

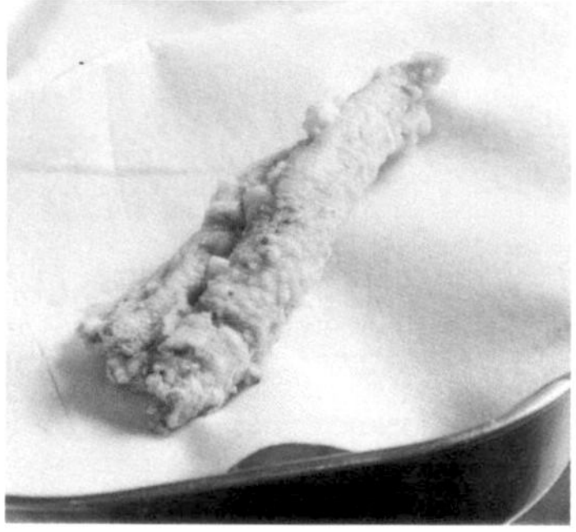
⑤ 瀝油。

明蝦

Prawn

無論是在哪個季節或何種套餐，首先一開始端上桌的一定都是明蝦。果然說到天婦羅就讓人聯想到江戶前的蝦子。

明蝦的蝦頭連結處粗代表品質佳。另外，剛脫皮後，蝦殼柔軟的明蝦其實並不美味。

將明蝦的頭部和身體分開油炸，錯開上菜的時間。身體的部分，為去除多餘的麵衣，讓麵衣能均勻裹上，因此用手拿起尾部垂直放入油鍋。而頭部則是裹粉不沾麵衣直接油炸。

有些廚師會保留當中半熟的狀態，但我會在大約五至六分熟時取出，再利用餘熱悶至全熟。個人認為這樣最能帶出蝦子的香氣。

油炸的要點

［身體］

因為之後要利用餘熱悶熟，所以大約在五至六分熟的階段即可取出。須注意內部的溫度若是沒有加熱到這種程度，之後的餘熱便很難持續。

連續油炸兩隻、三隻的情況下，在第三隻放入時，油溫仍需維持在180℃。為此，必須捉緊節奏加快速度油炸才行。

［頭部］

蝦頭飽含香甜，是相當美味的部位。雖然欲呈現出酥脆的口感，但過度油炸會失去原本的香味，並且在食用時容易刺到，造成口腔內部受傷，因此如何炸得恰到好處相當重要。用190℃以下的熱油油炸。

［身體］

粉 ▼ 衣 稍濃 ▼ 炸 180℃

［頭部］

粉 ▼ 炸 190℃以下

準備工作

處理完成的明蝦。將身體伸直並把關節去除。蝦頭也油炸後提供。

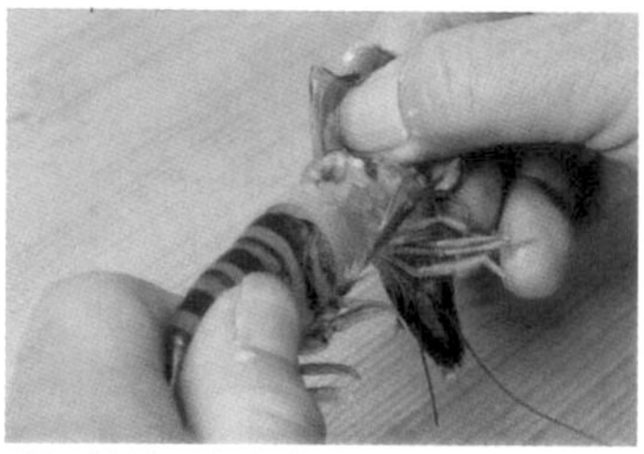

① 快速用清水沖洗並擦乾水氣。將蝦頭上方的殼用扭轉的方式剝開。

② 剝開蝦頭的下側，將頭部取下。

③ 拉開蝦頭連同蝦腸一起取出。

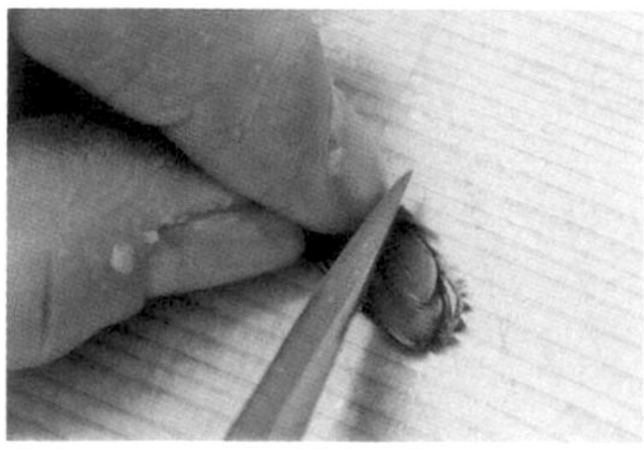

④ 將尾部尖角和蝦尾以斜切的方式同時切除。蝦尾容易殘留水分，而尖角則可能造成口腔刺傷。

⑤ 打開後變成扇形。

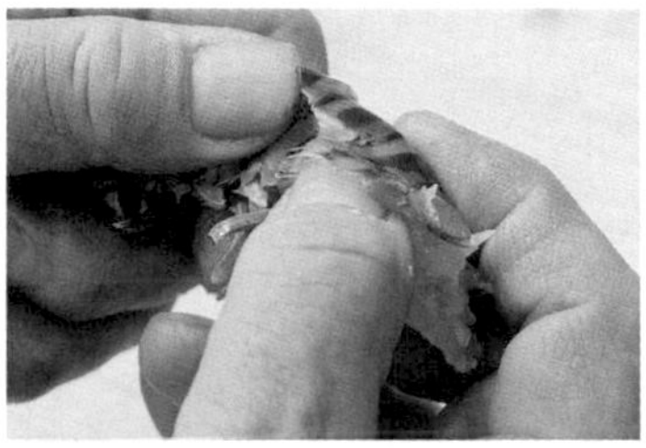

⑥ 用拇指的指甲，打開腹部下方殼的連結處。

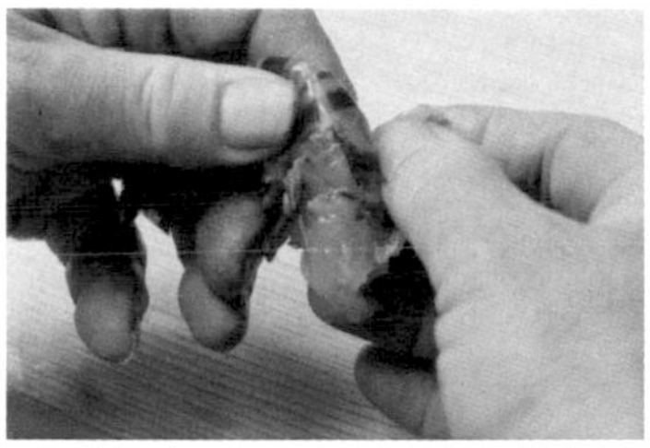

⑦ 避免傷到蝦肉，小心地將殼剝除。

⑧ 腹側朝上，輕輕地斜劃數刀。

⑨ 用拇指擠壓出貫穿腹部中央的關節。

油炸（身體）

① 在標準的麵衣當中加入麵粉，調整成稍稍濃的麵衣。

② 從尾部拿起將粉裹勻，拍除多餘的粉。

③ 將整條蝦肉放進麵衣當中。

④ 拿住蝦尾，以腹朝上、背朝下的姿勢直接投入 180℃的油鍋內。這樣可以讓多餘的麵衣散落，使麵衣均勻附著。

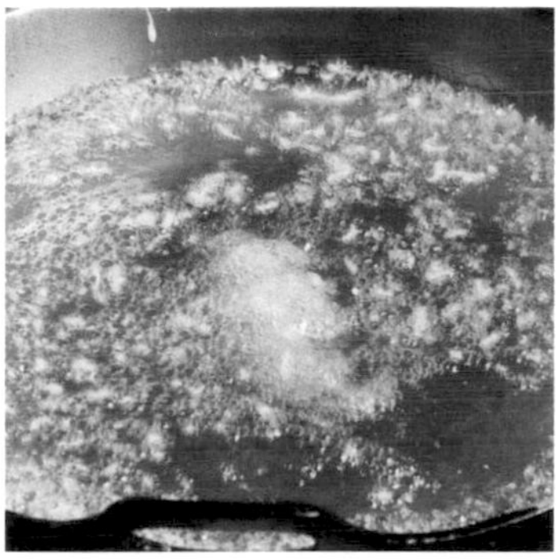

⑤ 麵衣迅速散開，同時冒出許多細小的氣泡。適時地撈除油炸碎屑。

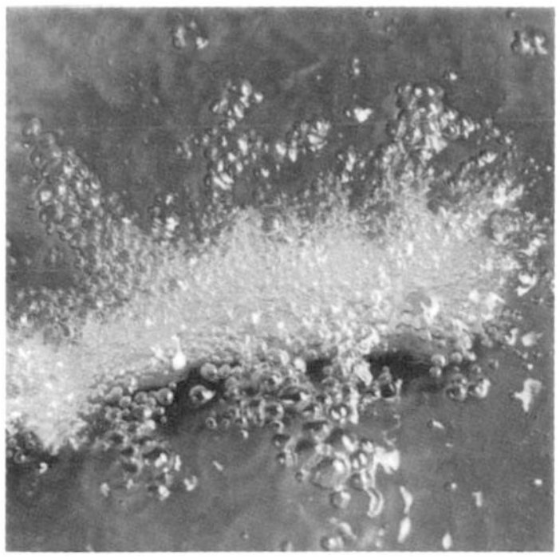

⑥ 重複翻面，當氣泡變大減少時即可起鍋。

油炸（頭部）

① 將蝦頭全部裹上薄薄的麵粉後，再拍除餘粉。

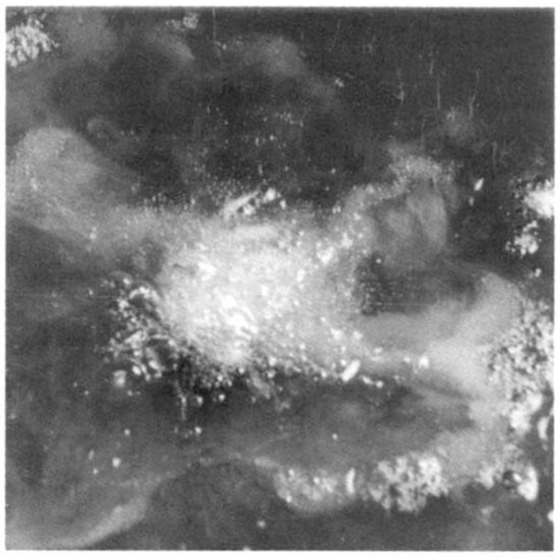

② 放入190℃的熱油當中。冒出許多白色的細小氣泡。為了要慢慢地加熱，暫時將火關掉。

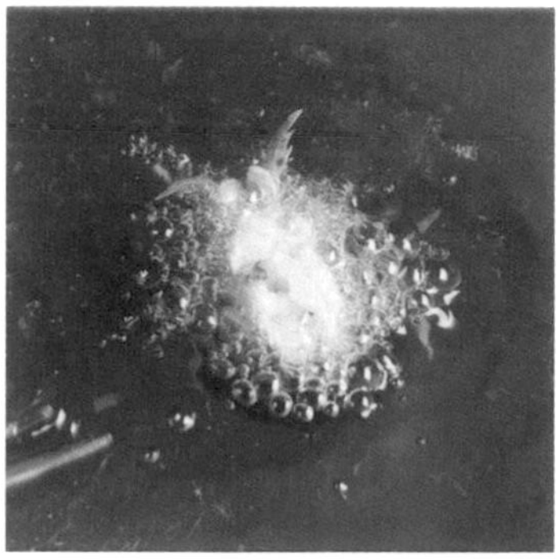

③ 開火，再將溫度提高到185～190℃，並維持在這個油溫。氣泡漸漸變大的次數減少。

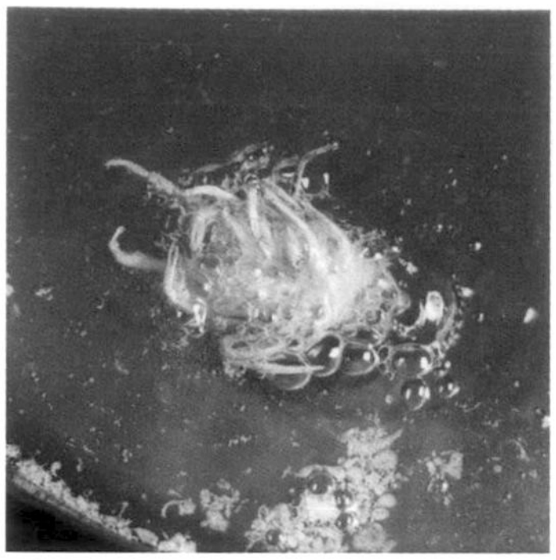

④ 蝦腳浮起且變酥脆後即可起鍋。

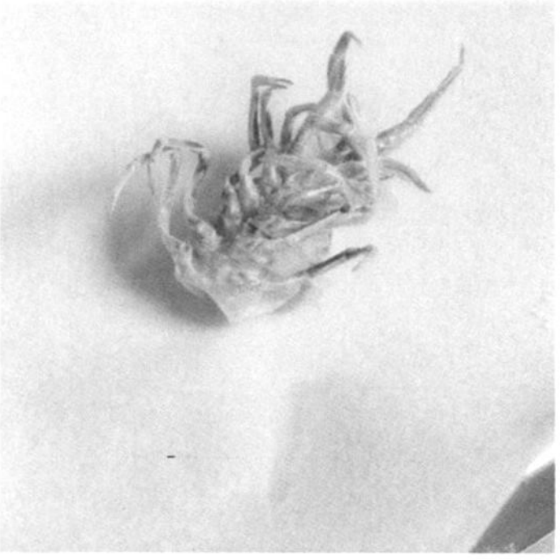

⑤ 取出放在鋪上紙的盤內瀝油。

⑦ 取出放在鋪上紙的盤內瀝油。對半切可以看到在油炸之後，蝦子的中心仍呈現半熟的狀態。為了讓客人品嚐利用餘熱悶熟後的明蝦，先暫時靜置片刻後再上桌。

烏賊

新烏賊

Cuttlefish

烏賊（墨魚）的幼魚。從八月盆節開始到下旬是從九州進貨，江戶前產的則是要到九月。

新烏賊的特色是加熱後不會變硬，口感仍相當滑嫩。由於油炸後容易彎曲捲起，因此過程中須時常翻動。

油炸的要點

為了讓柔軟的烏賊內部受熱，利用高溫快速油炸，呈現出中間軟嫩、表皮酥脆的口感。油溫過低會導致烏賊出水，無法油炸出酥脆感。

粉
▼
衣 稍稍薄
▼
炸 180℃→190℃

準備工作

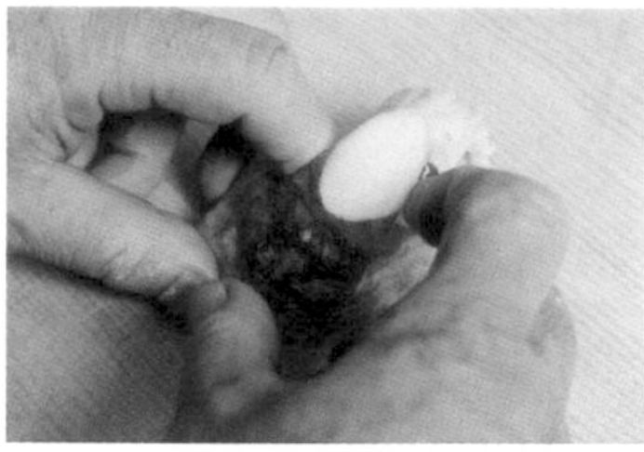
① 雙手確實地壓住表殼，將內殼推擠出來。

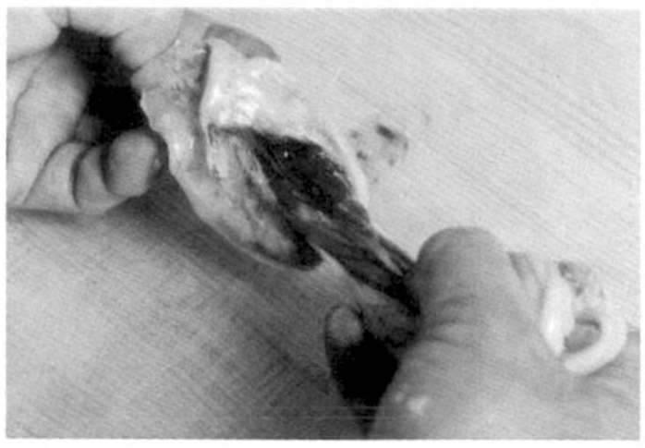
② 除去觸鬚及內臟。

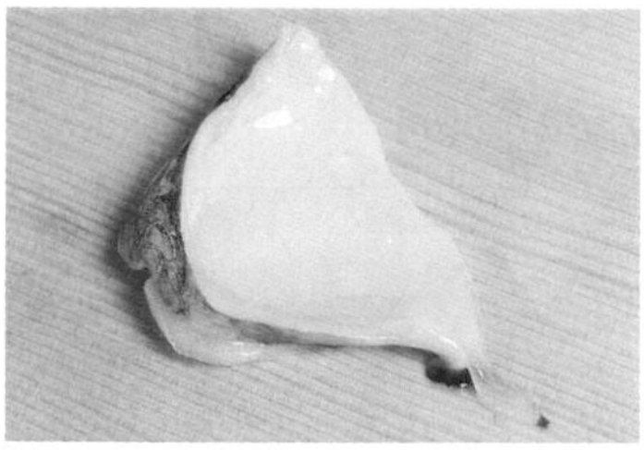
③ 用清水洗淨的烏賊。

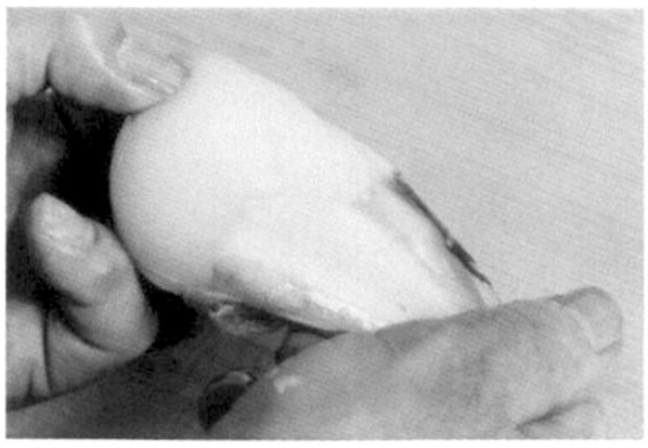
④ 從三角形尖端的頭部方向將外皮剝除。

⑤ 兩端切落，調整形狀。

⑥ 內側朝上，在下擺處淺淺地劃一道切口。

⑦ 用手從切口將外側的薄膜全部撕除。

⑧ 外側朝上，在三角形的頭部淺淺地劃一道切口。

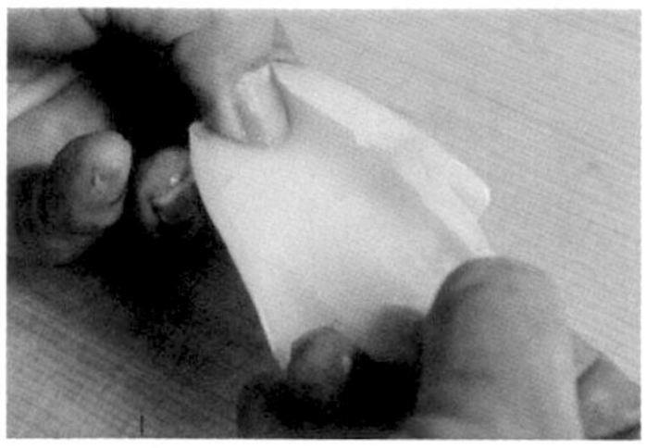
⑨ 用手從切口將內側的薄膜撕除。

處理完成的新烏賊。

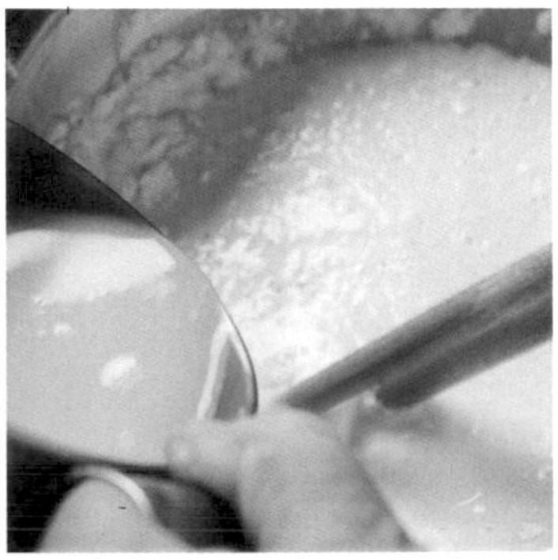

① 在麵衣裡加入蛋汁稀釋，調整濃度。

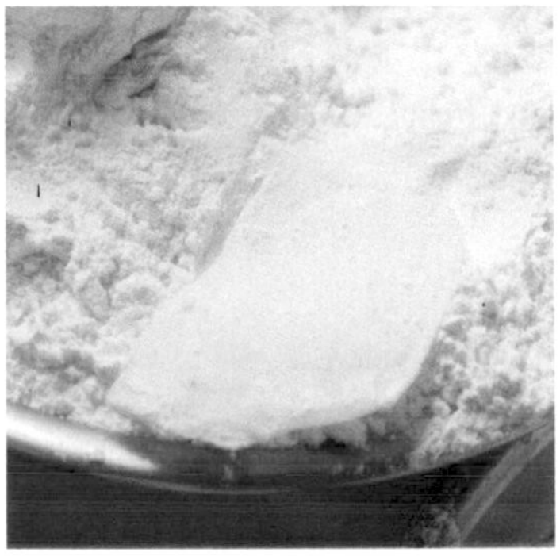

② 將烏賊裹粉。

③ 去掉多餘的粉，沾入麵衣。

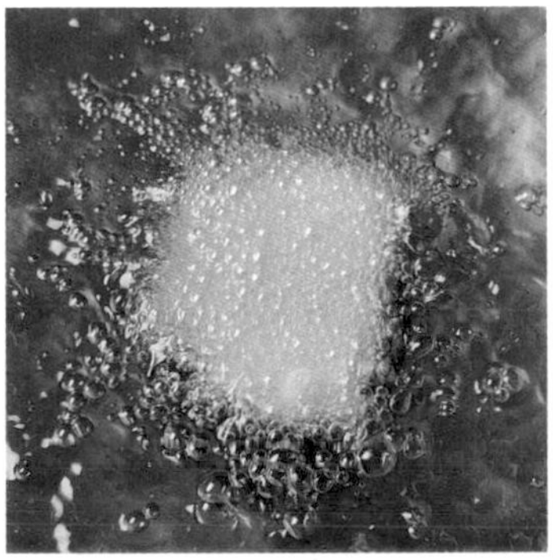

④ 外側朝上，放入 180℃的油鍋當中。

⑤ 由於容易卷曲，需時常翻面。將溫度提高到 190℃。

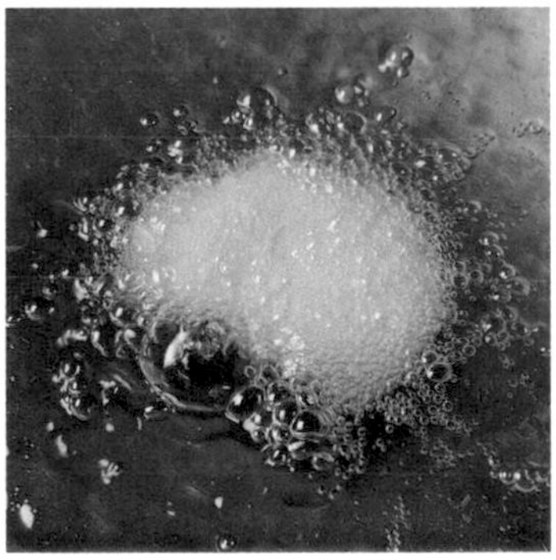

⑥ 當氣泡變大的次數減少後，即可起鍋。

⑦ 瀝油。

Shrimp 蝦

蝦子其實就是泛指20克以下的小隻明蝦。這裡是使用蝦子當中，體型較大的做為鮮蝦天婦羅餅。為了要呈現天婦羅餅帶有高度的立體感，將食材分成兩次下鍋，堆疊出球狀。同時使用薄麵衣油炸，透出蝦子美麗的色澤。

準備工作

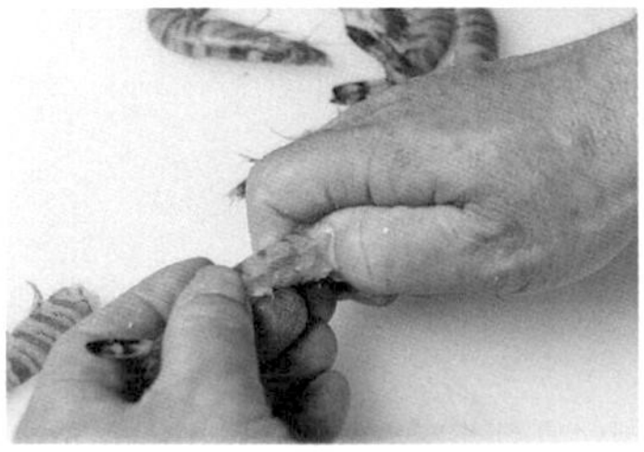

① 用手指壓住蝦頭的關節將它剝下。

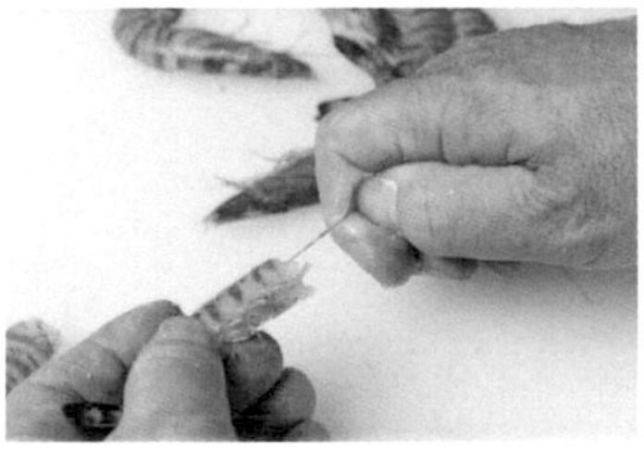

② 在拉的同時將蝦腸也一起拔除。

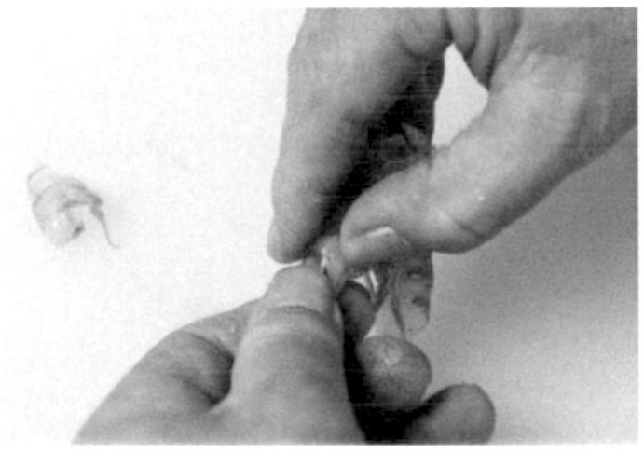

③ 將殼從邊緣開始一圈一圈剝除。

④ 將最後一節和尾鰭同時去除。

油炸

① 將一人份的蝦子分裝到小碗當中。

② 倒入麵粉，讓每一隻蝦子均勻裹粉。

③ 加入利用冷蛋汁稀釋過的薄麵衣。

油炸的要點

麵衣要薄。由於是大隻的蝦子，因此需經過稍長時間油炸後再開始翻面。充分地油炸才能帶出蝦子的香氣，呈現出美味。

粉
▼
衣 薄
▼
炸 190℃
▼
第二次下鍋 180℃

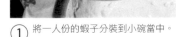

④ 須稀釋到用漏杓撈起會垂直滴落的程度。

⑤ 確認油溫到 190℃後，先將一半的蝦子輕輕地集中放入油鍋。

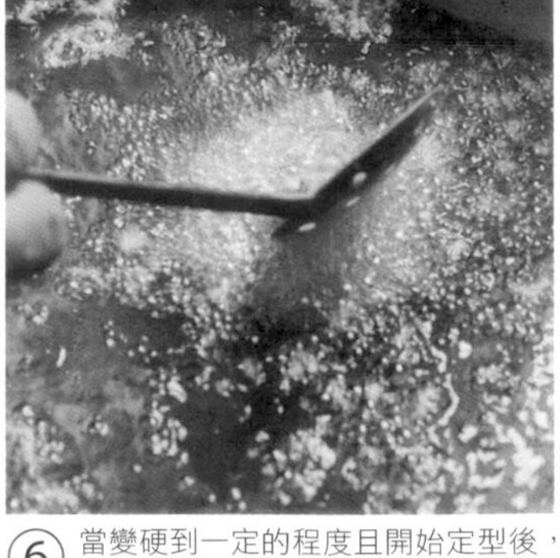

⑥ 當變硬到一定的程度且開始定型後，將剩下的蝦子外層麵衣瀝乾淨，堆疊到上方。

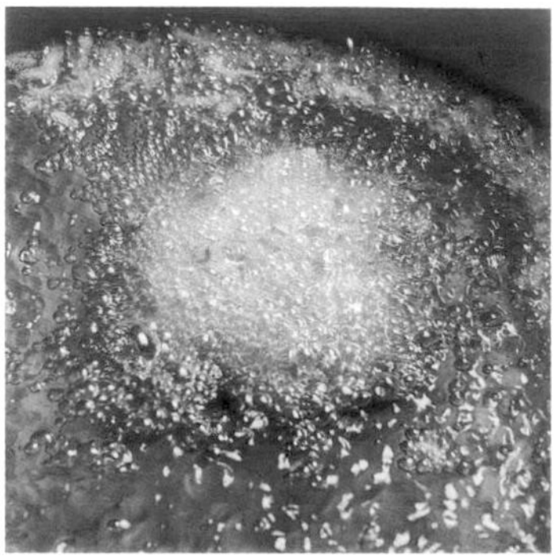

⑦ 麵衣固定前，先暫時維持這樣油炸。油溫保持在 180℃，不時撈除油炸碎屑。在第一次翻面以前需經過較長的時間油炸。

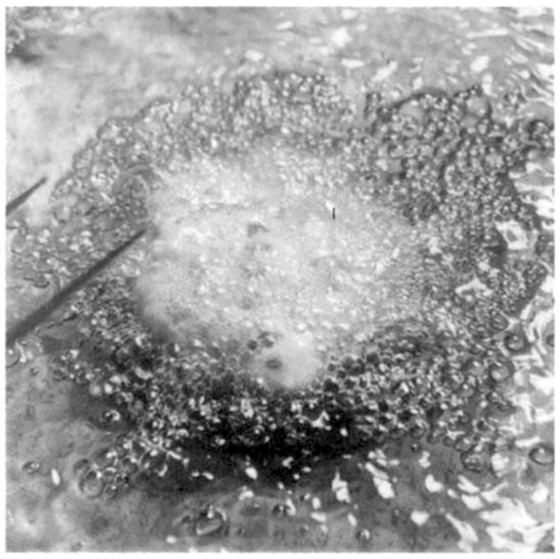

⑧ 翻面。暫時維持這樣油炸，再次翻面。

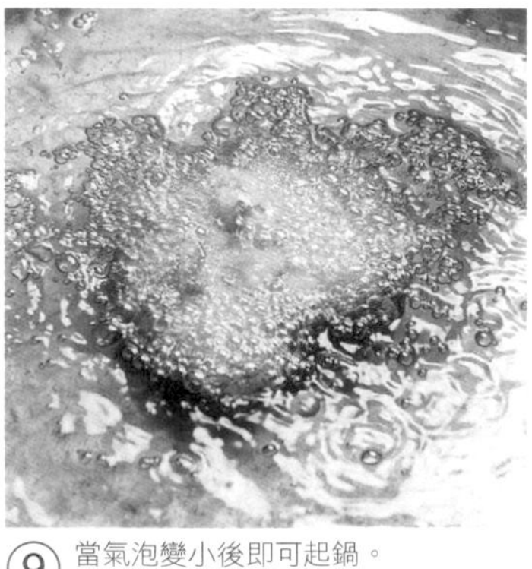

⑨ 當氣泡變小後即可起鍋。

⑩ 瀝油。

海鰻

Hamo conger eel

也許以關東來講並不為人所熟悉，但在關西卻可說是相當具有人氣的魚。成體最大可達2公尺長，但做天婦羅的尺寸大約1公尺左右最為恰當。太小肉薄，無法油炸出鬆軟的口感。

通常是購入活體放血*的海鰻。盛產季從五月開始到夏末。由於小刺很多，需先將魚骨處理乾淨後使用。圖片上是熊本產的海鰻，國產與進口的相比，特色是魚皮和魚骨皆較為柔軟。

這裡介紹的是，利用加熱後海鰻皮卷曲的特性，將魚骨剝除後的海鰻包裹上四萬十川產的青海苔，製成香軟柔嫩的天婦羅。青海苔因為海鰻的水分而變得濕潤，與魚肉融合為一。

粉
▼
衣 稍稍薄
▼
炸 180℃→175℃

＊活け〆。活體放血，破壞魚的神經使其腦死，之後再進行放血藉以維持較長的鮮度。可延遲魚體死後僵硬和抑制腐敗。最早由日本人發明，目前在世界各地的釣魚界當中也經常被使用。

油炸的要點

由於是屬於肉身軟嫩的魚類，因此不須將麵衣油炸到酥脆。慢慢地油炸到青海苔被海鰻的水分浸透為止。

準備工作

處理完成的海鰻。將海鰻的魚骨剝除，中間卷入青海苔。

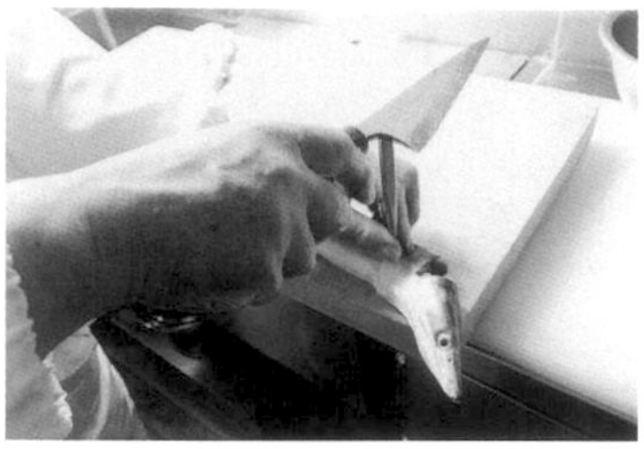

① 事先在砧板角落以錐子敲開一個洞。魚腹朝自己，將錐子刺入胸鰭的連結處固定。

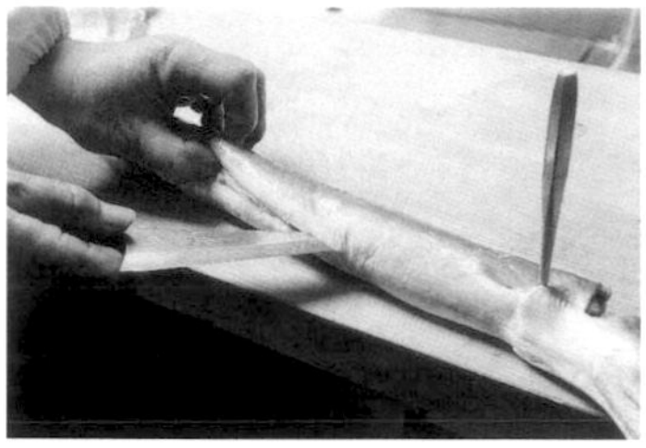

② 將海鰻伸直，逆刀（刀刃朝上）從肛門割開魚肚，一直切到魚鰓的連結根部。

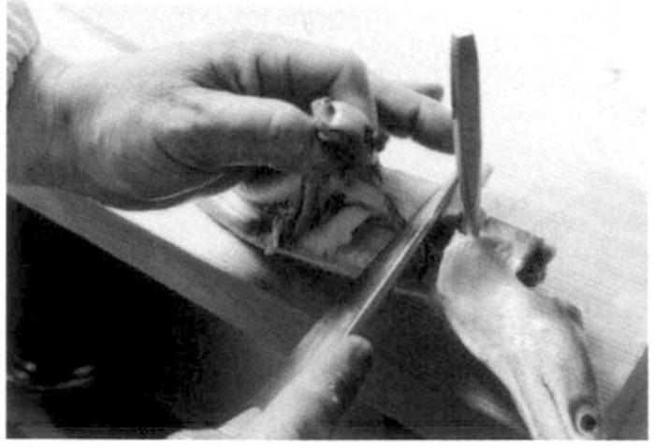

③ 切斷魚鰓根部附近的內臟連結處。

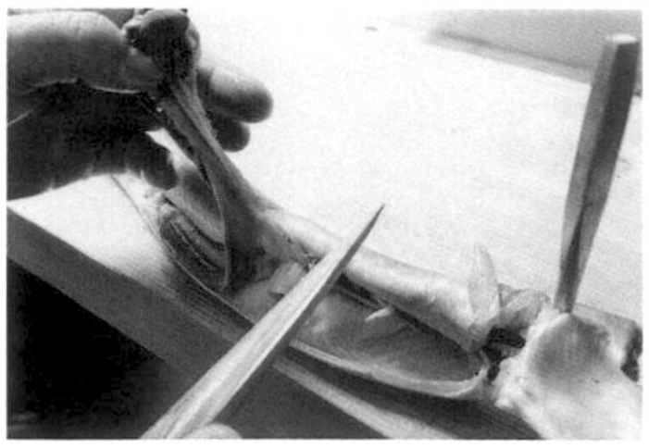

④ 去除內臟。

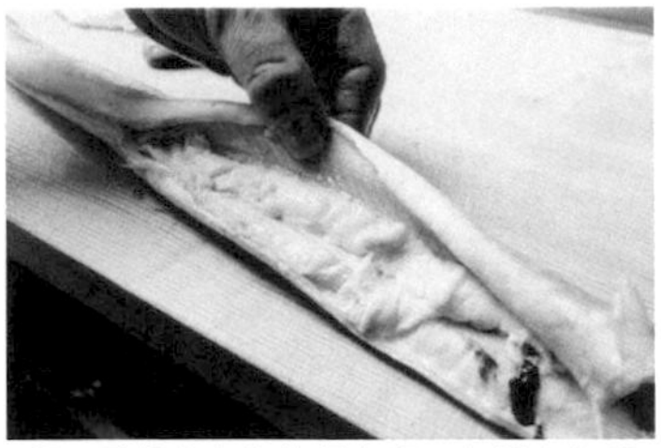

⑤ 看起來白色的是魚卵。如果有魚卵，用菜刀刮下。同時將背骨的暗紅色魚肉剃除。

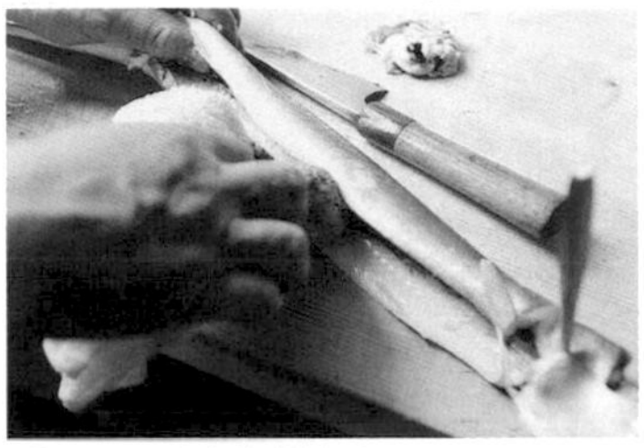

⑥ 用濕毛巾擦拭乾淨。

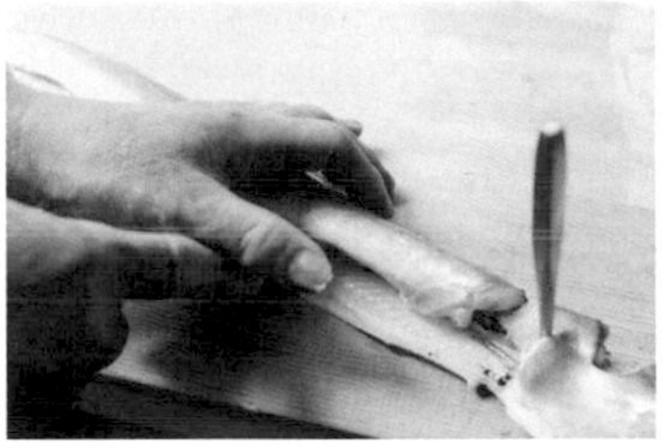

⑦ 從魚頭沿著背骨上方切開。用左手引導刀尖切向魚尾。

⑧ 打開的樣子。

⑨ 將菜刀從頭部沿著背骨下方橫切，分開背骨。

⑩ 切到魚尾附近。

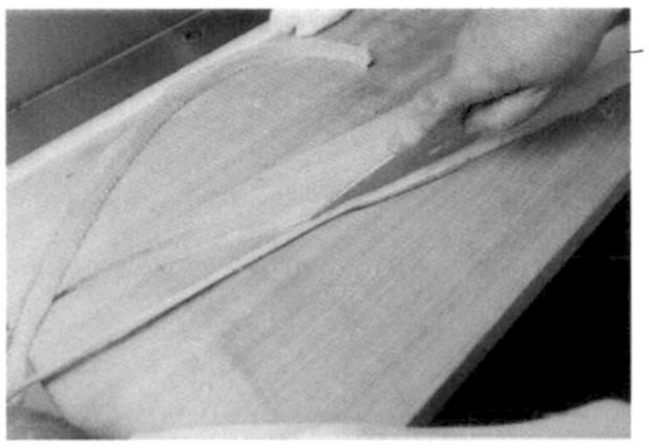

⑪ 不要切斷背骨，開始切除連結的腹鰭。

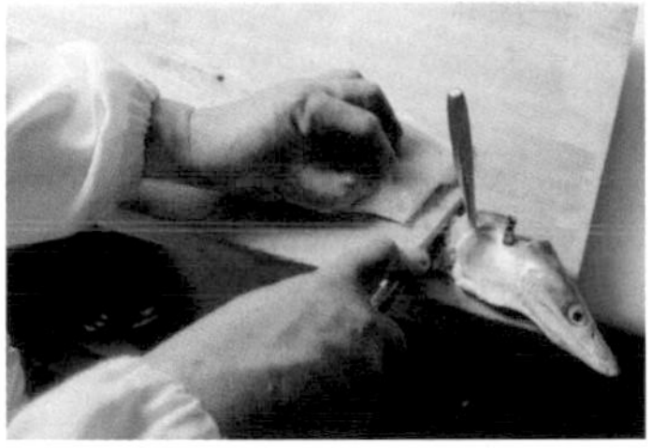

⑫ 將腹鰭從頭部切除後，把魚頭切落。

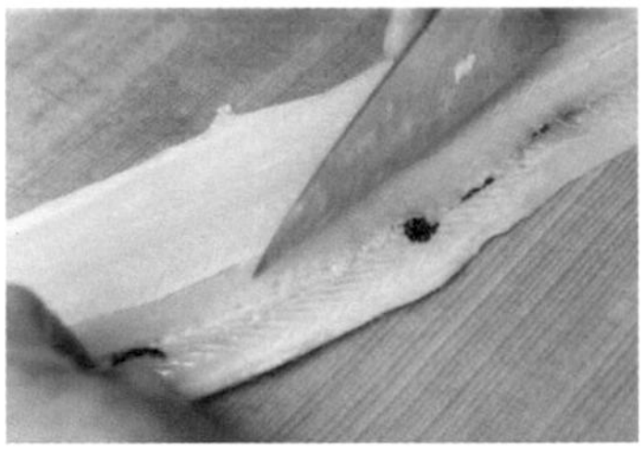

⑬ 用刀尖割開腹骨的連結處，使其浮起。

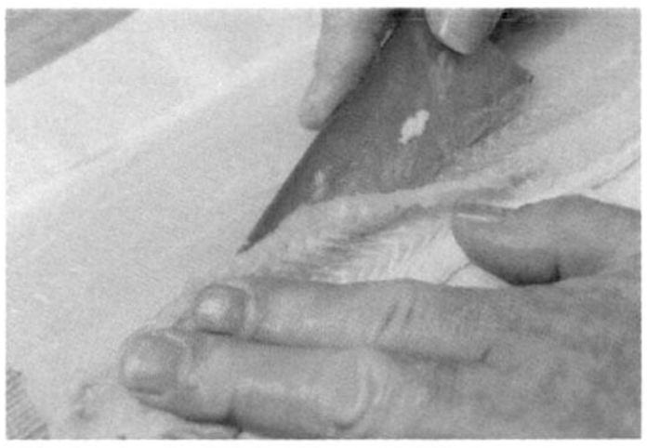

⑭ 從連結處薄薄地削去腹骨。另一側也以同樣方式削除。

⑮ 將魚身折回原本的形狀，切除連接背鰭的尾鰭根部。

⑯ 用刀跟確實地壓住背鰭，用力拉開魚身。因有黏液，可使用紙巾等。

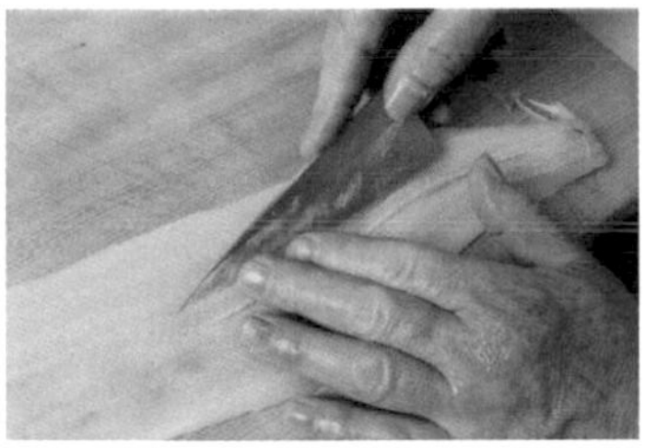

⑰ 內側也是在背鰭連結處的兩側入刀。

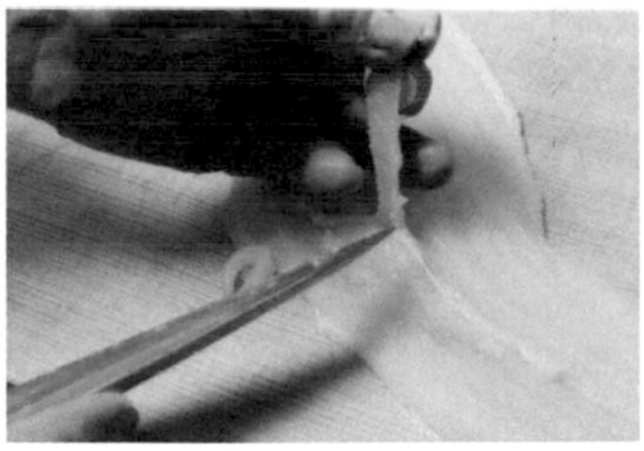

⑱ 用手拉扯取下。

⑲ 用手指確認連結的魚刺是否還有殘留。

⑳ 保留一片魚皮並切細刀刻紋，將魚刺切碎。以刀尖入刀直切。

㉑ 從刀尖往下切拉到刀跟，最後將菜刀倒向外側收起刀刃。到適當的長度（約 5 公分）切片。

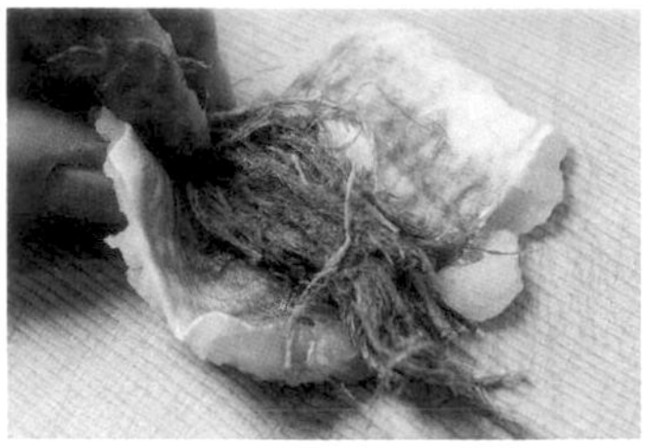

㉒ 將四萬十海苔集中放在魚皮朝上的海鰻上。

㉓ 捲起。

油炸

① 裹粉後拍除多餘的粉。

② 沾入稍稍薄的麵衣。

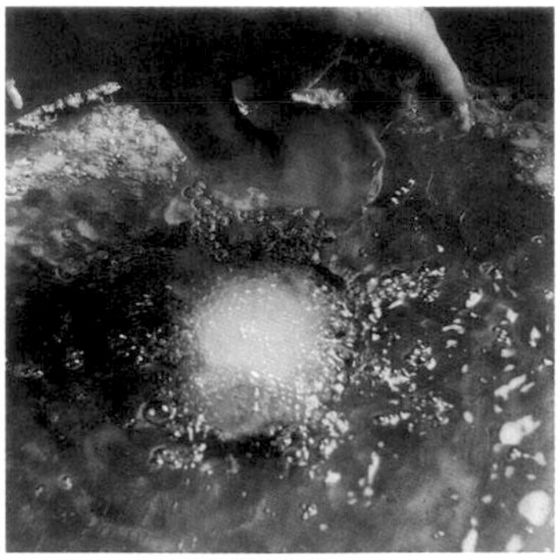

③ 輕輕地放入 180℃的熱油當中。之後調整火侯，維持在 175℃的油溫。

④ 一開始有許多氣泡。不時轉動。

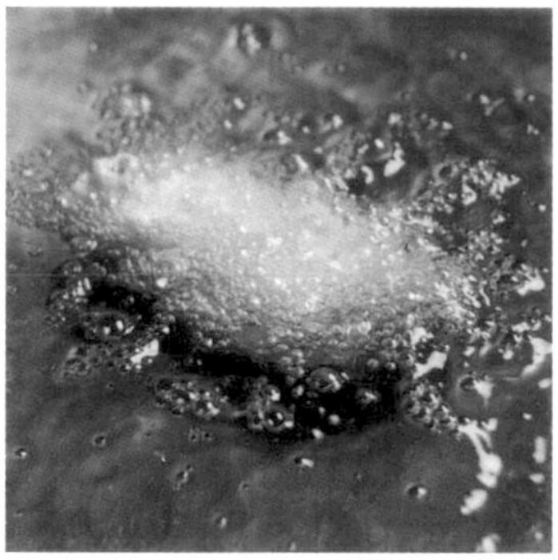

⑤ 當氣泡漸漸減少且聲音變安靜後即可起鍋。

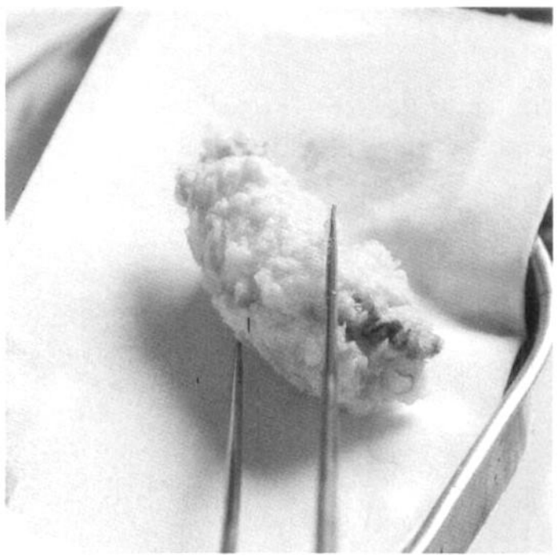

⑥ 瀝油，輪切成方便食用的大小。

大眼鯒

Big-eyed flat-head

由於大眼鯒*是一種具有男性化肉質的海底魚，因此在經過充分油炸後，能呈現出麵衣酥脆、魚肉鬆軟的口感。

以前曾經為了去除魚體表面的粘液，以鹽搓揉沖洗，但因鹽味會滲透魚肉，現在改成只用清水洗淨。要去除殘留的黏液，充分地油炸是相當重要的關鍵。

大眼鯒雄魚和雌魚的腹鰭顏色不同。雄魚（左）的腹鰭是黑色，而雌魚（右）的是白色。新鮮的大眼鯒尾鰭會漂亮地張開。

油炸的要點

一般海底魚都需經過充分地油炸。這是為了去除海底魚身上特有的粘液，並且呈現出肉質鬆軟的口感。利用與沙梭相互對照的油炸方式。

粉 → 衣 稍稍薄 → 炸 180℃

*日文漢字寫作女鯒或雌鯒。分布在日本本州中部以南的沿海海底。長約二十公分，體呈褐色。多用來做為魚肉加工製品和天婦羅的食材。台灣以東石、布袋等均有產。

準備工作

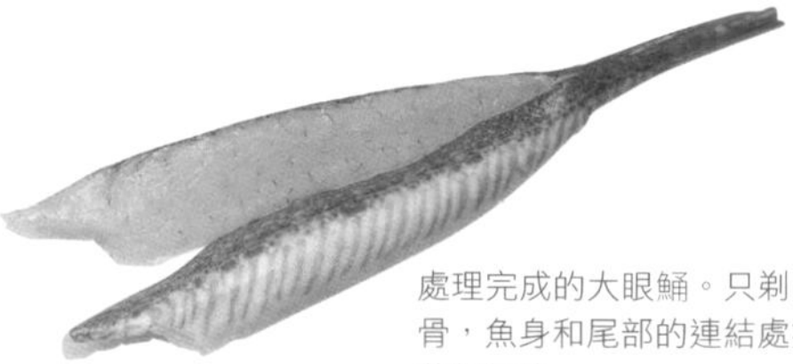

處理完成的大眼鰯。只剝除背骨，魚身和尾部的連結處如松葉般相連。

① 用清水搓揉清洗身體表面的粘液。

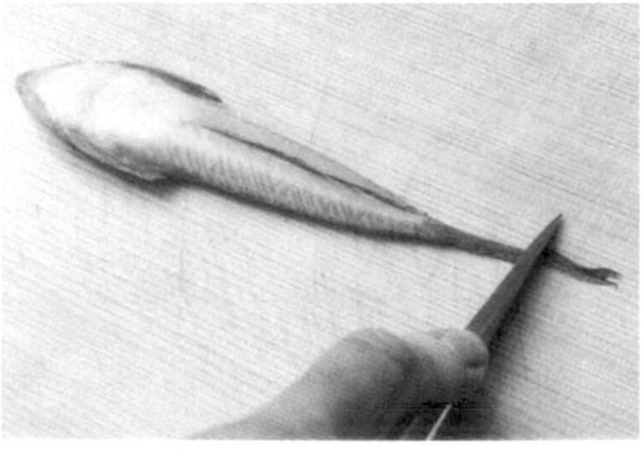

② 將尾鰭前端切齊。

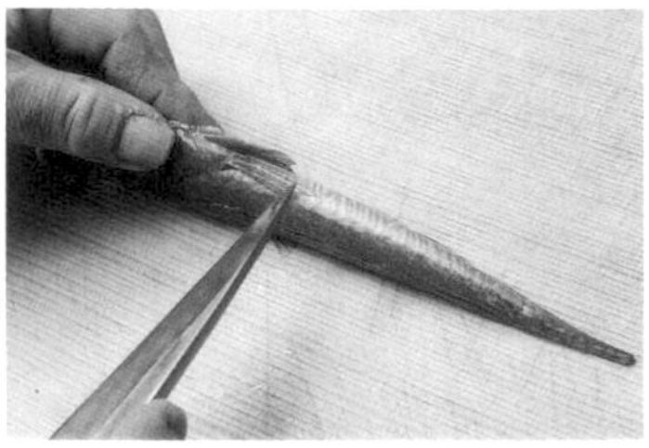

③ 用刀尖仔細地刮除身體表面的粘液。

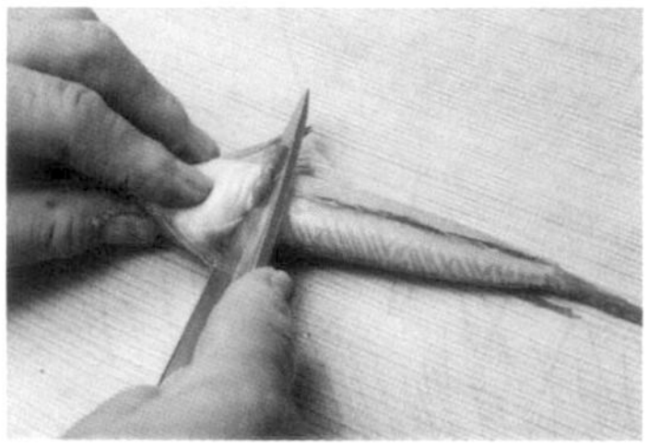

④ 魚肚朝上，從腹鰭的邊端斜斜入刀固定胸鰭將魚頭切落。

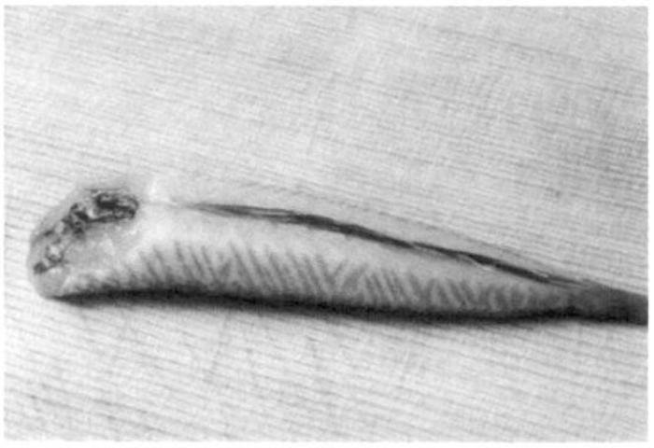

⑤ 切除魚頭的大眼鰯。將魚肚內清洗乾淨後擦乾水氣。

⑥ 背朝自己，從頭部開始，沿著背骨往下切。

⑦ 到魚尾的連結處附近為止，流暢地切開。注意不要將身體完全切斷。

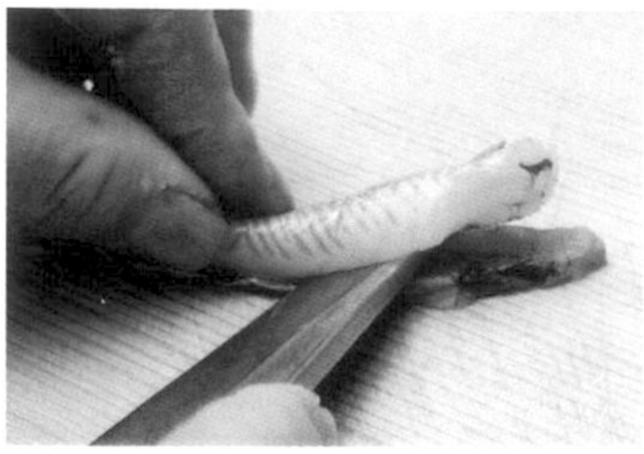

⑧ 背骨朝下，從腹骨的連結處入刀，按壓在砧板上，沿著背骨將另一側的魚身切下。

⑨ 切到魚尾的連結處後，將刀刃立起，切斷背骨。

⑩ 削去腹骨。

⑪ 將刀刃面向外側，削去另一邊的腹骨。

① 注意避免讓魚身斷落，握住魚尾連結處，將魚身全部裹粉，並把餘粉拍除。

② 換用攪拌棒夾住，將整條魚浸到麵衣（比沙梭再薄一些）裡。

③ 用攪拌棒夾起，滴落多餘的麵衣。

④ 確認溫度後，皮朝上輕輕地放入180℃的油鍋內。

⑤ 麵衣頓時散開，大眼鯒暫時往下沉，不久後浮起。

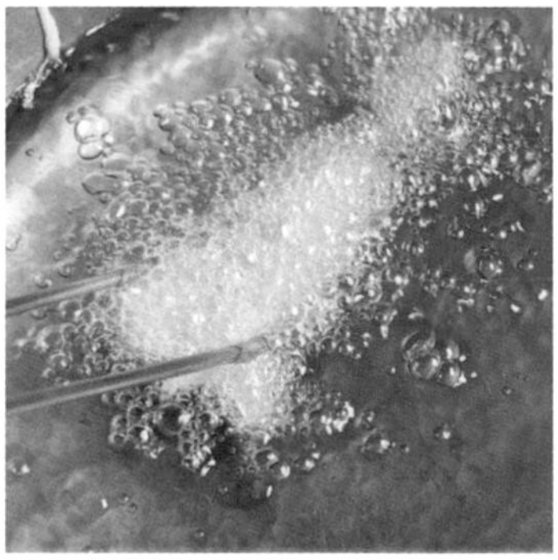

⑥ 魚的身體如果打開，可以用筷子輕輕地夾住定型。

⑦ 適時地撈除散落的油炸碎屑。重複開火關火將油溫控制在180℃。

⑧ 當氣泡變大，聲音變安靜後即可起鍋。

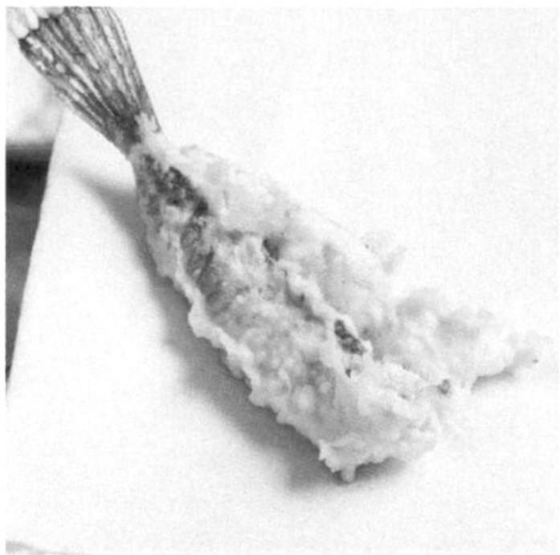

⑨ 從油鍋取出，放在鋪上紙的盤內瀝油。充分油炸到麵衣上色為止。

蝦虎魚

Goby

蝦虎魚＊是在晚秋到初冬登場的天婦羅食材。這個季節的蝦虎魚身形肥美正是享用的好時期。

在東京灣釣蝦虎魚相當盛行，因此江戶前的相當有名，但這次選用的是宮城縣產。蝦虎魚屬於鮮度流失很快的魚類，所以採購時必須是活體，之後再進行放血。

雖是頭部較大的魚，但在挑選時只要把魚扶正，從上方看，挑選身體比頭的幅度還要肥大的即可。

＊蝦虎魚多分布在淡水以及河口沿岸。長約20公分、身體細長，眼睛位在頭的上方，並且腹鰭多是癒合成吸盤狀。秋季魚類。壽命為一年。

粉
▼
衣 稍稍濃
▼
炸 180℃→175℃

油炸的要點

必須讓魚身均勻受熱。活魚油炸後魚肉會收縮，因此須將麵衣調整成能符合收縮後的濃度。濃度要到當魚肉縮小時，周圍的麵衣不會變形，仍可以均勻附著，同時還維持一定的厚度，這樣才能讓魚肉平均受熱。麵衣太薄或太濃都無法讓油炸工作順利進行。

就算濃度正確，如果翻面的時間太遲，仍會造成一面鼓起、另一面縮小，油炸後的麵衣呈一截一截的鋸齒狀。

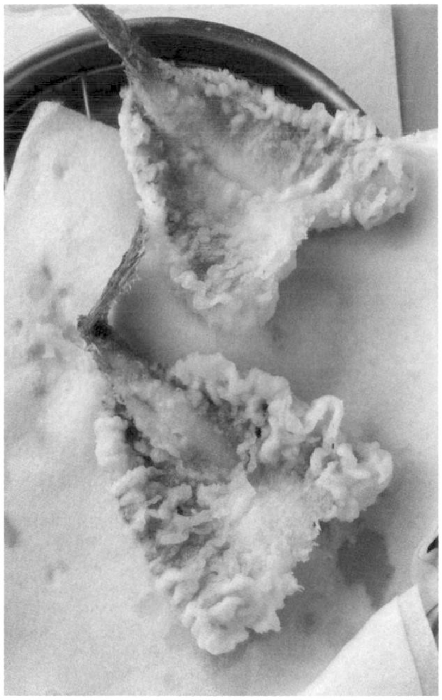

麵衣太薄會殘留在內側，太濃則容易變形導致受熱後的顏色不均。圖片上方，是用適當的麵衣濃度和溫度油炸而成的蝦虎魚。下方，則是沾上濃麵衣的蝦虎魚。如果麵衣過濃，當魚肉收縮的同時，麵衣也像產生皺紋般跟著收縮。

準備工作

背部攤開，處理完畢的蝦虎魚。

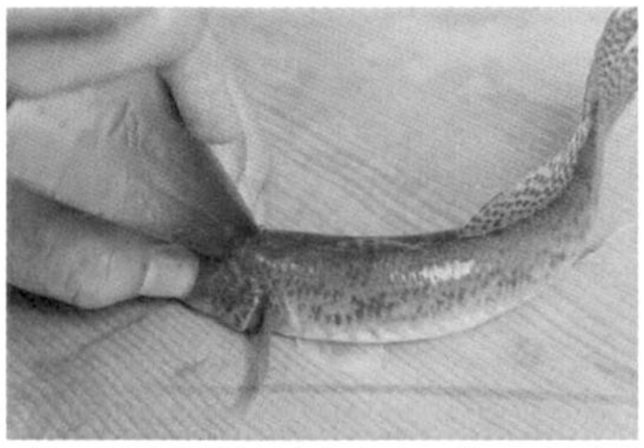

① 在頭部的連結處上方，將刀尖以垂直的角度刺入使魚斷氣。讓亂動的蝦虎魚呈現靜止的狀態。

② 活體放血後的蝦虎魚。從這個位置下刀。

③ 將尾部切齊。

④ 切開背部時會受到影響，因此先在這裡把腹鰭切除。

⑤ 用菜刀將兩側的鱗片刮除。

⑥ 將胸鰭貼住頭部，菜刀從折起的兩側刺入切斷背骨，分開頭部。

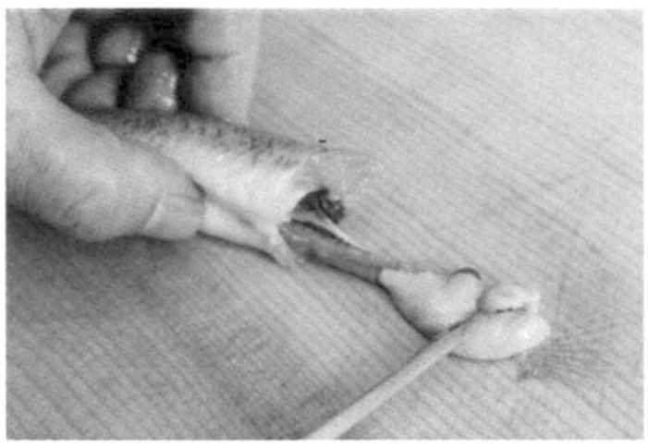

⑦ 用刀尖將內臟取出，再用清水沖洗後將水分擦乾。

⑧ 將魚背面朝自己，從頭的方向開始，在背骨和背鰭上方下刀，沿著背骨往下切。

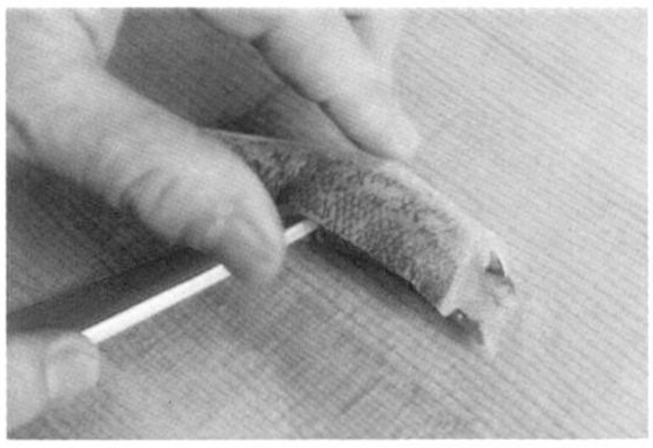

⑨ 為了避免弄破魚肚，用正在按壓的手的食指感覺刀鋒的前進，一直切到尾鰭的部分為止。

⑩ 從背開法處理的蝦虎魚。

⑪ 從另一側的魚身去除背骨。首先將背骨按壓在砧板上固定，沿著背骨的上方入刀。

⑫ 切至尾鰭的連結處，即可切斷背骨。

⑬ 剃除腹骨。將菜刀平放，盡量避免削到魚肉，將兩側的腹骨剃除。

① 將整片魚肉裹上麵粉，把多餘的粉拍除。

② 用筷子夾住連接魚尾的部分，沾入稍稍濃的麵衣。濃度需調整到即使活魚的肉片加熱收縮後，麵衣也不會起皺摺的程度。

③ 滑入180℃的油鍋內。多餘的麵衣散落。帶皮側在擺盤時朝上。

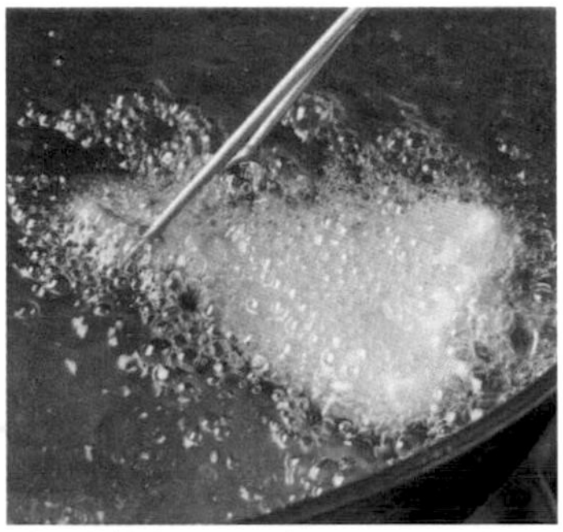

④ 維持油溫在175℃油炸。筷子改拿油炸專用筷。

⑤ 產生大量的氣泡。

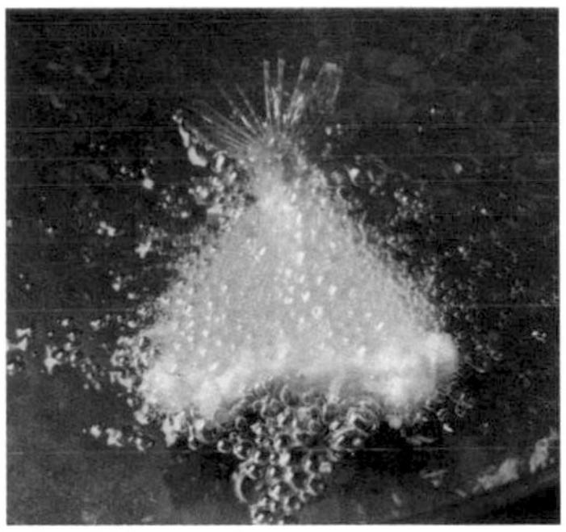

⑥ 氣泡減少時即可起鍋。

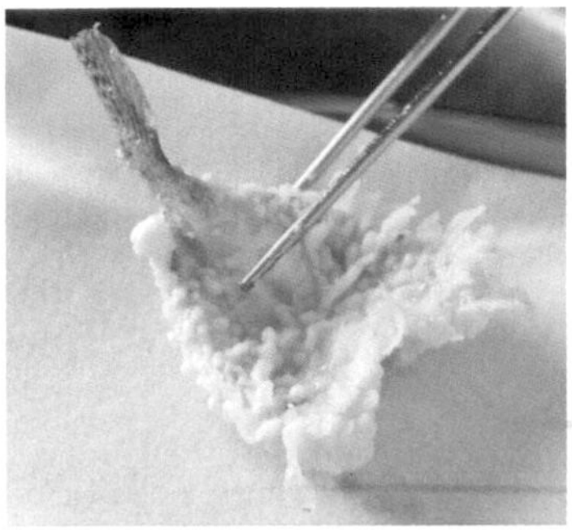

⑦ 取出瀝油。

星鰻

Anago eel

冬天選擇體型較大（50～60克），夏天則是選擇體型較小（40克），稱作「めそっこ*」的星鰻為佳。這裡是使用在肩頭下刀進行活體放血的江戶前產星鰻。

將星鰻油炸到酥脆，然後迅速地用筷子把熱呼呼的魚肉分成兩半上桌。

油炸的要點

充分地加熱，利用高溫將麵衣油炸到酥脆。而炸到酥脆就表示要去除水分。適度地帶走水分，可以呈現出魚肉的綿密口感。但是炸到酥脆並不代表就是增強火侯。需注意190℃以上會讓食材焦黑。

粉
▼
衣
稍稍薄
▼
炸
190℃→180℃

*小型星鰻的稱呼。

準備工作

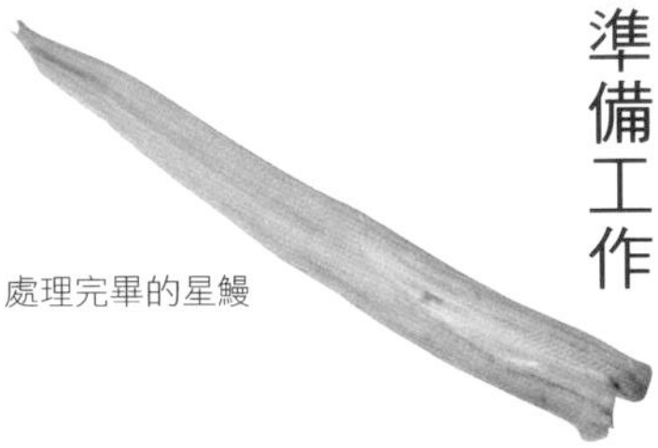

處理完畢的星鰻

① 將星鰻用清水洗淨沖掉黏液，把水分擦乾。

② 魚背面朝自己，用錐子刺入胸鰭的正後方。

③ 確實地釘在砧板固定。

④ 把魚拉直，將菜刀平放切入錐子後方的切口，沿著背骨劃開。

⑤ 用左手的食指感覺刀尖，小心不要劃破魚肚沿著背骨切到魚尾。

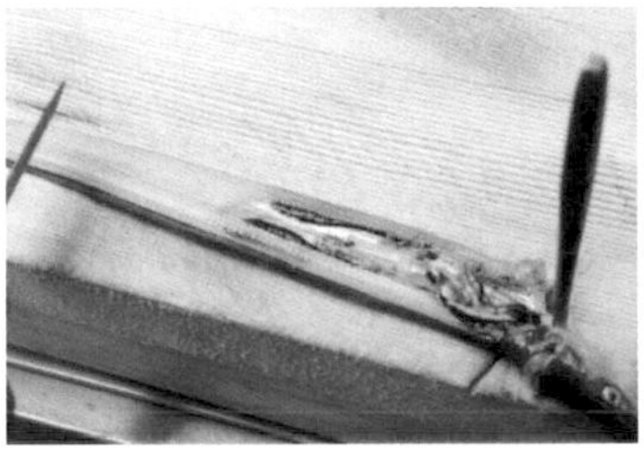

⑥ 背部攤開的星鰻。

⑦ 將腸子從根部切開、拉除。

⑧ 由於腹部的背骨呈菱形狀，因此將菜刀的刀刃立起，從背骨下方切入，以上抬的方式去除。

⑨ 背骨變得平整後，可將菜刀橫放切至魚尾。

⑩ 切斷魚頭。

⑪ 並切去連接背骨的背鰭。

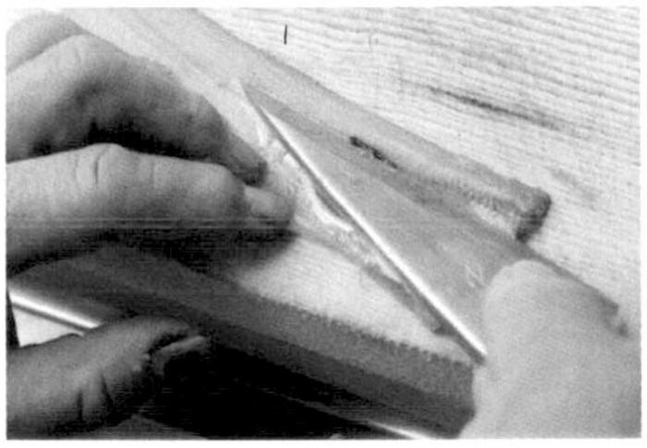

⑫ 在腹骨的連結處輕輕劃一刀。

⑬ 用菜刀將腹骨剝除。

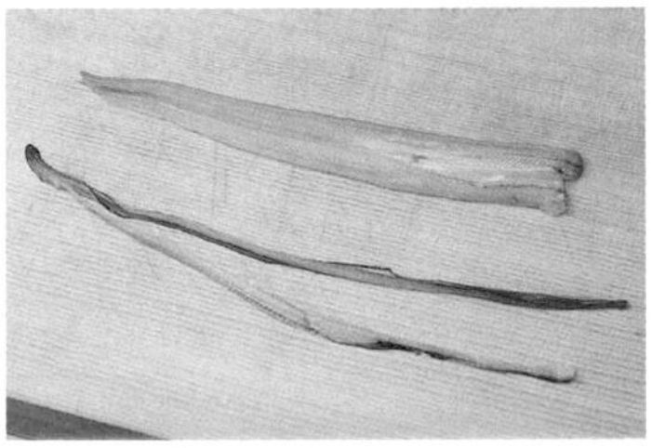

⑭ 背部攤開的星鰻。

① 握住頭部，將麵粉充分地裹上，拍去多餘的粉。

② 在用攪拌棒夾起放入稍稍淡的麵衣裡。

③ 將星鰻拉直放進 190℃的熱油。由於魚皮稍硬，因此皮的部份朝下。

④ 星鰻暫時稍微往下沉，麵衣同時散開，冒出許多細小的氣泡。

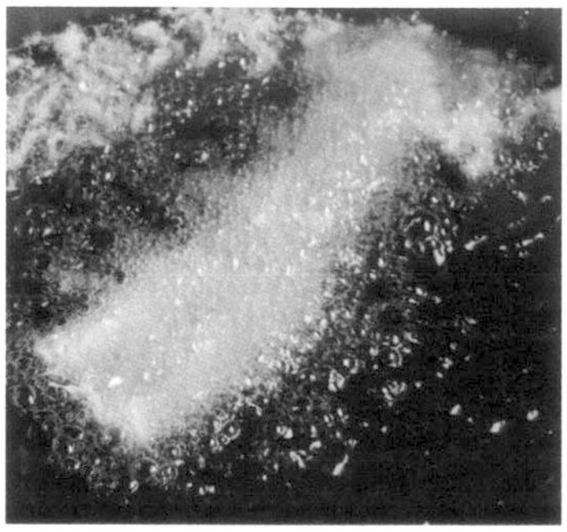

⑤ 馬上將火轉強。要讓麵衣炸得酥脆，一開始的溫度非常重要。適時地將油炸碎屑撈除。

⑥ 翻面，充分地加熱炸到酥脆。

⑦ 多翻面幾次。氣泡的聲音漸漸變小，氣泡開始變大。

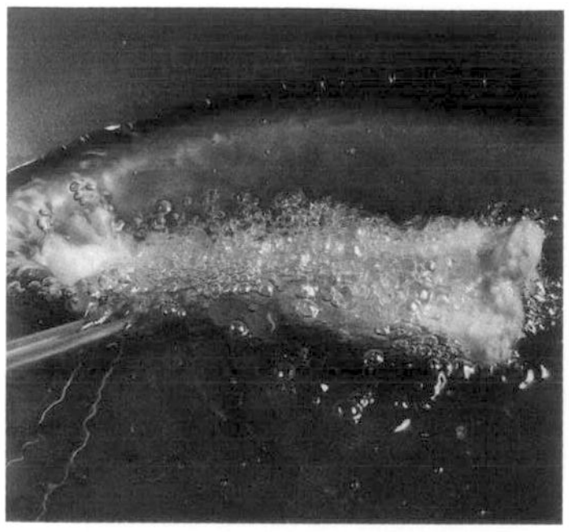

⑧ 當氣泡的聲音安靜下來，氣泡變大後即可起鍋。

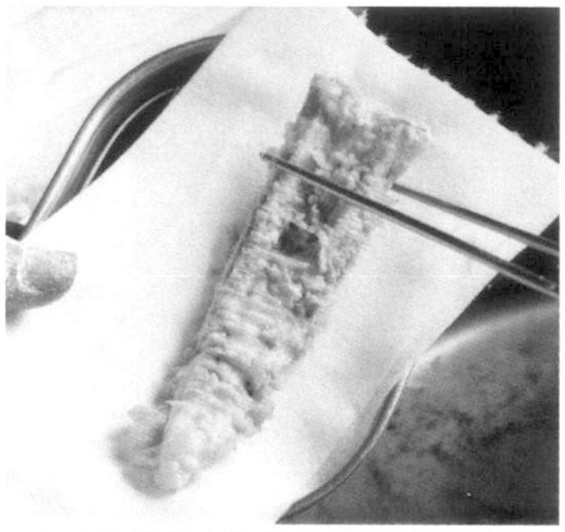

⑨ 放到鋪上紙的盤內瀝油。

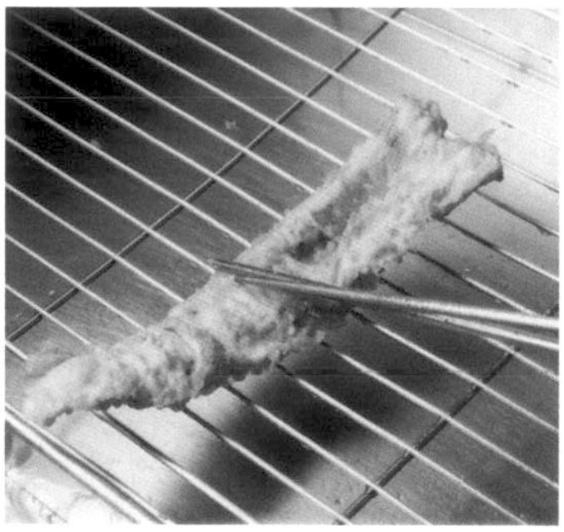

⑩ 用筷子切開。

牡蠣

Oyster

由於牡蠣的含水量高，因此對天婦羅的製作來說相當困難；從開始計畫到實際在店內販賣，已經過了很長的一段時間。最初是使用厚岸產的牡蠣，但對天婦羅而言似乎稍嫌太小。另外水分較少的牡蠣，在油炸時肉質比較不易縮小。

十二月到一月中旬，北海道昆布森的牡蠣顆粒大品質佳。之後，則是以兵庫縣牡蠣的名產地赤穗產的來替代。殼剝開時，裡面肉身飽滿肥嫩的較適合做天婦羅。

為了不過度加熱，呈現出多汁水嫩的口感，因此選擇生食用的牡蠣來製作。

油炸的要點

先油炸到7～8分熟，之後再利用餘熱繼續加熱到全熟。牡蠣要經過充分的油炸才美味。

粉
▼
衣
稍稍濃
▼
炸
175℃
→ 170～175℃

準備工作

① 外殼隆起的部分朝下以手握住。

② 將牡蠣刀插入殼的裂縫當中，將連結上殼的殼韌帶切斷。

③ 扭轉牡蠣刀將殼分開。

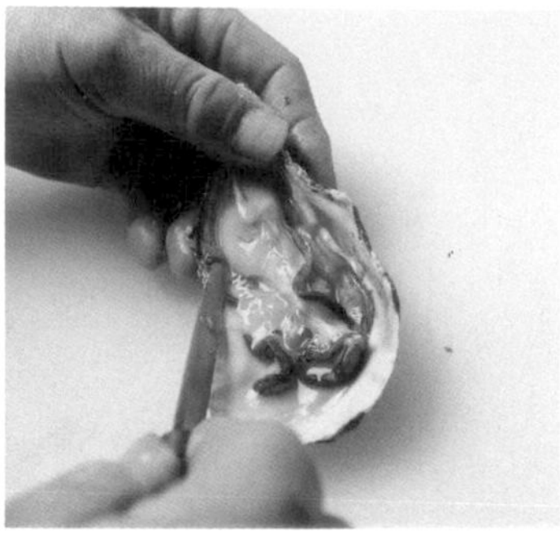
④ 牡蠣刀沿著殼劃過，將另一個殼內的殼韌帶切斷。

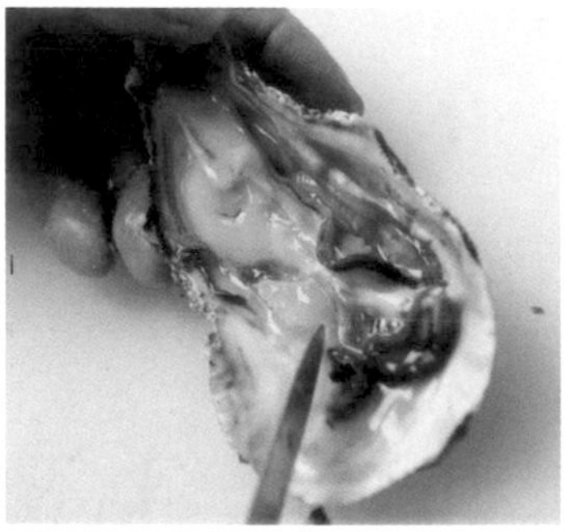
⑤ 牡蠣刀指的地方就是殼韌帶。

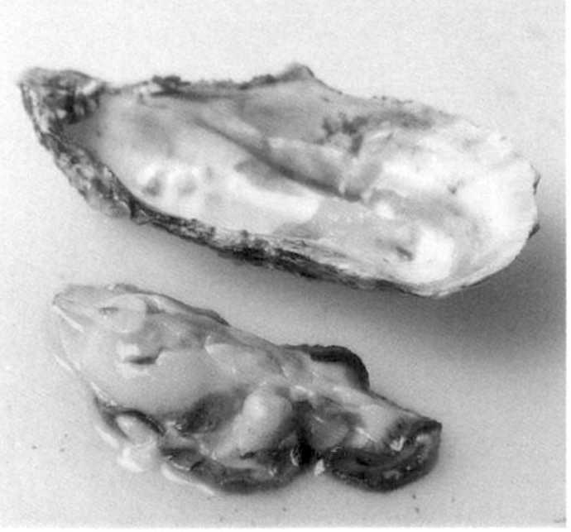
⑥ 去殼後的牡蠣。

① 將整顆牡蠣裹粉。

② 在標準的麵衣裡加入少許的麵粉，調製成稍稍濃的麵衣。

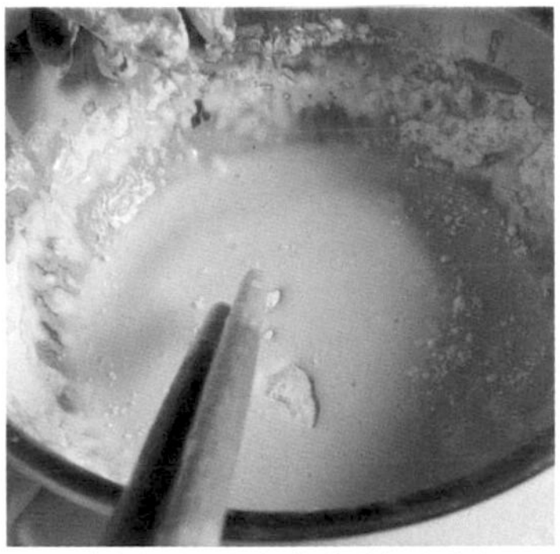
③ 將牡蠣的餘粉拍落放進麵衣當中。

④ 放入加熱到 175℃的油鍋內。

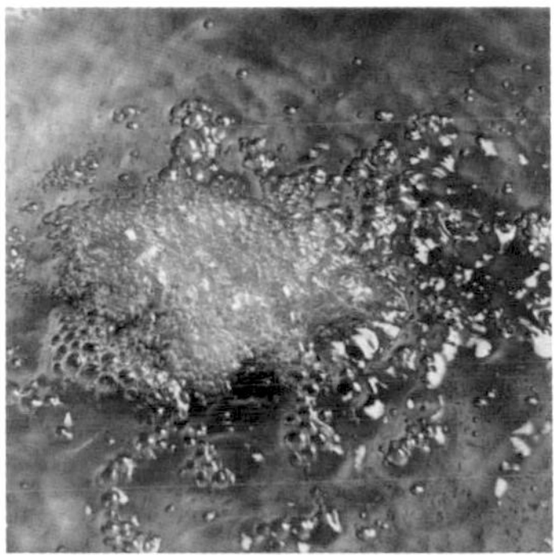
⑤ 內臟的部分含水量高，因此會暫時往下沉。細小的氣泡同時冒出，油溫保持在 170～175℃。

⑥ 稍微浮起後即可起鍋。如果是生食用的牡蠣，到這種程度就可以了。但若是加熱用的牡蠣，還要在稍微等一段時間。

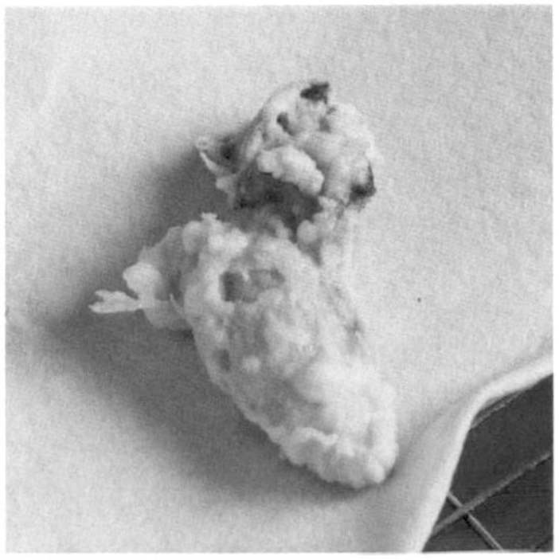
⑦ 放到鋪上紙的盤內瀝油。

剝皮魚

Leatherjacket

剝皮魚*是在二月到四月之間，肝臟最肥美的季節性天婦羅食材。

一般而言，剝皮魚多是在壽司和生魚片當中做為生食用的魚類，曾思考將這種魚做成天婦羅時該如何表現。說到剝皮魚首先想到的是魚肝，因此想要善用魚肝的美味，嘗試將魚肉包裹魚肝油炸，而且魚肝跟山葵口味相當搭配，建議將這道天婦羅沾鹽和山葵泥一同享用。

剝皮魚全身包覆著堅韌的外皮，因此如同名字一般剝皮後料理。切的時候，切記不要傷到魚肝。最近在市面上也看得到經過特殊培育、魚肝較大的養殖剝皮魚出現。而這裡是使用經過活體放血，神奈川佐島產的剝皮魚。

油炸的要點

魚肝的部分由於麵衣難附著容易掉落，因此要用兩手拿好輕輕地放入油鍋。魚肉因為當中包裹著魚肝，須慢慢仔細地油炸。並當心溫度高過180℃時魚肝會燒焦，稍微浮起之後即可取出。將魚肝油炸至半熟的狀態。

粉
▼
衣
稍稍濃
▼
炸
180℃→175℃

*全長約25公分、菱形扁身。棲息在日本本州中部以南。因需去皮料裡因此日文名稱叫作カワハギ（皮剝），而在台語當中也稱為剝皮阿。

準備工作

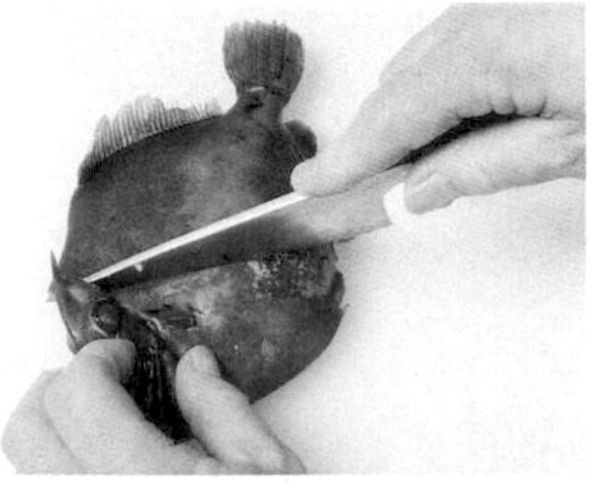
① 在最靠近魚鰓的邊端，以及背鰭和腹鰭連結處的邊端以菜刀劃入，把皮切開。

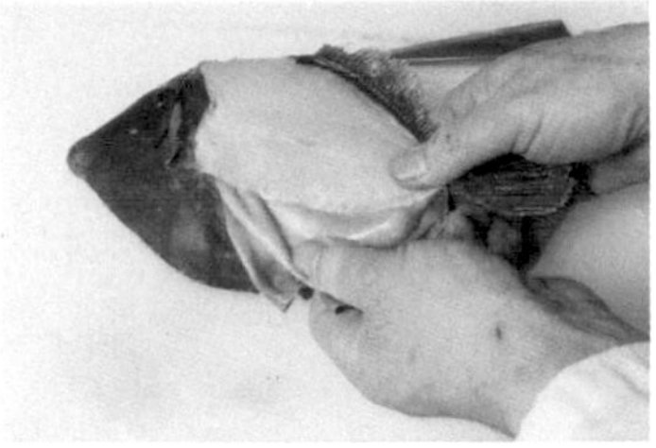
② 從這裡把魚皮剝除。

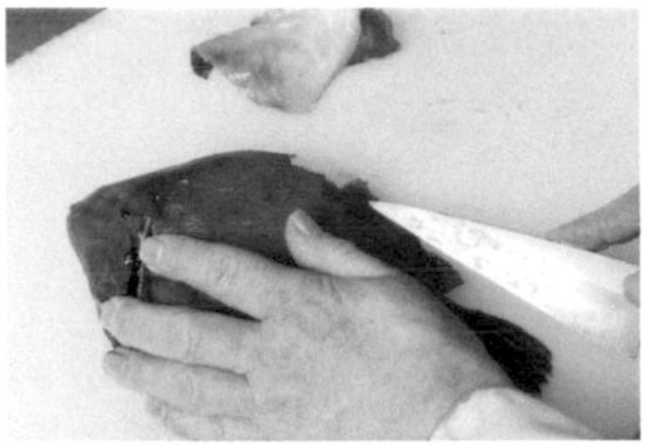
③ 翻面，從背鰭的連結根部下刀切開魚皮，再從這裡將魚皮剝除。

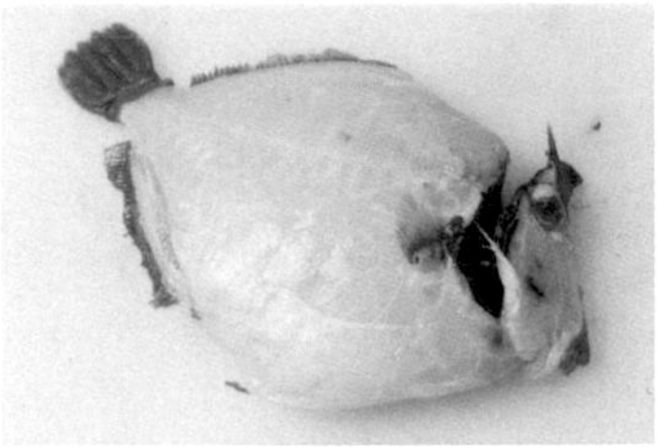
④ 兩側的魚皮被剝除後的狀態。

⑤ 注意不要傷到魚肝的部分將軟骨剝除，另外一面也相同。

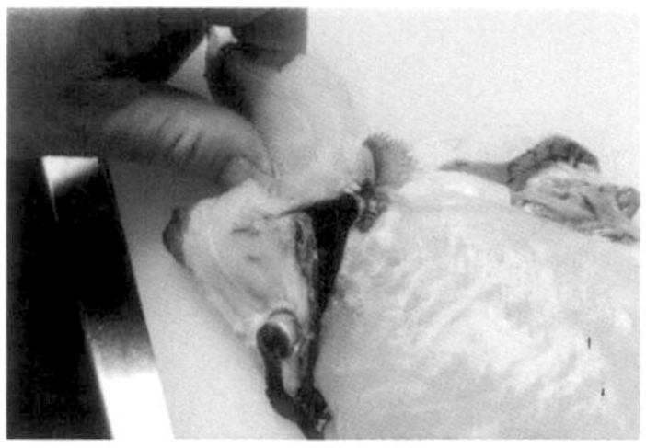

⑥ 打開已去除軟骨的部分。

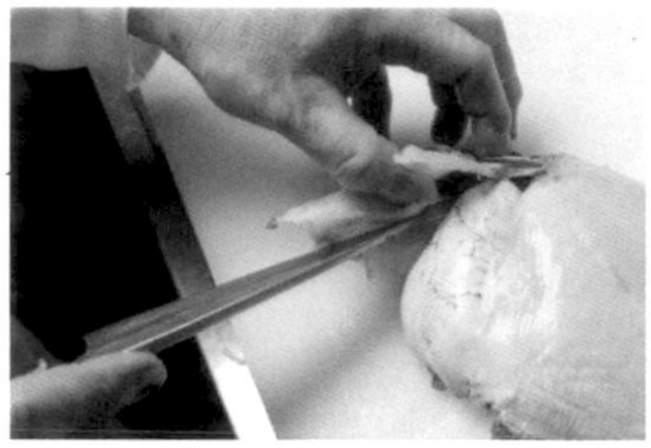

⑦ 直到鰓蓋的連結處全部切除。

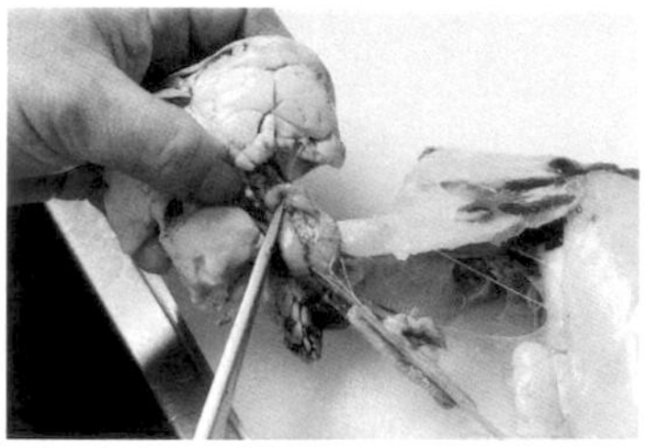

⑧ 先小心取出魚肝。

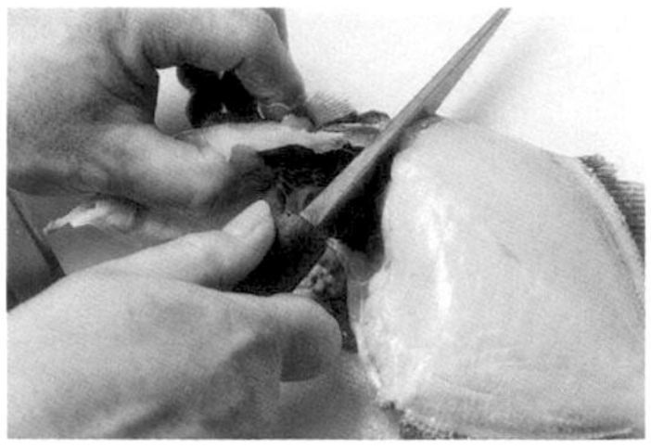

⑨ 將魚頭切斷，跟肝同時摘下。

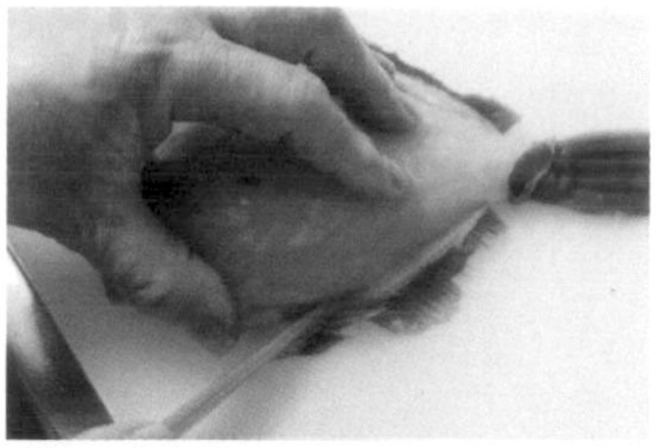

⑩ 沿著背鰭和腹鰭從兩側下刀。

⑪ 去除背鰭和腹鰭。

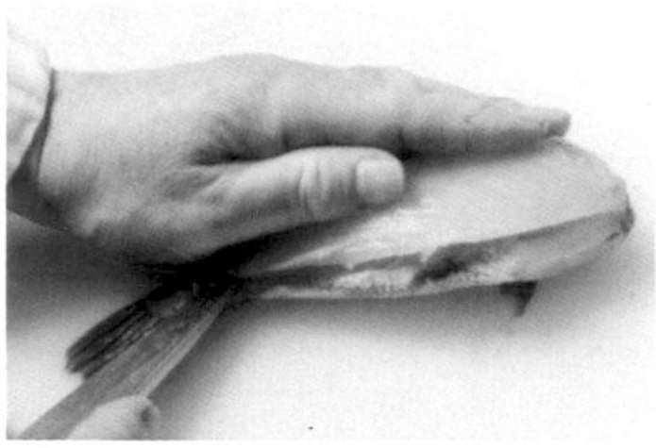

⑫ 從切掉背鰭的地方，沿著中骨到背骨為止切開。

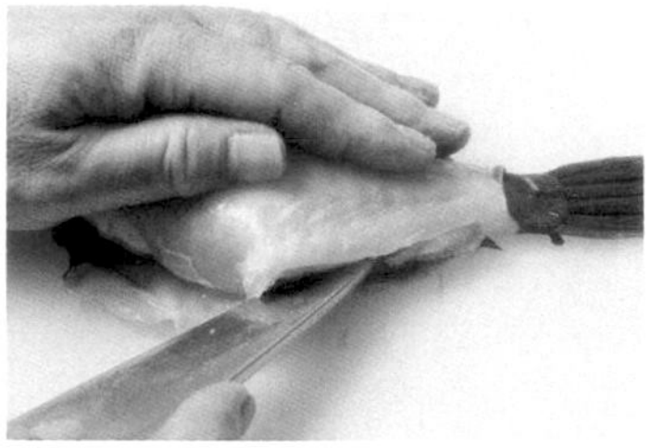

⑬ 從切掉腹鰭的地方，沿著中骨到背骨為止切開。

⑭ 切的同時將魚肉從背骨分開，直到腹骨連結處切斷成魚片。另一側也用相同的方式切片。

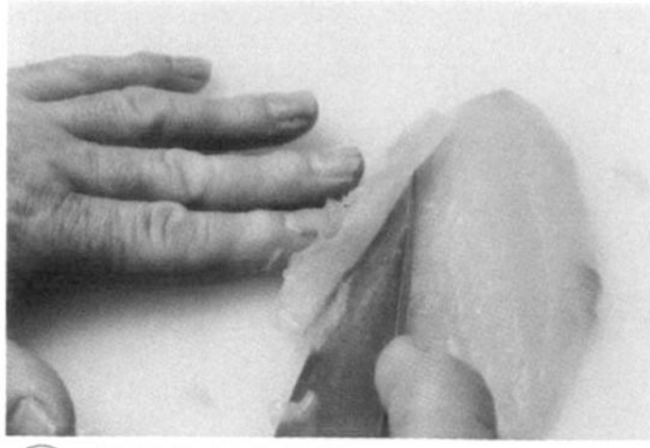

⑮ 薄薄地削去腹骨，另一側的魚片也相同。

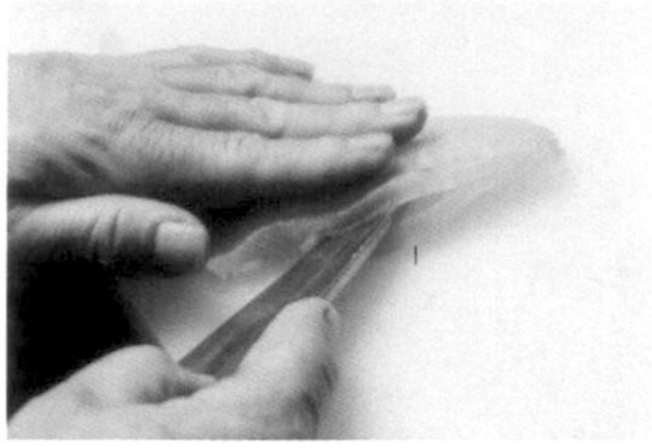

⑯ 與魚肉纖維垂直的方向下刀割成袋狀。

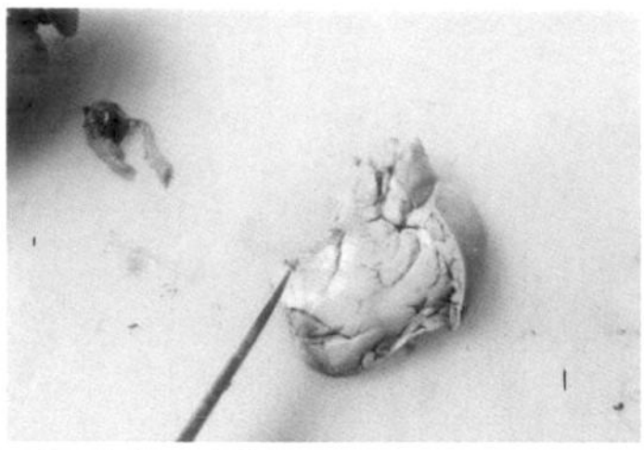

⑰ 將魚肝的筋剃除乾淨。

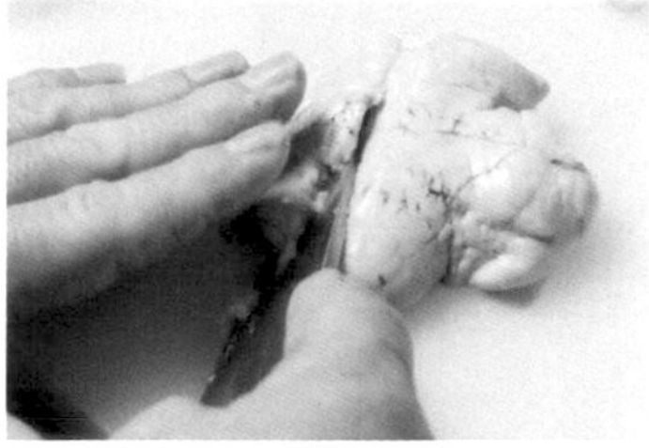

⑱ 將魚肝薄切到適合放入袋中的大小。

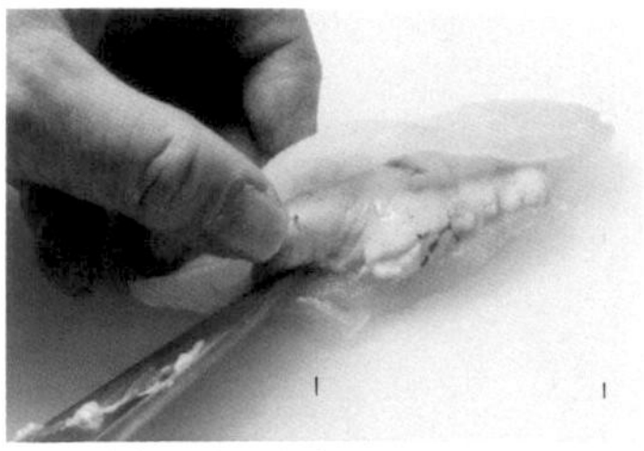

⑲ 將魚肝放入袋中。

油炸

① 將整塊剝皮魚裹粉，拍掉多餘的粉。

② 裹入比油炸蔬菜時稍稍濃的麵衣。

③ 輕輕地放入 180℃的油鍋內。

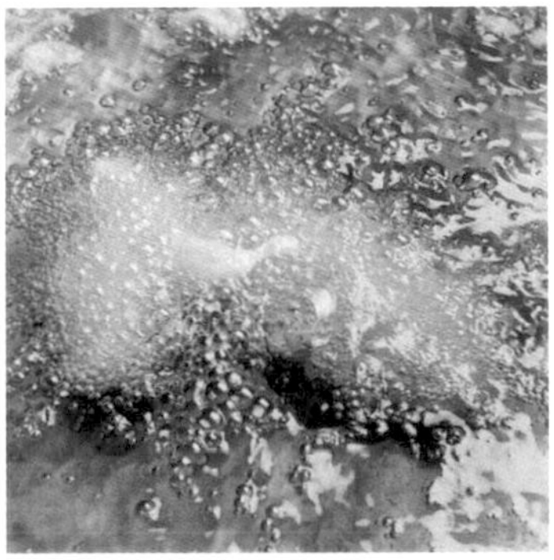

④ 一開始會冒出許多細小的氣泡。

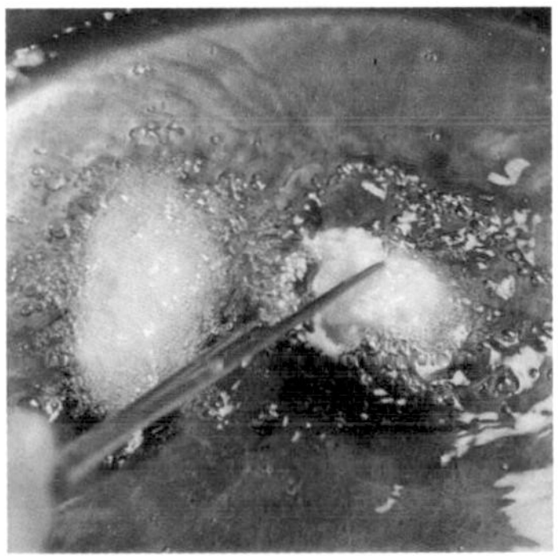

⑤ 重複幾次翻面油炸，保持油溫 175℃。

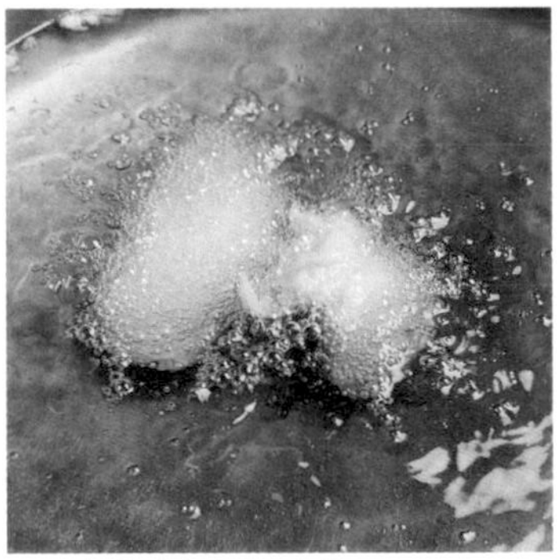

⑥ 氣泡減少時即可起鍋。

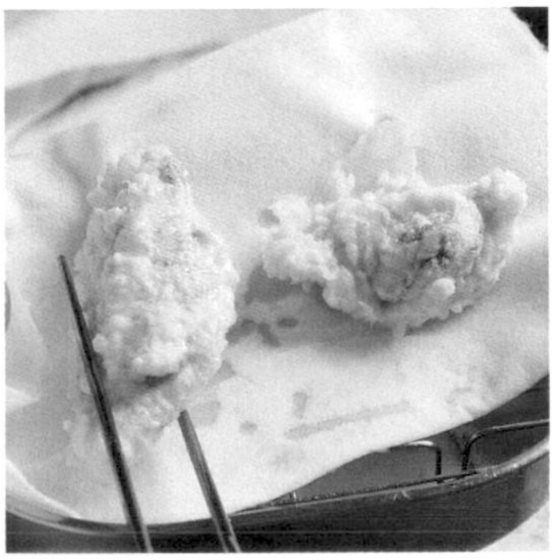

⑦ 取出瀝油。

魩仔魚

Whitebait

將冬天體型小的魩仔魚幼魚製作成魩仔魚天婦羅餅。一開始分散投入鍋內，到魩仔魚均勻受熱後（約5分熟），再利用筷子集中。切記不能加熱過度。

油炸的要點

油炸出白色的色澤來呈現魩仔魚的美感。分開灑入鍋中讓每一尾散開，但避免加熱過度需馬上集中，最重要的是不能過度油炸。

粉
▼
衣
薄
▼
炸
180℃
▼
集中
170℃

① 將魩仔魚放入碗內，加入麵粉全部裹勻。

② 再倒入標準的麵衣。

③ 用漏杓加進蛋汁，稀釋到撈起時呈直線滴落的狀態。

④ 用漏杓集中撈起魩仔魚，徹底過濾多餘的麵衣。

⑤ 輕輕地放入 180℃的熱油中。麵衣散開，同時產生許多細小的氣泡。

⑥ 為了讓每一尾魩仔魚均勻受熱，先用筷子分開。

⑦ 快速地用筷子集中成一團。油溫保持在 170℃。

⑧ 翻面一次。

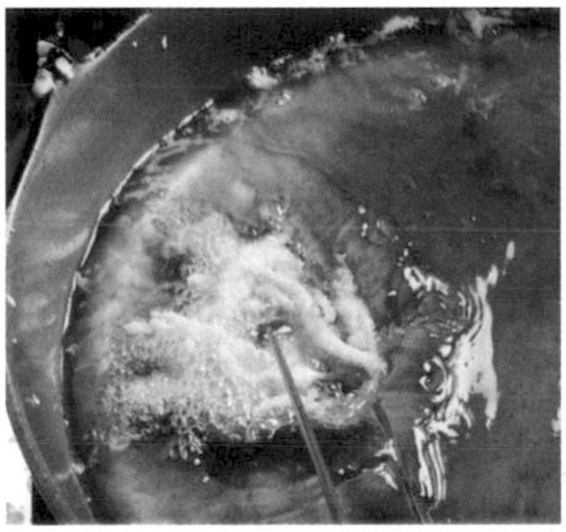

⑨ 當氣泡減少，同時聲音變得安靜後即可起鍋。

⑩ 放到鋪上紙的盤內瀝油。

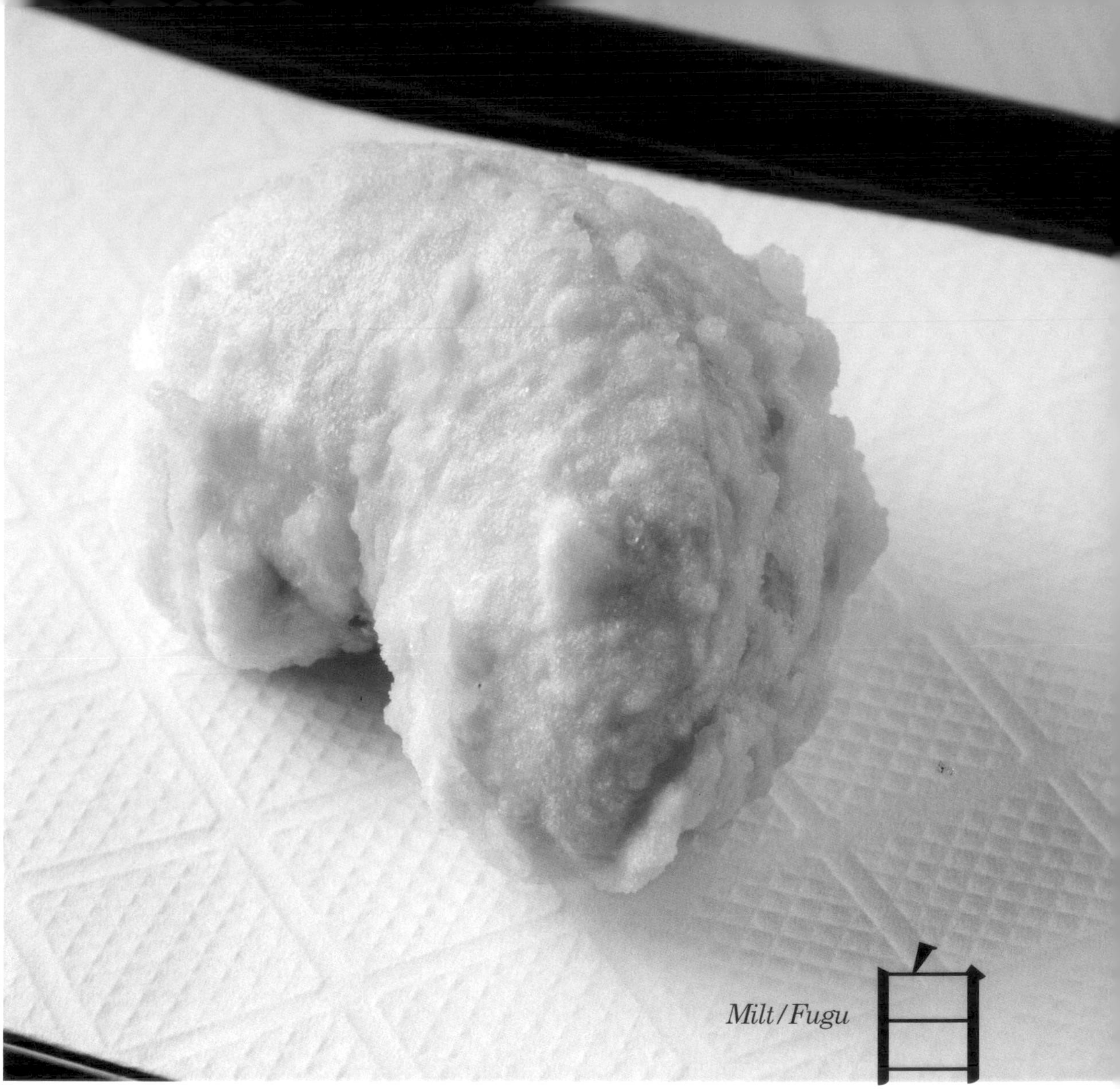

白子 河豚

Milt/Fugu

當新年開始迎接真正的寒冷來臨時，就是河豚的白子最肥美的季節。這裡是使用虎河豚的白子，須選擇肥嫩有彈性的為佳。

顏色依個體有些微的不同，但和品質並無直接的關係。不過似乎天然的帶點淡淡膚色，而養殖的則是呈現雪白色。

油炸的要點

用稍低的油溫，慢慢油炸到裡面變熱為止。油炸後外觀比生的時候再大一倍，與其說油炸，倒不如比較接近是在油溫中蒸熟的感覺。

需注意油溫如果超過170℃，會讓表面的薄膜破裂，造成白子萎縮進油。等到水分消失稍微變輕之後即可起鍋。

粉

▼

衣
稍稍薄

▼

炸
170℃
以下

準備工作

處理完畢的白子。
一人份一塊（50 克）。

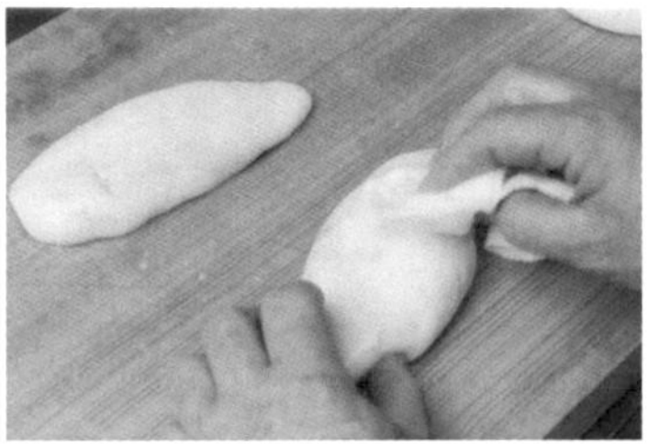

① 用沾濕的紙巾小心地擦拭白子。

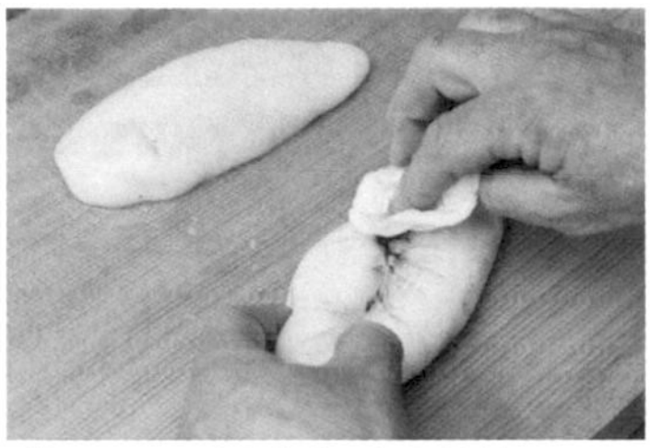

② 另一面的血管也要仔細擦拭。

③ 將白子平放在鋪有紙巾的盤內，蓋上紙巾避免水分流失並放入冷藏。

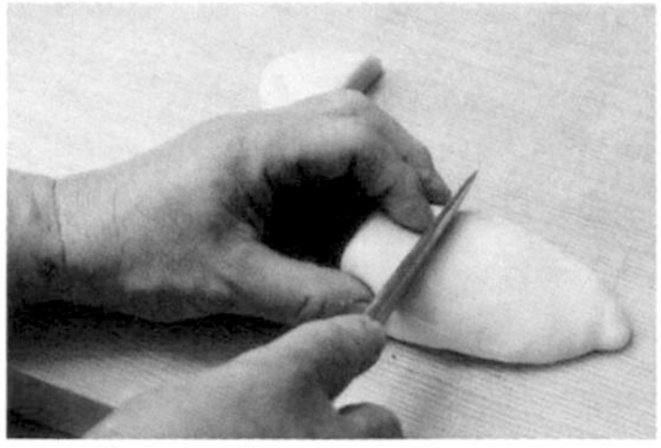

④ 使用時一份切成 50 克。

油炸

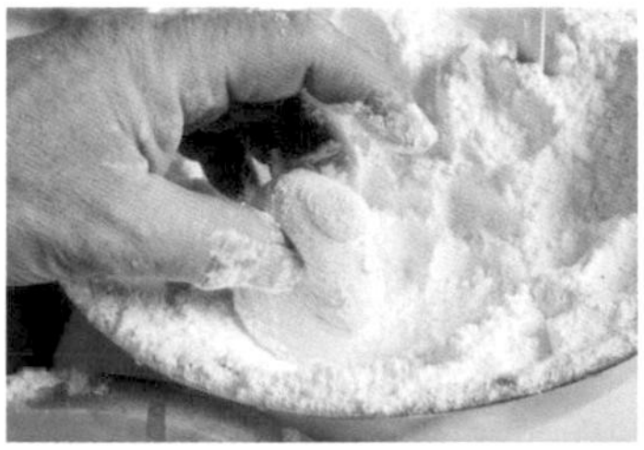

① 將白子全部裹粉，拍掉多餘的粉。

② 在標準的麵衣中加入蛋汁，稀釋到稍稍薄的濃度，放入白子。去除多餘的麵衣。

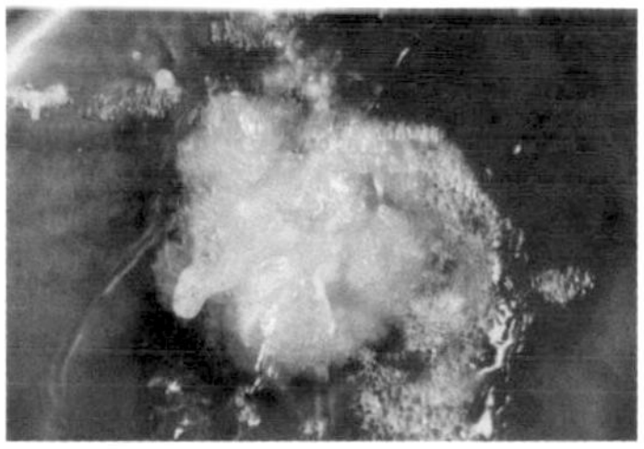

③ 輕輕地放入 170℃以下的熱油內，溫度過高會令表皮破裂。暫時往下沉，麵衣靜靜地散開。

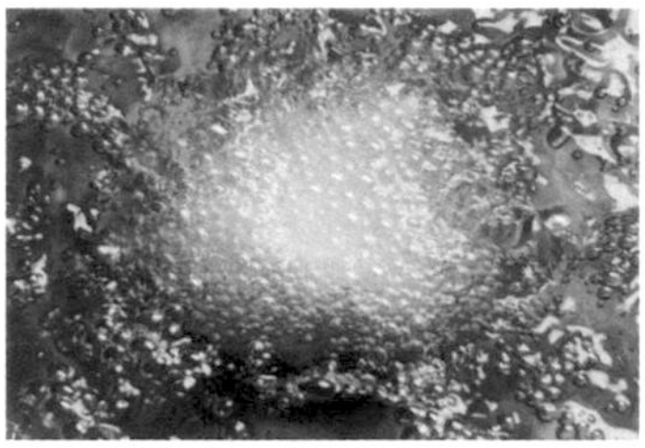

④ 產生許多細小的氣泡。重複開火關火，保持適當的溫度。

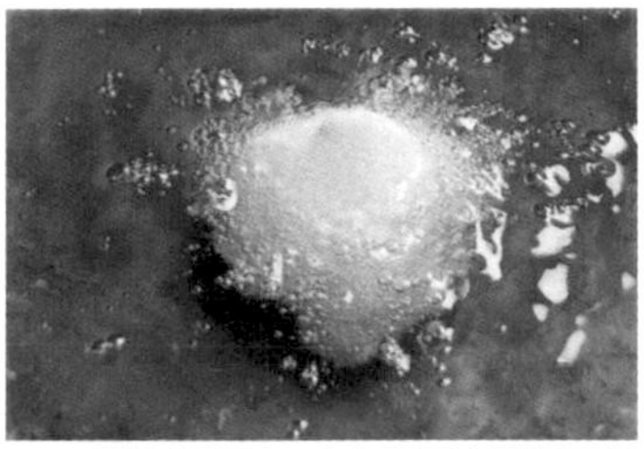

⑤ 浮起後翻面。重複翻面直到裡面變熱為止，慢慢地油炸。

⑥ 氣泡變大，並且漸漸減少。當白子水分消失稍微變輕後即可起鍋。

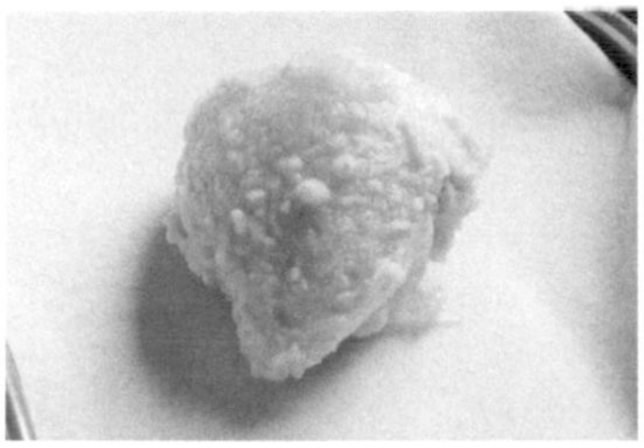

⑦ 從油鍋內取出，放在鋪上紙的盤內瀝油。

⑧ 裡面的熟度大約是這種程度，保持滑嫩的口感。

白子 鱈魚

冬天正是鱈魚白子最肥美的季節。有時也會因為它的形狀而稱之為雲子。這次選購的是約有4公斤相當大塊的白子，建議挑選大塊有彈性且具重量的。油炸時要保留原來的綿密糊嫩感。

油炸的要點

由於是冰冷的食材，一開始下鍋時需使用較高的油溫，之後再稍微降低溫度慢慢地油炸。高溫油炸會造成白子破裂。

完成後的白子天婦羅裡面雖然溫熱，但要稍微保留生食特有的綿密糊嫩口感。

粉
▼
衣 稍稍濃
▼
炸 175℃→170℃

準備工作

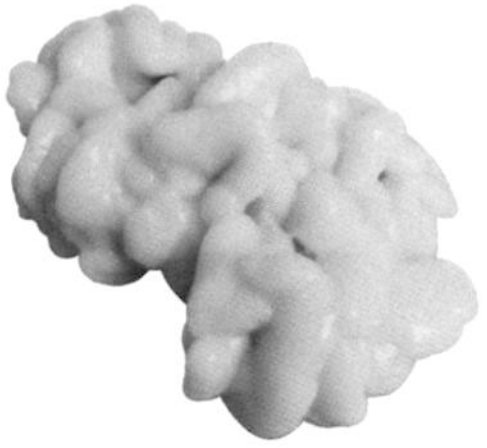

切成一人份 50 克的白子。

① 在水龍頭下快速地將白子洗淨。如果使用鹽水，會造成鹽分附著在白子上，因此請利用清水沖洗。

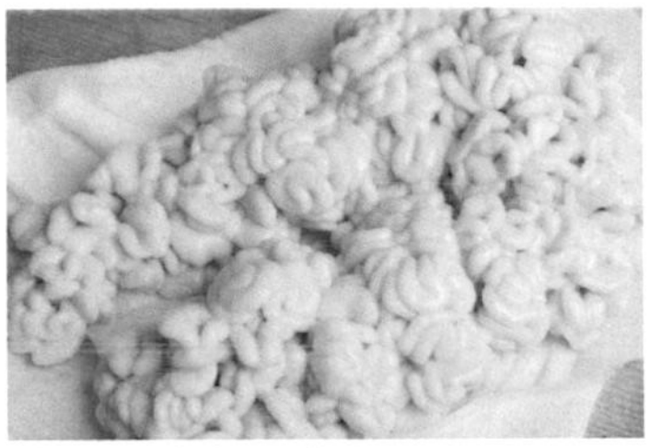

② 用紙巾將水分擦拭。

③ 切成一串 50 克。

油炸

① 整塊裹上麵粉。

② 沾入稍稍濃的麵衣後，將多餘的麵衣去除。

③ 放入 175℃的熱油當中。麵衣同時散開，冒出氣泡。

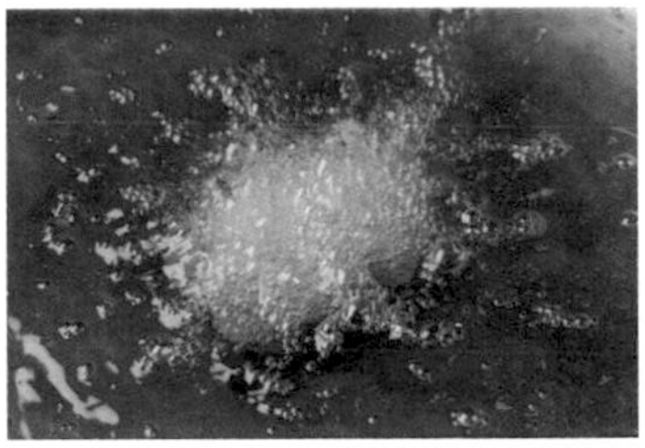

④ 由於水分多，一開始會往下沉。為了避免破裂，將油溫降低到 170℃左右慢慢油炸。

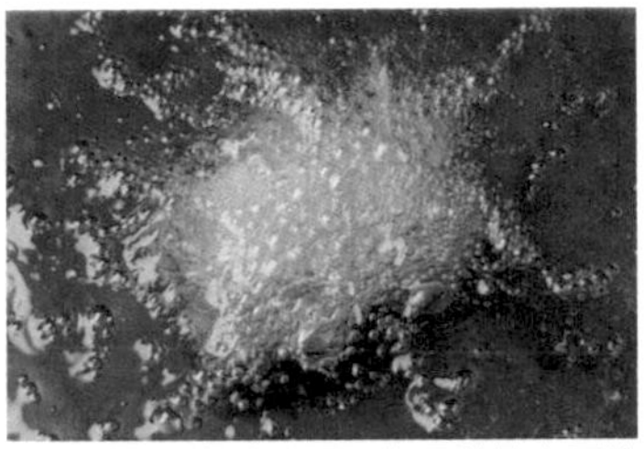

⑤ 稍微浮起後翻面。為了維持表面的形狀，盡量不要翻面太多次。

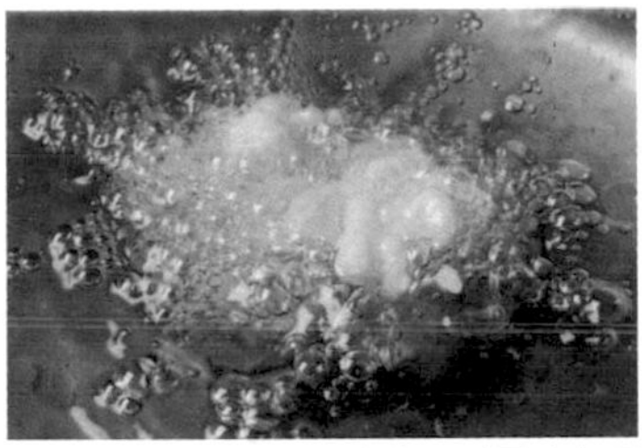

⑥ 再次翻面，表面向上。到圖片中浮起的程度即可起鍋。

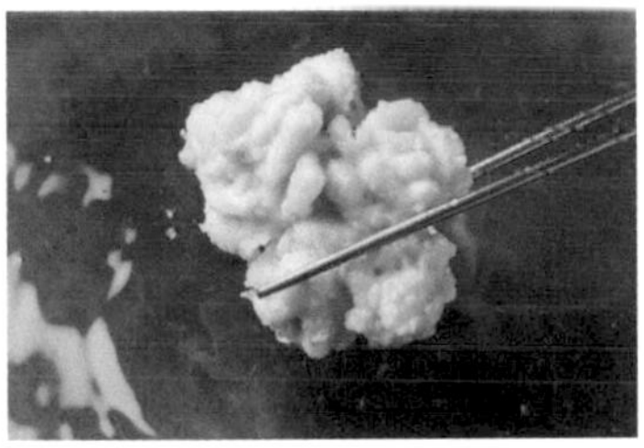

⑦ 取出瀝油。

⑧ 火候需控制得恰到好處。對切時，中間仍保留綿密糊嫩的狀態。

扇貝

Scallop

以扇貝的貝柱製成的天婦羅，使用天然扇貝，天然的扇貝棲息於海底，因此雖然平坦的上殼會有海藻附著，但隆起的下殼（下側）由於緊貼海底，海草無法附著而呈現白色（→29頁）。選擇拿起時具有份量感的為佳。

這道天婦羅推薦沾鹽和山葵一起食用。扇貝最大的特色就是鮮甜的美味，因此不需其他複雜的調味，利用山葵泥的辛辣來提味即可。

油炸的要點

稍微油炸久一點。

但完全熟透會失去扇貝特有的鮮甜，使肉質收縮變硬。因此要保留裡面的生度，將生扇貝獨特的鮮甜和美味呈現出來。

用來打開扇貝殼、取出貝柱的金屬刮杓。

粉

▼

衣
稍濃

▼

炸
180℃→175℃

準備工作

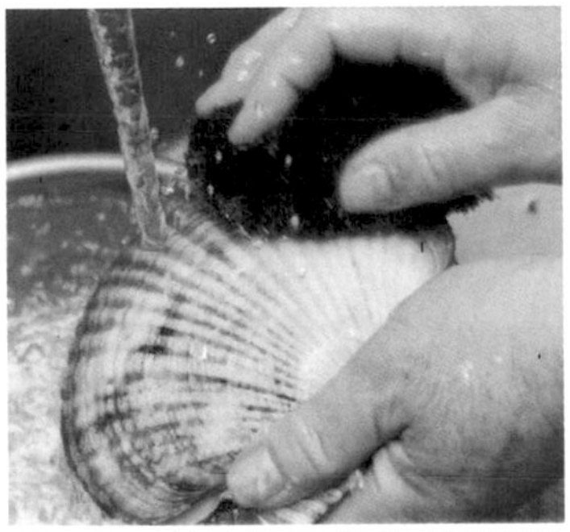
① 用鬃刷在水龍頭下將扇貝殼仔細地刷洗乾淨。

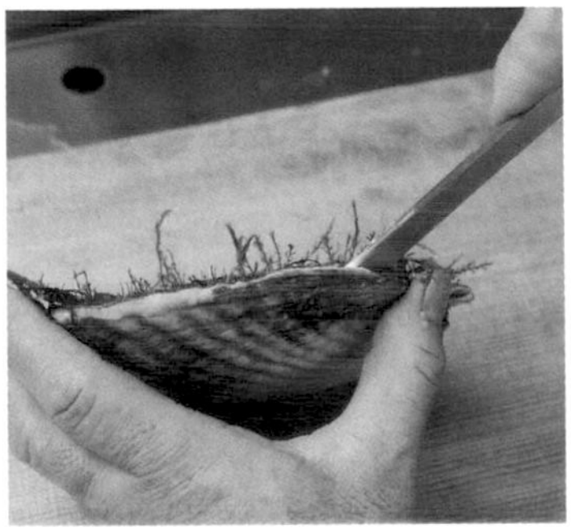
② 扇貝直立握住，金屬刮杓插入細縫中將殼撬開。

③ 沿著下殼移動金屬刮杓，繞著殼慢慢地將貝柱從周圍剝離。

④ 拿開下殼。將上殼也以同樣的方式，轉動金屬刮杓取下。

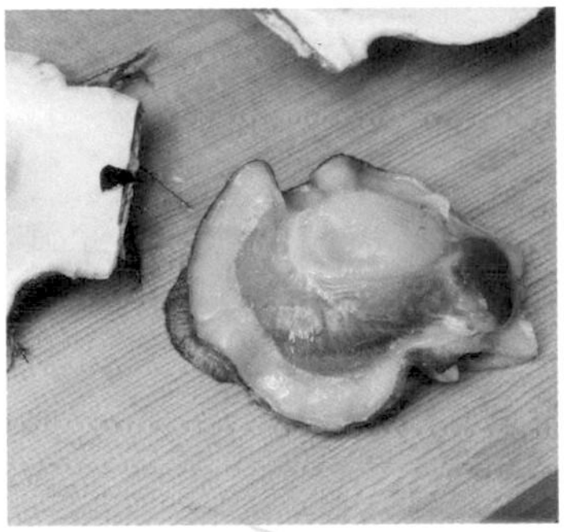
⑤ 取下殼的扇貝。

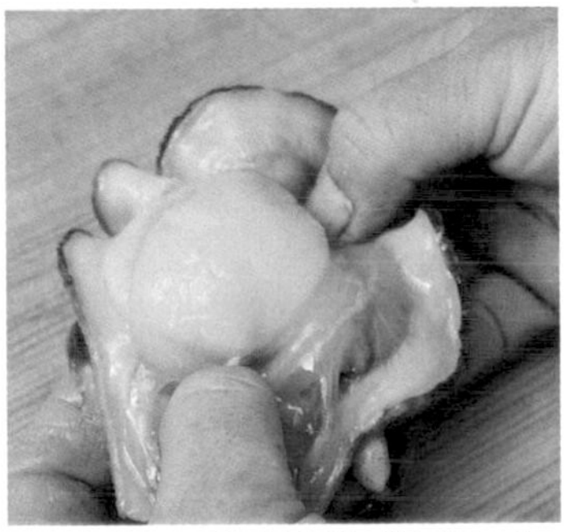
⑥ 拇指插入薄膜的內側，將貝柱取出。

⑦ 剝除裙邊和腸泥，取出貝柱。

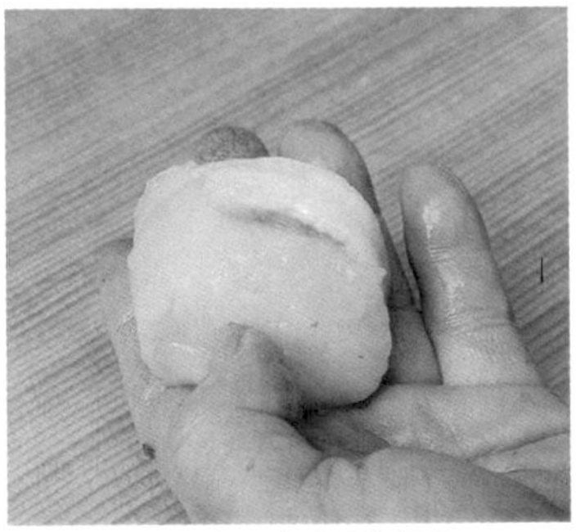
⑧ 貝柱側面有一塊堅硬的部分。

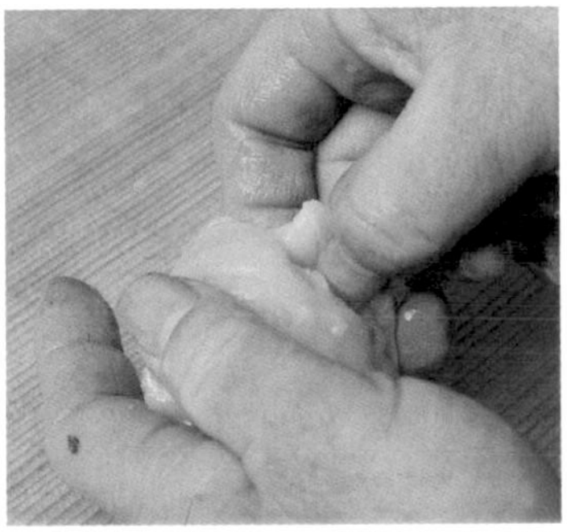
⑨ 將堅硬的部分用手指剝除。堅硬的部分越緊黏著貝柱就表示越新鮮。

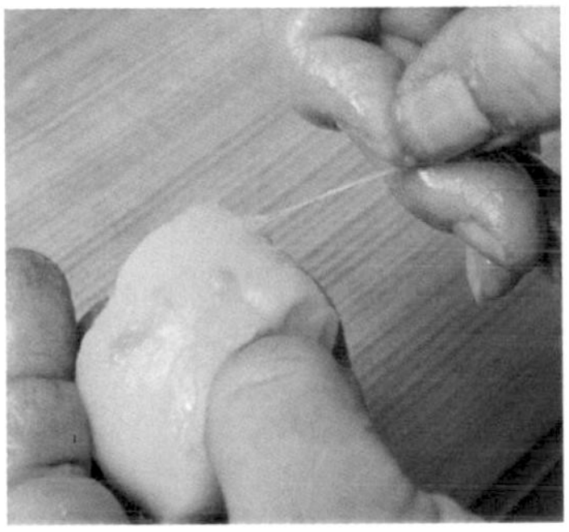
⑩ 去除貝柱周圍的薄膜。

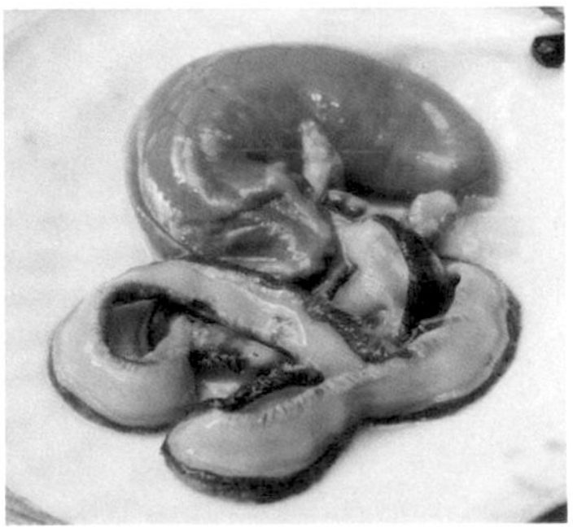
⑪ 取出肝和裙邊。肝用酒、醬油和味醂燉煮相當美味，裙邊則是曬乾用來製作高湯。

① 將貝柱裹粉後，再將多餘的粉拍除。

② 在標準的麵衣裡加入麵粉，調成稍稍濃的麵衣後放入貝柱。

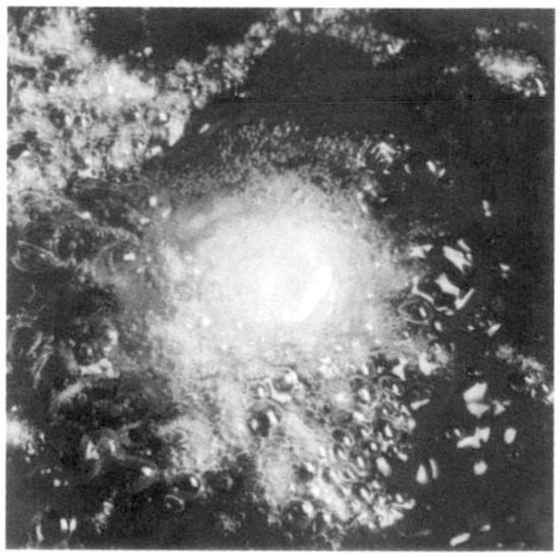

③ 放入 180℃的油鍋當中。隨後麵衣立即散開，冒出許多細小的氣泡。之後重複開火關火，將油溫保持在 175℃。

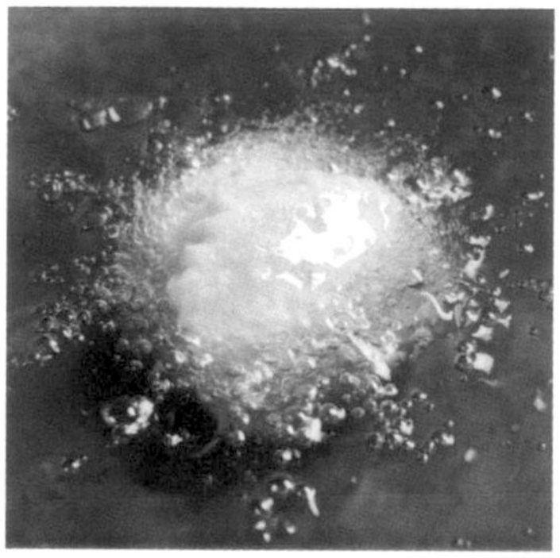

④ 氣泡漸漸稍微減少。適度地清理油炸碎屑，反覆翻面加熱。

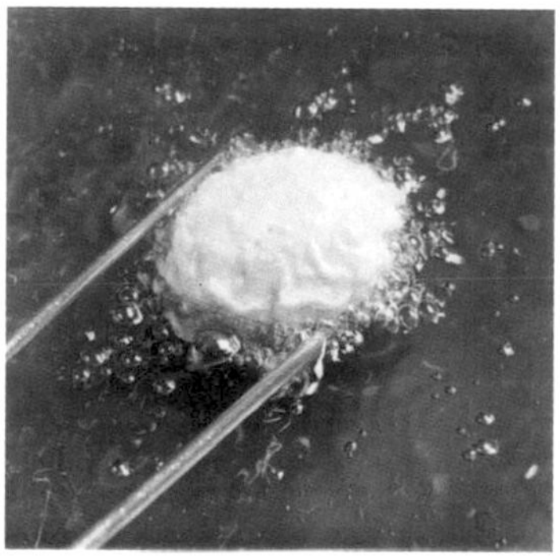

⑤ 當氣泡減少變大後即可起鍋。

⑥ 取出瀝油。

⑦ 一開始下鍋的上側，在擺盤時也是朝上。中心仍保留半熟的狀態。

第三章
蔬菜天婦羅

紫蘇葉

Green perilla

青紫蘇的葉片。

使用上市前的初產紫蘇葉。挑選葉片時以柔軟卷曲的為佳。為了表現美麗的鮮綠色，只在葉片背面裹粉。雖然幾乎不需任何準備工作，但若是保留葉柄的部分不切除，會比較方便油炸。

關鍵在於呈現出酥脆的口感。須注意避免麵衣上色，稍微油炸即可。

油炸的要點

從葉子的背面開始油炸，當麵衣變得酥脆、葉片膨脹後立即翻面，再次翻面。這之間大約10～15秒。

粉 只須在葉片背面
▼
衣 稍稍薄
▼
炸 180℃→弱→170℃

① 握住葉柄，將葉子的背面如圖片般輕輕地裹上一層薄粉。

② 再將葉子的背面沾入稍稍薄的麵衣。

③ 把葉子的背面朝下放入180℃的油鍋當中。

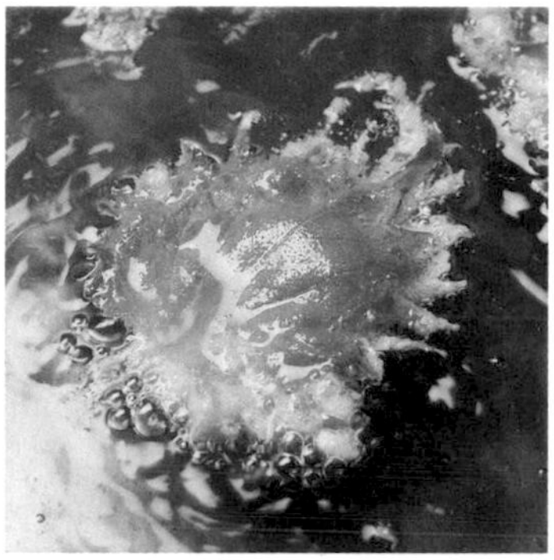

④ 當下面的麵衣開始固定，空氣進入葉子和麵衣之間的縫隙使葉片膨脹後，即可翻面。

⑤ 翻面後，將火轉弱。

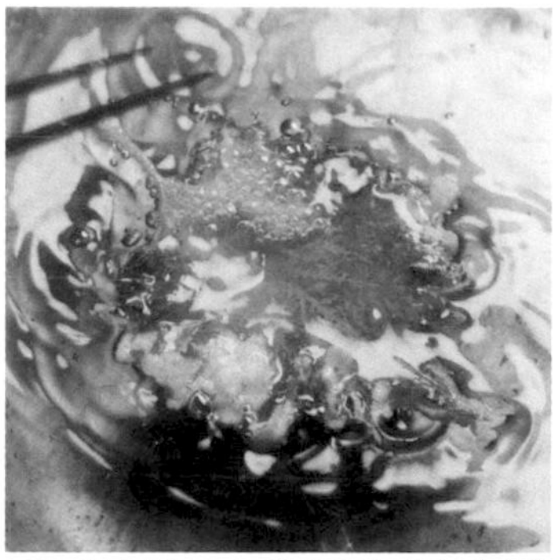

⑥ 再次翻面，最後將溫度升高到大約170℃。氣泡幾乎消失。

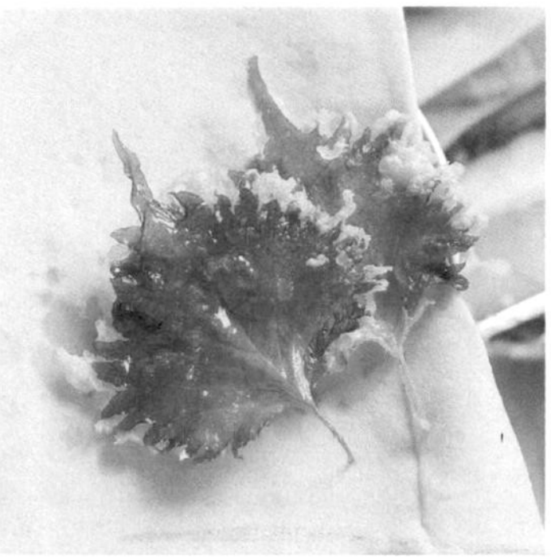

⑦ 取出瀝油。

蘆筍

Asparagus

蘆筍盛產期從五月開始到六月。購買時要挑選水嫩粗大、筍尖花苞緊密、色澤鮮綠的為佳。

這裡所使用的蘆筍，都是向北海道新冠村的契約農家直接訂購。為尋找這種粗大但柔軟的蘆筍，耗費了不少精力。

蘆筍如果沒有培育出粗壯的筍根，嫩莖也無法長得粗大。圖片上是筍根年齡五～六年的蘆筍嫩芽，更粗的甚至還有約十一年的。

從剛炸好的切口微微滲出的水分，就是蘆筍的香氣所在。關鍵在於完整地鎖住水分，利用將表皮內部蒸熟的方式油炸。

油炸的要點

將蘆筍表皮內的水分充分地鎖住，用蒸煮的概念油炸。大約在五分熟的時候取出，之後再利用內部水蒸氣的餘熱悶熟，保留清脆的口感。

粉

▼

衣
稍薄

▼

炸
175℃→170℃

準備工作

處理完成的蘆筍。

① 左手拿起蘆筍。

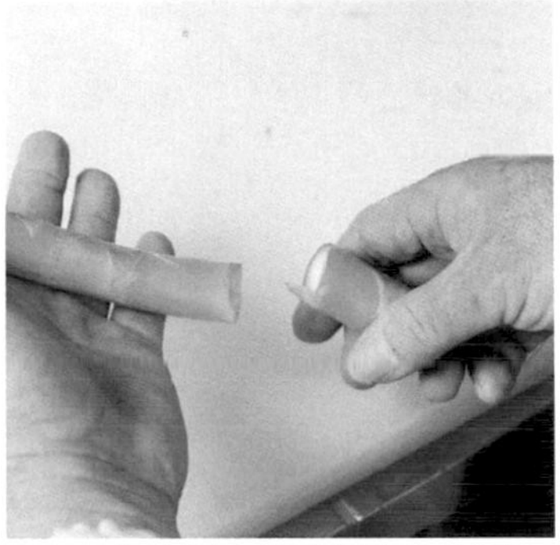

② 用右手確實握住尾端，輕輕地折斷。

油炸

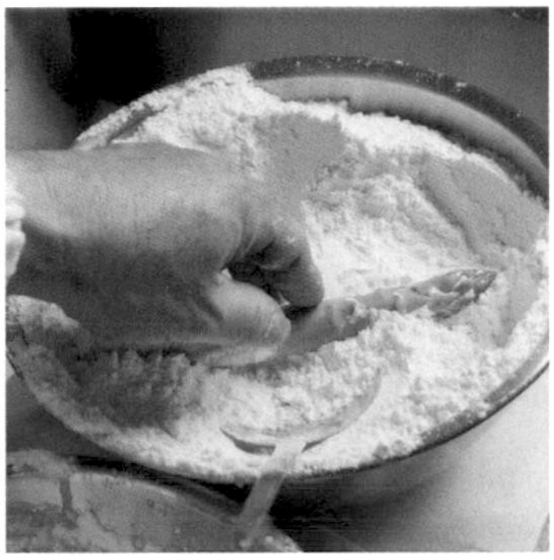

① 裹粉。由於筍尖花苞容易沾粘麵衣，因此為避免過度腫大，盡量不要裹到麵粉。

② 去除多餘的麵粉，沾入麵衣。為了要呈現出蘆筍的顏色因此麵衣要薄。

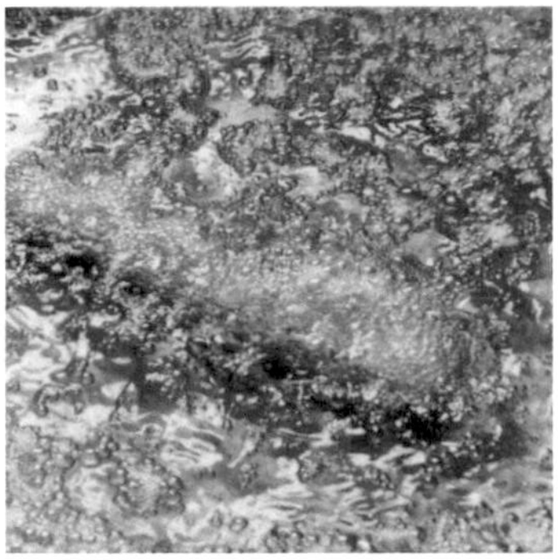

③ 將蘆筍放入 175℃的油鍋內，冒出許多氣泡。須注意高溫易使筍尖焦黑，之後油溫維持在 170℃。

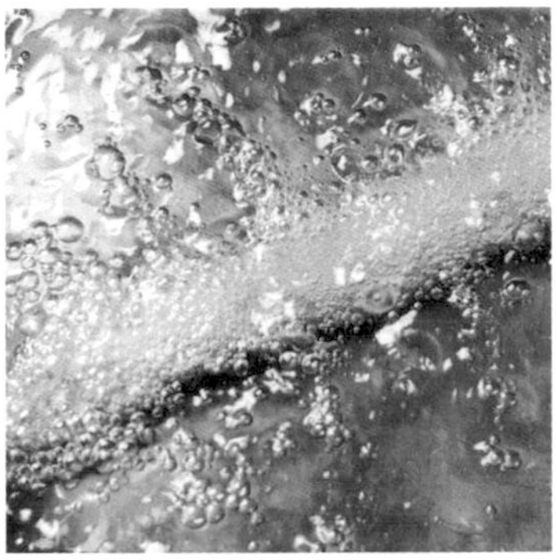

④ 撈除散落的麵衣。當氣泡的聲音變安靜後，較重的切口部分浮起後即可起鍋。

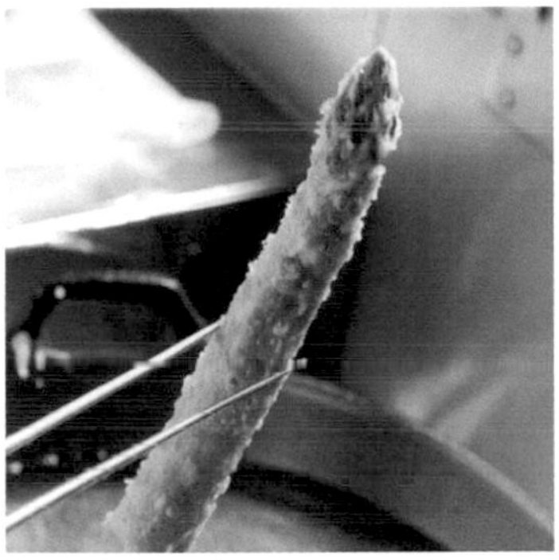

⑤ 取出瀝油。

馬鈴薯

Potato

天婦羅只要是口感相同的食材組合皆可。這道天婦羅是在馬鈴薯中間，夾入切碎的山椒嫩葉拌飯。米飯的粘性將馬鈴薯融為一體，想必用舞菇等較有口感的食材來代替山椒嫩葉也會極為合適吧。建議沾鹽享用。

另外還能嘗試加入醬油，製作成烤飯團風味的天婦羅。

油炸的要點

仔細地油炸，讓馬鈴薯的澱粉能充分受熱。稍微浮起即可起鍋，利用後續的餘熱悶熟。

粉
▼
衣
稍稍濃
▼
炸
170～180℃

準備工作

處理完畢的馬鈴薯。中間夾入切碎的山椒嫩葉拌飯。

① 將山椒嫩葉大致切碎，帶出香氣。

② 在米飯上加入①的山椒嫩葉混合。

③ 在壽司模型的底座鋪上保鮮膜，再嵌入模型。

④ 將②的米飯壓平裝到模型內約三分之一的高度。

⑤ 鋪上保鮮膜後再蓋上蓋子。利用磨刀石等重物壓住，讓米飯維持在1公分的高度。

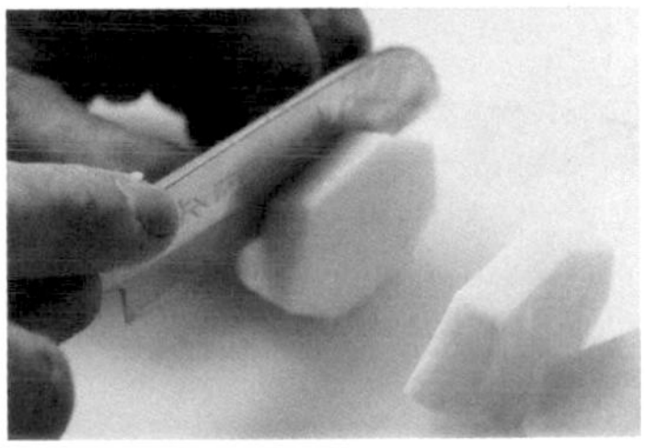
⑥ 在這段時間內先準備馬鈴薯。將馬鈴薯皮以厚片削除，輪切成約1公分的片狀。

⑦ 拿開⑤的模型，配合馬鈴薯的大小切開。

⑧ 將米飯夾入兩片馬鈴薯之間，切去擠壓出來的米飯。

① 整塊裹上麵粉，拍去多餘的粉。

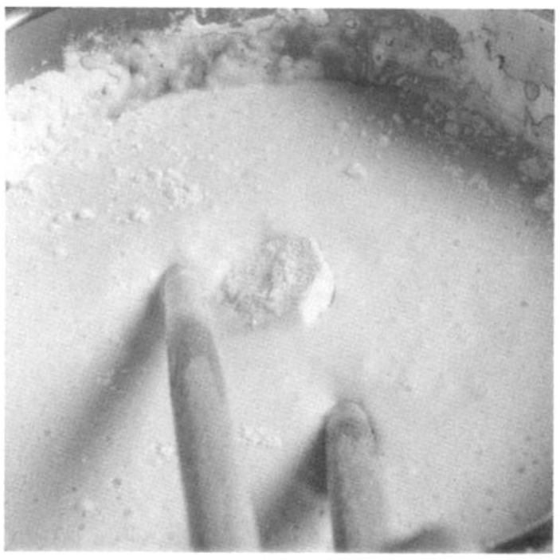

② 為避免馬鈴薯和米飯剝落，沾入稍稍濃的麵衣。

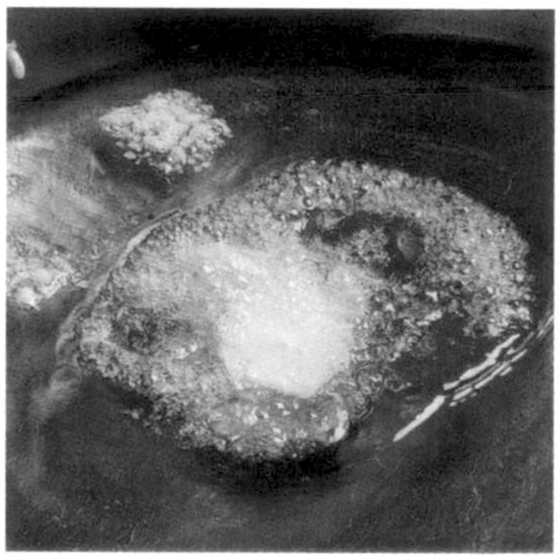

③ 輕輕地放入170℃～180℃的熱油當中，馬鈴薯周圍冒出許多細小的氣泡。

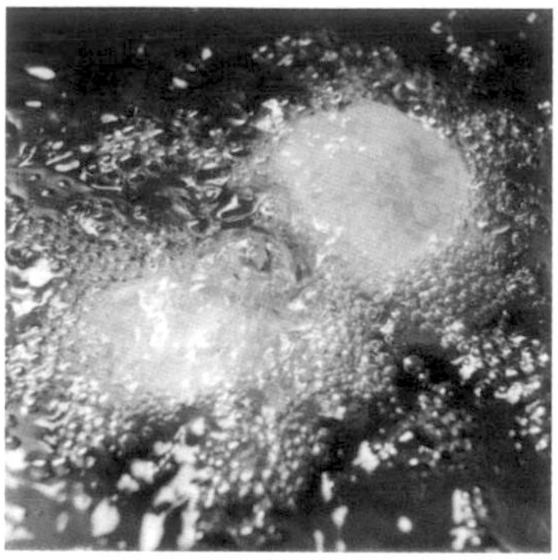

④ 過程中多次翻面油炸。氣泡聲稍微安靜下來，馬鈴薯的外層染上薄薄的油炸色澤。

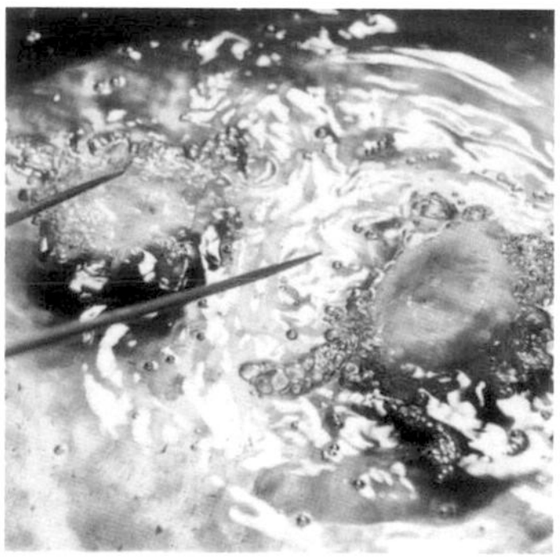

⑤ 當氣泡減緩到這種程度，油炸色澤也稍微變深之後，即可起鍋。

⑥ 取出瀝油。

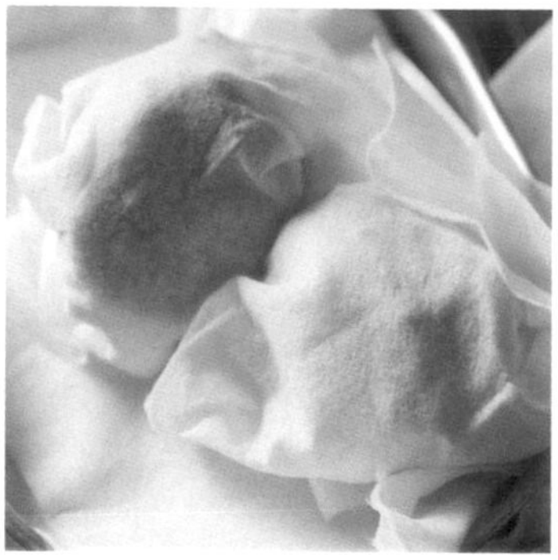

⑦ 用紙巾包裹2～3分鐘蒸熟。對半切，擺盤時切口朝上。

櫛瓜

Zucchini

在櫛瓜的中心灌入軟嫩的湯葉豆腐皮油炸，一道稍來春天氣息的天婦羅。湯葉淡雅的風味能帶出櫛瓜的香氣，同時也兼具了像乳酪般、與櫛瓜搭配性極佳的要素。

這個時期的櫛瓜還很嫩，皮和果實也相當柔軟。加熱後能更趨軟化與湯葉融為一體，呈現出入口即化的細緻口感。果實長大後皮也會跟著變硬，因此比起盛產的夏季，四月的櫛瓜更顯美味。

油炸的要點

為了帶出內餡的湯葉和櫛瓜的風味，須以細火慢炸。由於光滑的表皮讓麵衣在油炸過程中容易剝落，因此必須把麵衣均勻地塗滿外層，才能盡量避免剝落發生。關鍵是在裹粉時要仔細塗勻，並且徹底地拍除餘粉後再沾入麵衣；麵粉如果結塊，麵衣就無法均勻附著而產生剝落的情況。

粉
▼
衣 標準
▼
炸 170℃

準備工作

處理完成的櫛瓜。長度齊切至5.5公分，中間灌入湯葉。

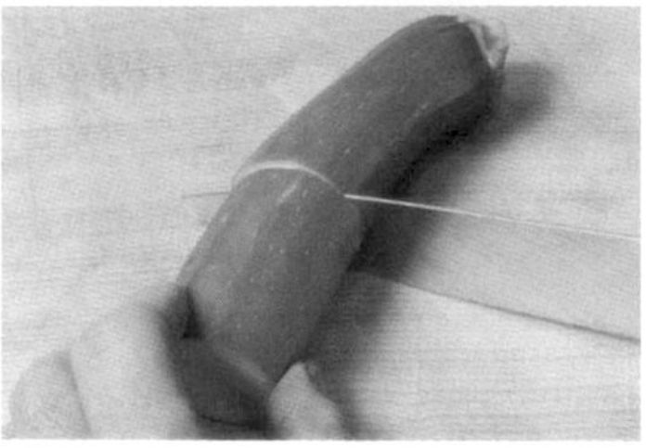

① 切除蒂頭後，再切齊至相同的大小。大約是長度5.5公分、直徑3.5公分左右。

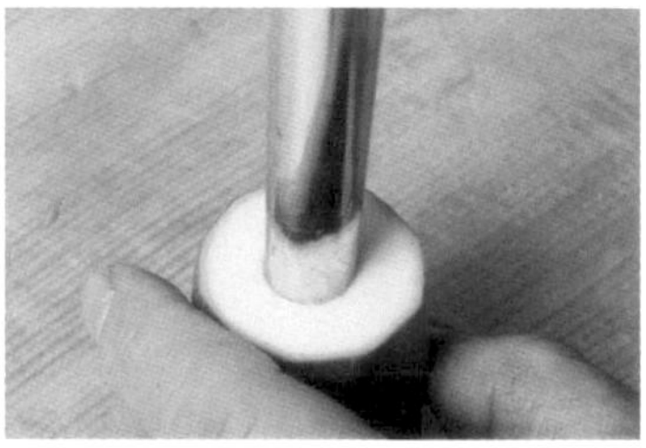

② 用去籽器將中間的籽拔除。去籽器不要彎曲直接插入即可。

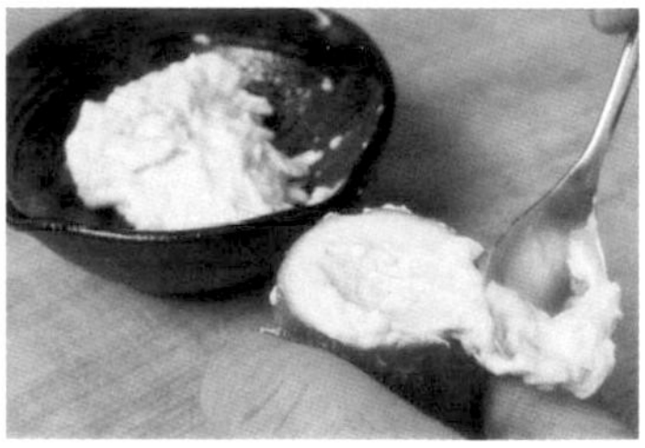

③ 在拔除的部分填入湯葉。用湯匙確實壓緊，避免空氣進入。

油炸

① 整塊裹粉。

② 沾入標準的麵衣。

③ 輕輕地放入170℃的熱油當中。

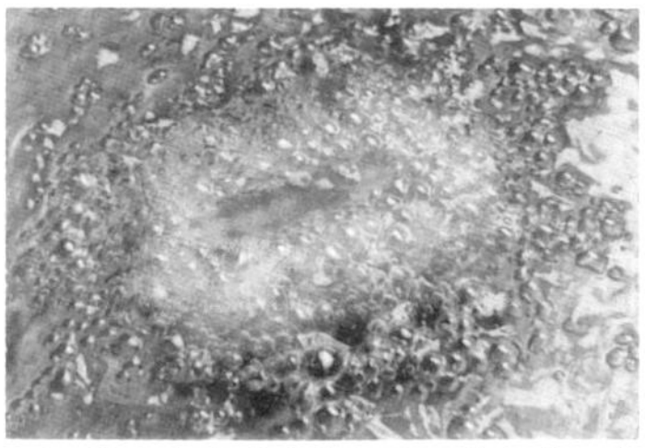

④ 當浸泡在油中的麵衣固定之前，先暫時這樣油炸。

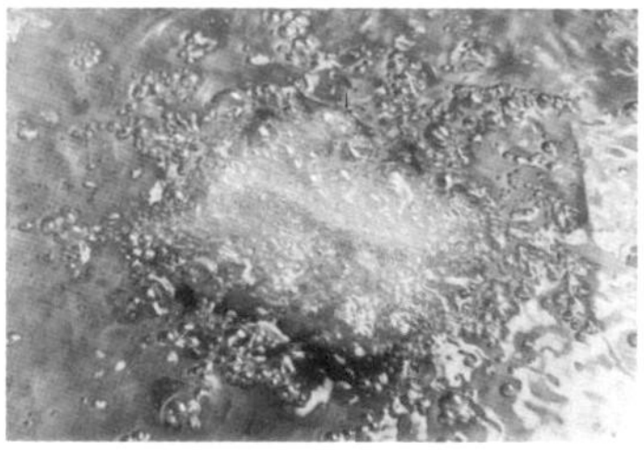

⑤ 麵衣固定後，翻轉再回到上側。

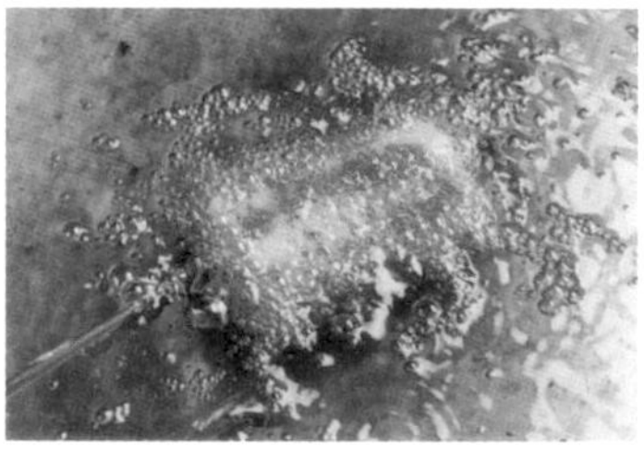

⑥ 周圍的麵衣固定後，邊轉動邊炸，讓櫛瓜均勻受熱。

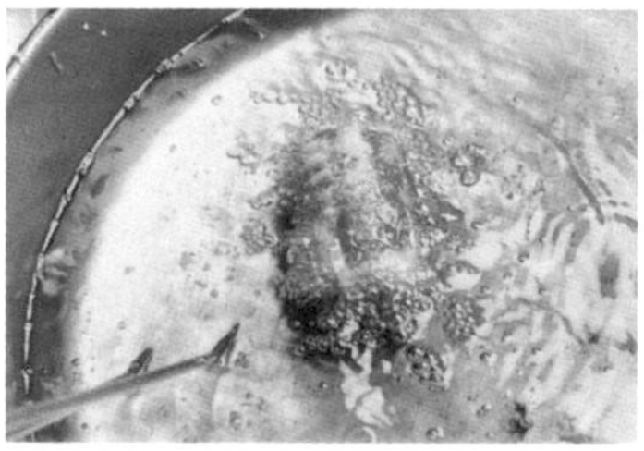

⑦ 當氣泡減少後即可起鍋。

⑧ 取出瀝油。對切後提供。

蠶豆

Broad bean

未成熟的蠶豆珠孔為青綠色。做成天婦羅，似乎稍微生一些的蠶豆比較容易油炸出美麗的色澤。油炸時間過長會讓顏色變差，因此控制好油炸的時間，保留蠶豆鬆軟的口感和漂亮的翠綠光澤。

與任何一種豆類皆同，須均勻地受熱。為此，關鍵就在於沾入若有似無的薄麵衣油炸，鎖住蠶豆的香氣。

油炸的要點

麵衣要薄。由於天婦羅餅的麵衣容易堆積在下方，因此若要防止這種狀況發生，麵衣要稀釋到用漏杓撈起時，會垂直滴落的程度。

同時為了避免蠶豆焦黑，並留住香氣，須利用低溫仔細加熱，將蠶豆豆莢上獨特的香氣保留到最後。另外，要呈現出鬆軟的口感，應適度地去除內部的水分。須注意蠶豆外圍幾乎沒有麵衣附著，溫度過高容易造成焦黑。

粉
▼
衣
薄
▼
炸
175℃→
170℃

準備工作

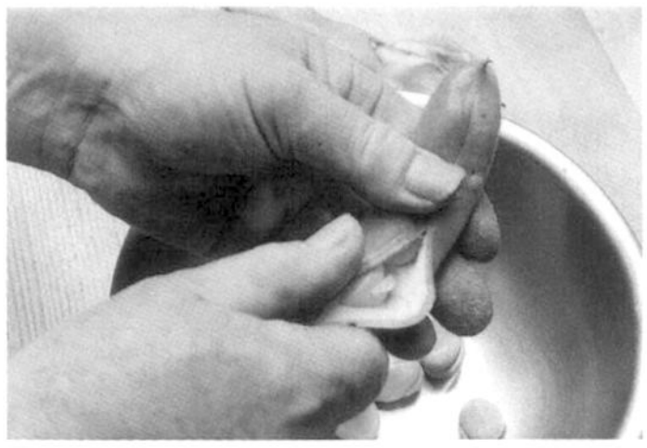

① 用雙手將蠶豆豆莢擰開，取出裡面的豆子。

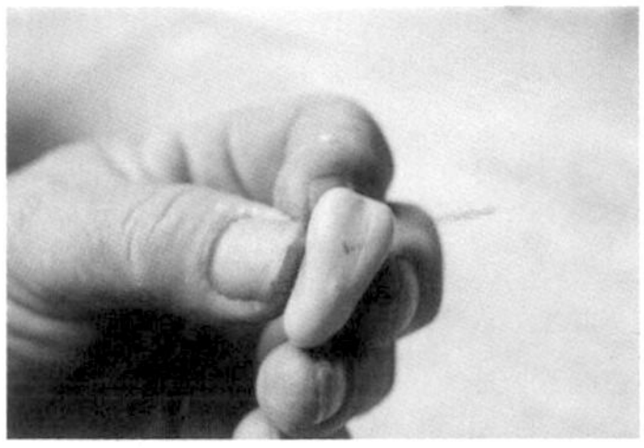

② 未成熟的蠶豆珠孔為淡綠色。

③ 從側邊開始旋轉剝去蠶豆的外皮。

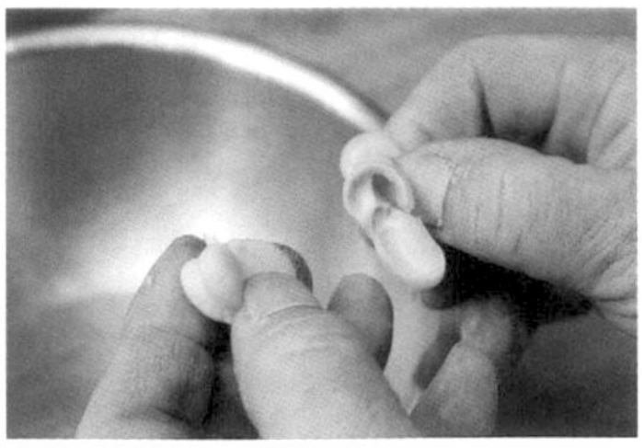

④ 最後到珠孔部分為止整片剝除乾淨。

油炸

① 將剝去外皮的蠶豆放入碗內，加入適量的麵粉裹勻。

② 倒入適量的標準麵衣，再用漏杓加入蛋汁稀釋。

③ 還有一些濃。

④ 稀釋到麵衣在蠶豆周圍薄薄附著的程度。由於麵衣容易囤積在下方，因此要極力使其薄透。

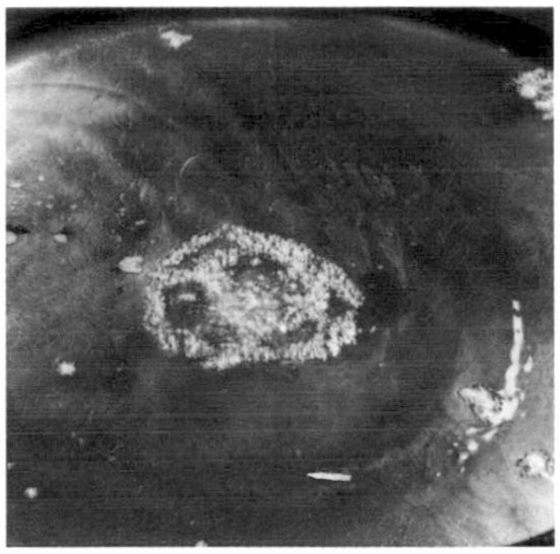

⑤ 調整油溫。將少量的麵衣放入油鍋後，靜靜地往下沉，暫時未浮起。

⑥ 待麵衣靜靜地浮起後，就是已到適合的溫度（175℃）。為了避免突然散開，將油溫稍微調低。

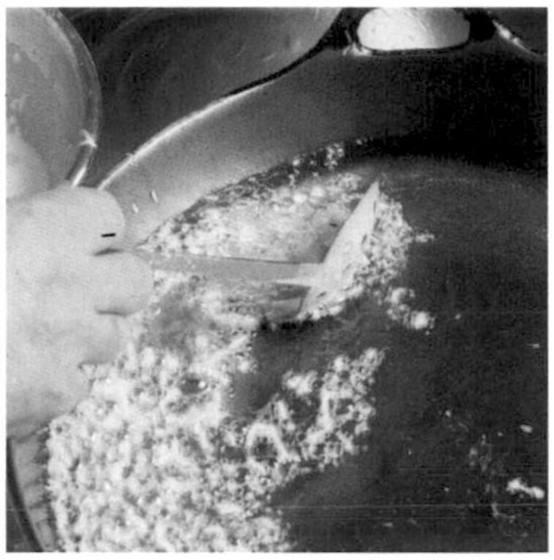

⑦ 暫時關火避免溫度上升，快速地輕輕放入蠶豆。

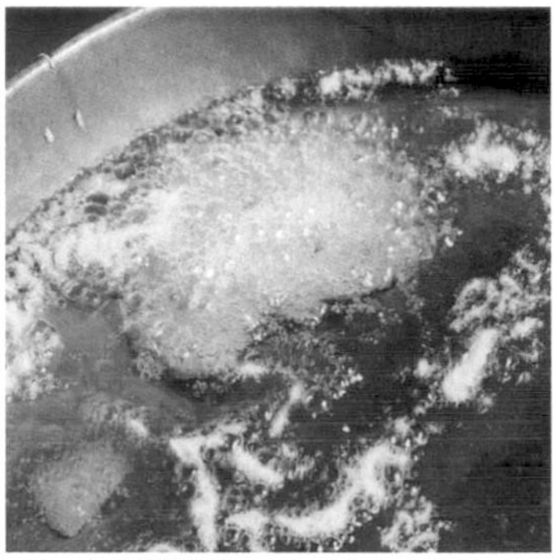

⑧ 蠶豆暫時往下沉。點火，維持油溫在 170℃。如果蠶豆散開，可用筷子集中。

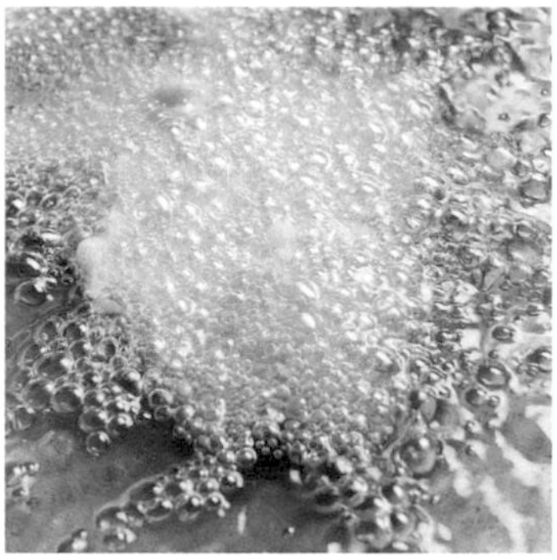

⑨ 浮起。氣泡呈白色且細小，從麵衣冒出大量的水分。油溫持續保持在 170℃。

⑩ 當氣泡變大減少後即可起鍋。

⑪ 避免散開，小心地用筷子夾出。放在鋪上紙的盤內瀝油。

Bamboo shoot
竹筍

從四月初開始大約三週的時間，來自京都塚原、當日清早採收現送的白竹筍就此登場。覆蓋在紅土下的竹筍，潔白柔軟是最大的特色。運送時，須裝入透氣性佳、且能遮斷光源的黑色布袋。

由於是當日一早採收的竹筍，因此不刻意去除澀味直接油炸，藉以品嚐春天的香氣。為了避免這份香氣受到干擾，建議沾鹽享用。天婦羅原則上用200～300g的小竹筍較方便製作。

油炸的要點

稀釋麵衣的濃度，雖然要保留竹筍的口感，但必須帶出未加熱時所沒有的甘甜，因此要油炸至3～5分熟。

粉
▼
衣
稍薄
▼
炸
170℃

準備工作

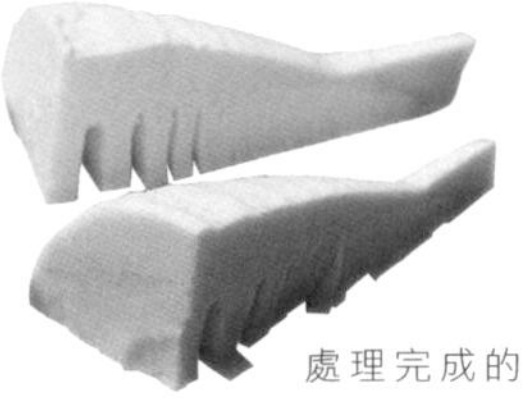
處理完成的竹筍。

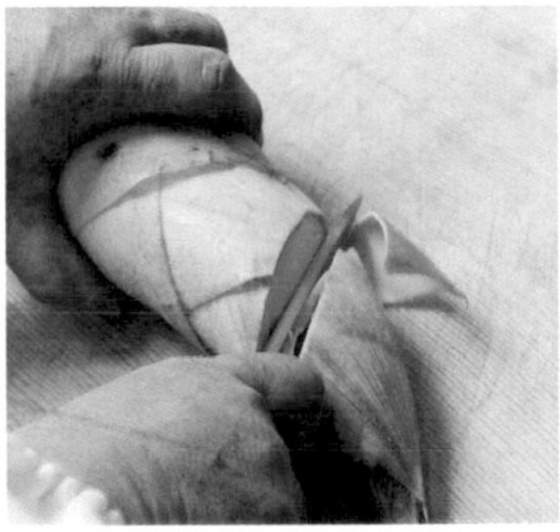
① 將筍尖斜斜切除。

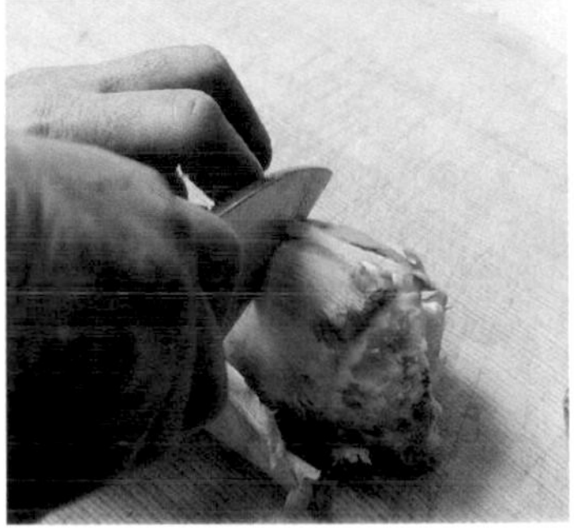
② 切除底部。

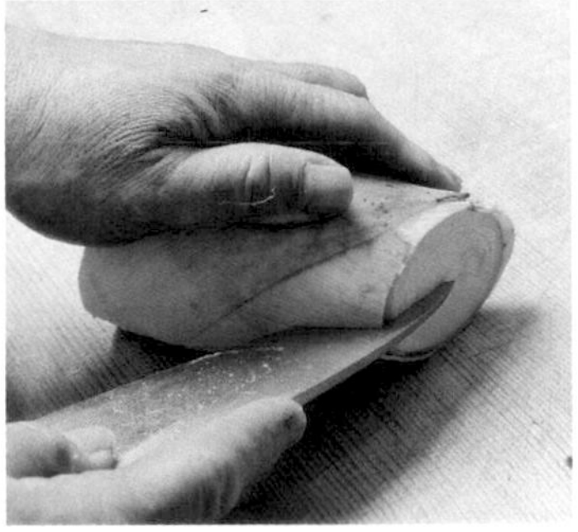
③ 縱向入刀，避免劃到殼內的筍肉。

④ 剝除堅硬的竹籜和嫩殼。

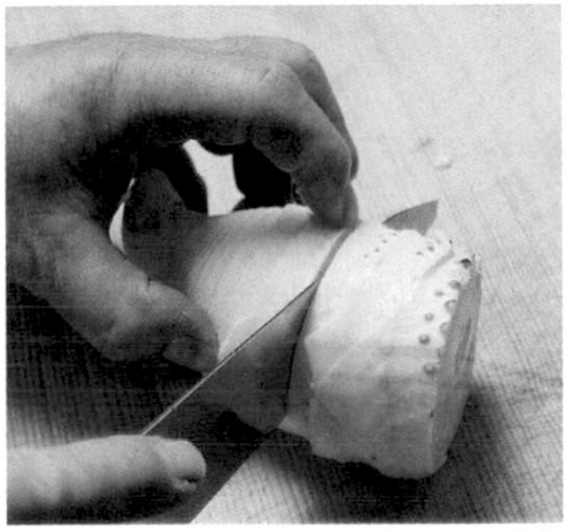
⑤ 將尖端和底部分切開來，底部的部分可用來燉煮。

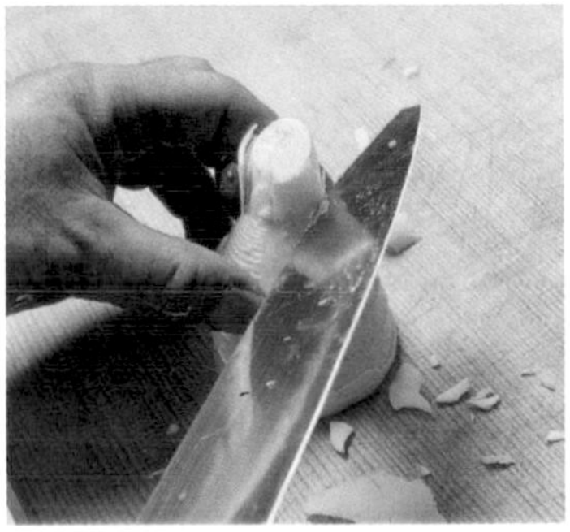
⑥ 用菜刀刮去表皮。

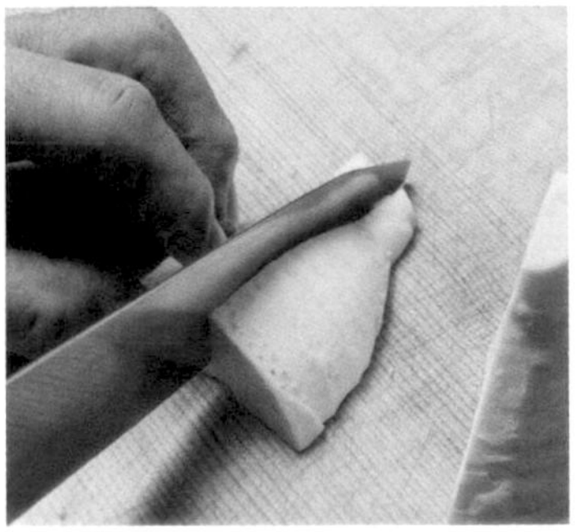
⑦ 從縱向對切後，再切成一半。須注意越新鮮越容易裂開。

① 將整塊竹筍裹粉，把餘粉徹底拍除，避免堆積在分節之間。

② 沾入稍薄的麵衣後，再去除多餘的麵衣。

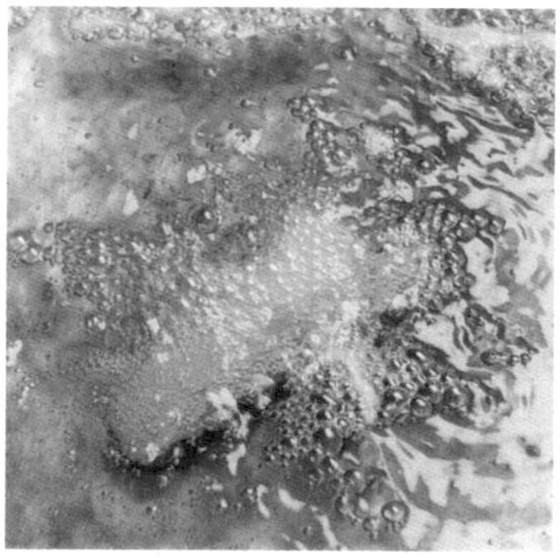

③ 外皮的部分朝上放入 170℃的油鍋內。暫時下沉，隨後冒出許多細小的氣泡。

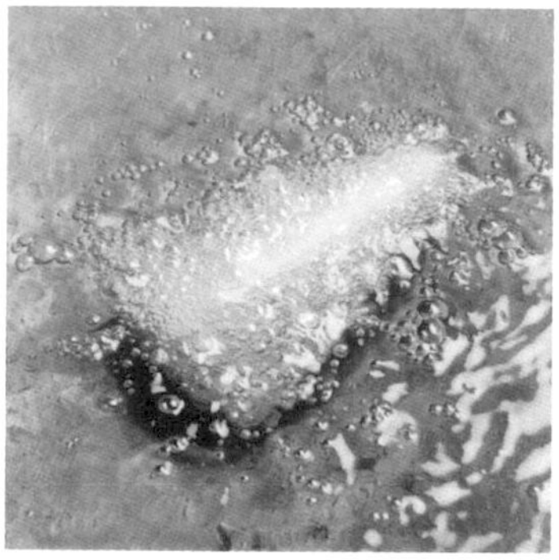

④ 翻面。由於表皮的部分堅硬較難受熱，因此這部分須拉長油炸的時間。

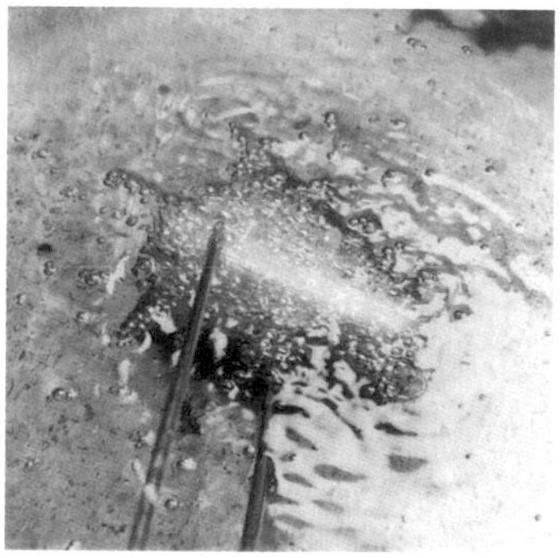

⑤ 當氣泡減少，整塊變輕浮起後即可起鍋。

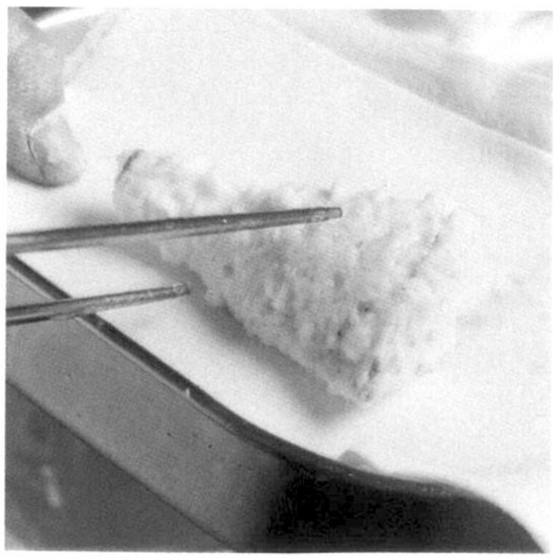

⑥ 瀝油。

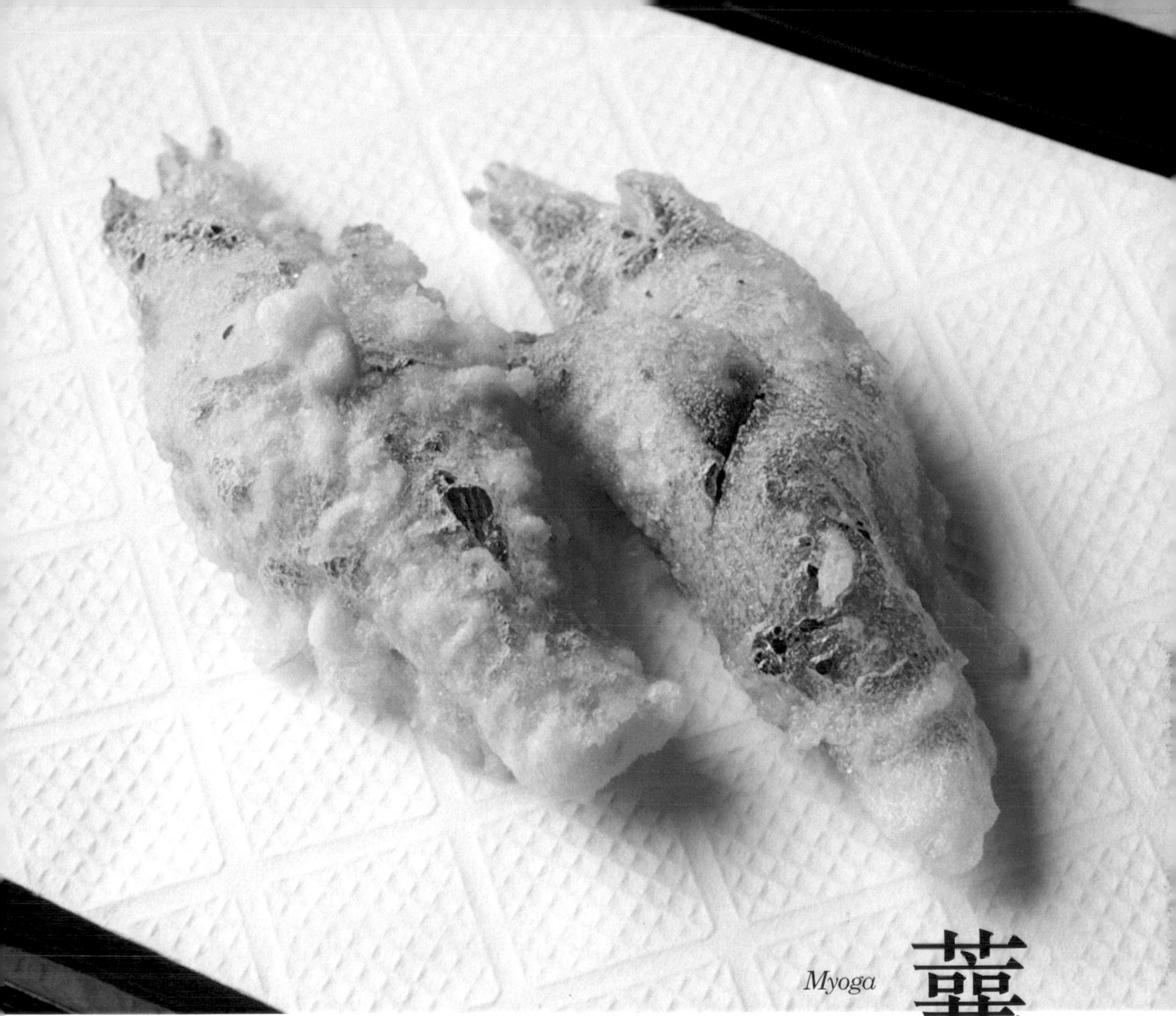

蘘荷

Myoga

做為夏天的食材，蘘荷*淡雅的香氣和清脆的口感相當具有魅力。天婦羅大約是從五月開始使用蘘荷，挑選顏色漂亮、花苞包覆緊實的即可。

盛夏上市的蘘荷，香氣雖然出色，但纖維多口感較硬。而五至六月初產的蘘荷，尚還鮮嫩比較方便食用。

油炸的要點

將麵衣稀釋，呈現出蘘荷的赤紅。蘘荷外圍的花苞層層包覆，因此須將油溫維持在170℃，以慢火細炸的方式讓內部充分受熱。

粉
▼
衣 稍薄
▼
炸 170℃

*蘘荷科蘘荷屬，多年生草本。高二、三尺，葉呈長橢圓形，夏秋開淡黃色的花，嫩根及花序可供食用。亦稱為「蓴苴」、「猼且」。

準備工作

處理完成的蘘荷。

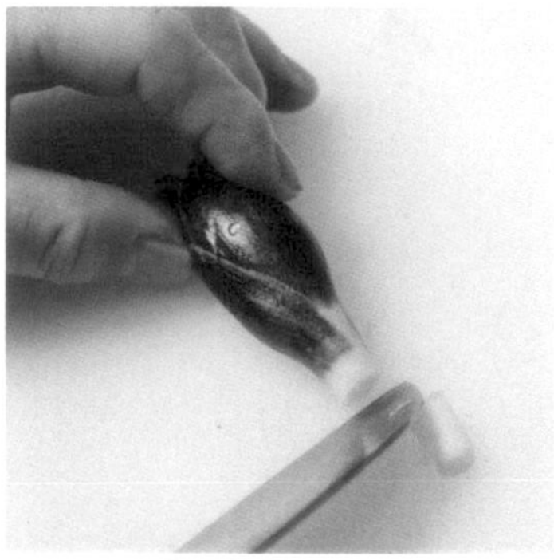

① 將尾端切齊。

② 縱向對切。

③ 為了食用方便，在果肉厚實處斜切一道刀口。

油炸

① 裹粉後拍除多餘的粉。為了透出蘘荷的色澤，沾入稍薄的麵衣。

② 確認溫度，油溫達 170℃後，為盡量避免炸油滲入蘘荷，將切口朝上放入油鍋，冒出許多細小的氣泡。撈除散落的麵衣。

③ 過程中重複翻面，氣泡漸趨緩和。到圖片上的程度即可起鍋。

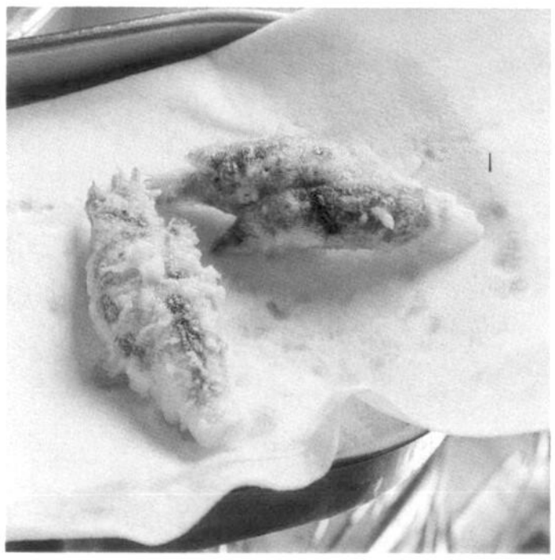

④ 取出瀝油。

玉米筍

Sweet corn

五月開始到六月之間，在甜玉米長大收成的季節之前，未成熟的甜玉米果穗使率先問世。而這就是所謂的玉米筍（別名珍珠筍）。

幼嫩的果穗最重要的就是其口感和香氣。穗前的玉米鬚能維持玉米筍的香氣，因此購買時務必挑選連皮帶鬚的玉米筍。若是事先剝除，原本的香氣也會跟著消失。

油炸的要點

用較低的油溫加熱，最後再將溫度提高，油炸出香氣。

粉
▼
衣 稍濃
▼
炸 170℃→180℃

準備工作

處理完成的
玉米筍。

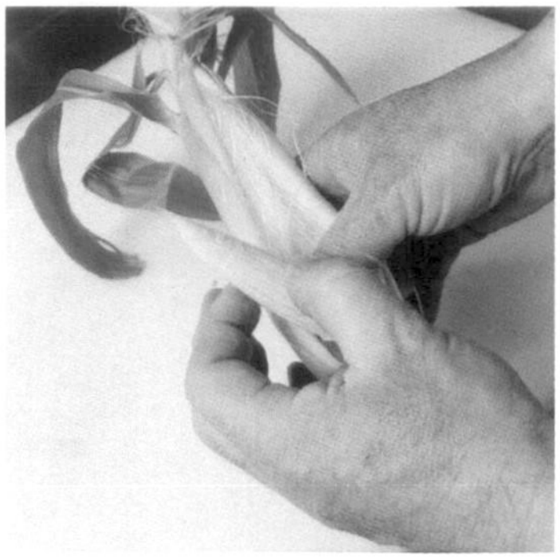
① 將外皮和鬚剝除，注意避免折斷中間的玉米筍。

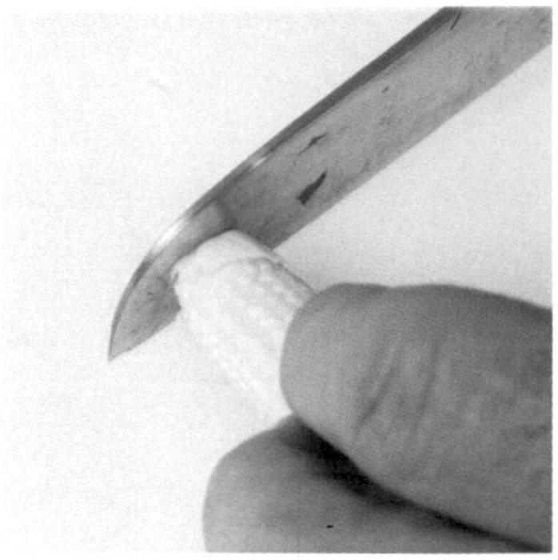
② 將尾端切齊。

油炸

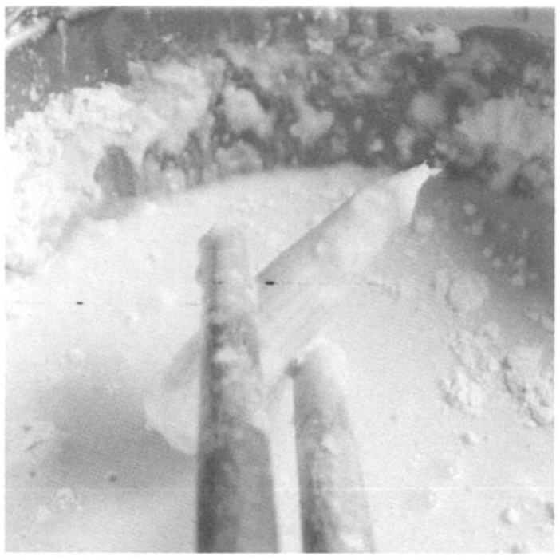
① 裹粉後將多餘的粉拍除，沾入稍濃的麵衣。

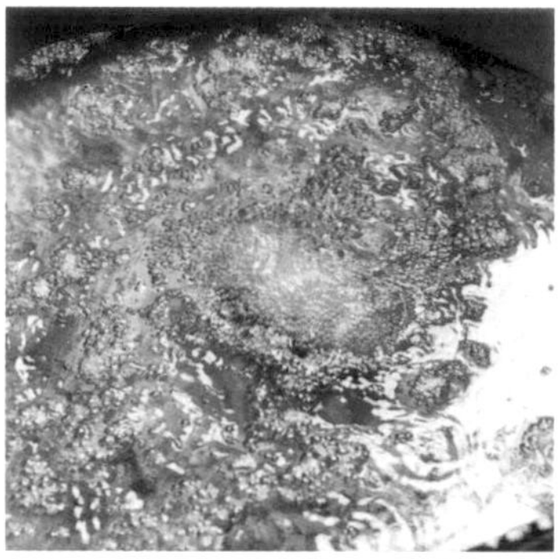
② 確認油溫，溫度達170℃後即可下鍋。布滿整片大氣泡。撈除散落的麵衣。

③ 仔細地油炸。當全體均勻浮起，且氣泡減少後，最後再將油溫提高到180℃。

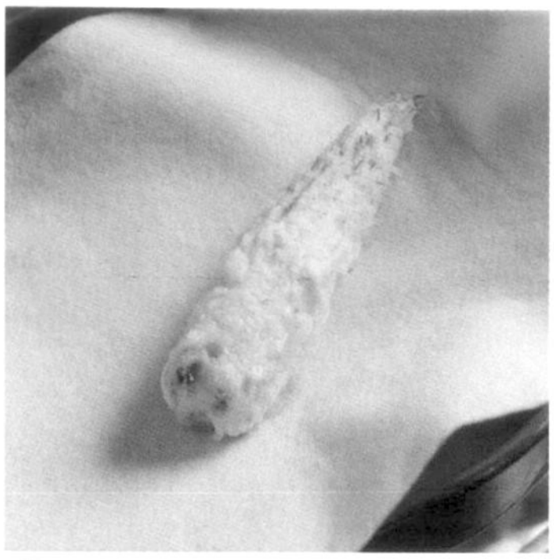
④ 瀝油。

鍋子的保養和準備

將使用完畢的油丟棄，並利用橡膠鏟來清除油炸碎屑。
另外，將廢油交給廢油業者定期回收。

① 在油已經倒掉的鍋內，倒入粉狀的清潔劑（較液體的清潔劑去污力強）鋪滿，再加入中性洗劑以及少量的水。

② 用沾濕的鬃刷刷洗內側鍋底。使用鋼刷會造成鍋面損傷。

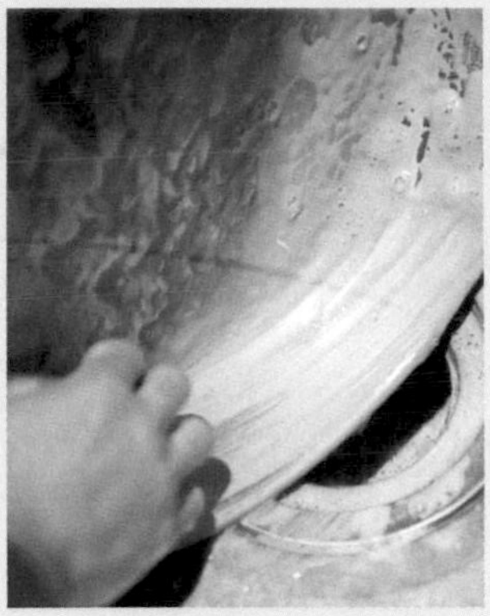

③ 側面也仔細刷洗，鍋子的內側全部刷洗完後用水沖乾淨。

④ 沖洗乾淨後，用乾毛巾擦乾水氣。在這樣的狀態下保存。

⑤ 使用時先開火將鍋子的水分完全蒸發。即使只有殘留一點點水氣，都容易造成掉落在那部分的麵衣沾粘。

⑥ 空燒鍋子，直到變色發出劈劈啪啪的聲音。用紙巾仔細地擦拭浮出的水分和髒污。

⑦ 將調和好的胡麻油倒入鍋內的三分之一處。這是做為一個基本的高度。而油炸蕃薯時則要到二分之一的高度，但當油炸數量多時，就要再放少一些。

行者蒜

Gyoja-ninniku

據說是因為修行的人利用這道食材來恢復精力而以此命名。擁有與大蒜相似的強烈氣味，營養價值也同樣相當高。其特色是在根部帶有赤紅顏色，根呈球狀。挑選莖粗未發芽的為佳。

與油的搭配性高，是一種非常適合做為天婦羅的山菜。由於氣味強烈，因此將葉片展開油炸，讓味道轉成柔和。北海道產。

油炸的要點

不刻意掩蓋氣味，為了讓味道轉為柔和，因此將葉片展開油炸。

粉　莖中心
▼
衣　稍薄
▼
炸　170℃

油炸

① 在莖的中心處裹粉。為了在油炸時讓葉片能展開，葉子的前端不沾粉。

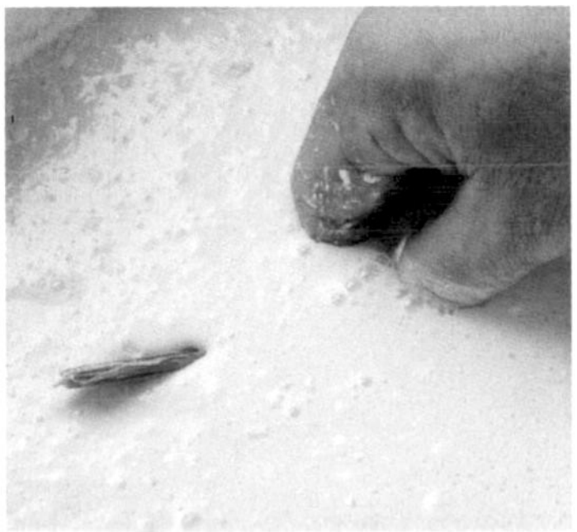
② 沾入稍薄的麵衣。如果葉子前端沾入麵衣便無法打開，因此前端保留。

③ 放入170℃的熱油當中。冒出許多細小的氣泡。

④ 氣泡漸漸變大，葉片打開。撈除油炸碎屑。

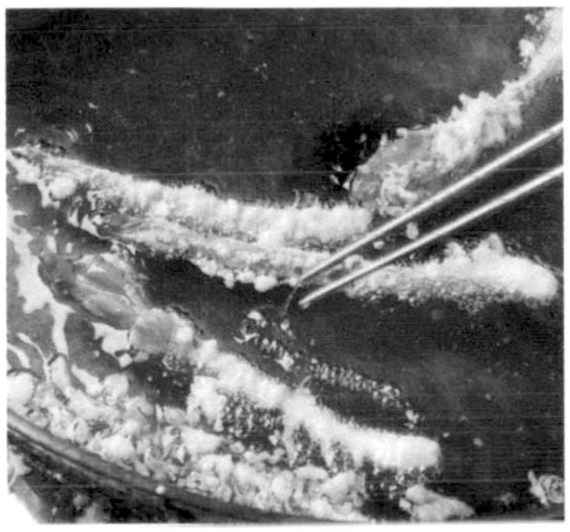
⑤ 當氣泡漸漸減少時即可起鍋。

⑥ 瀝油。

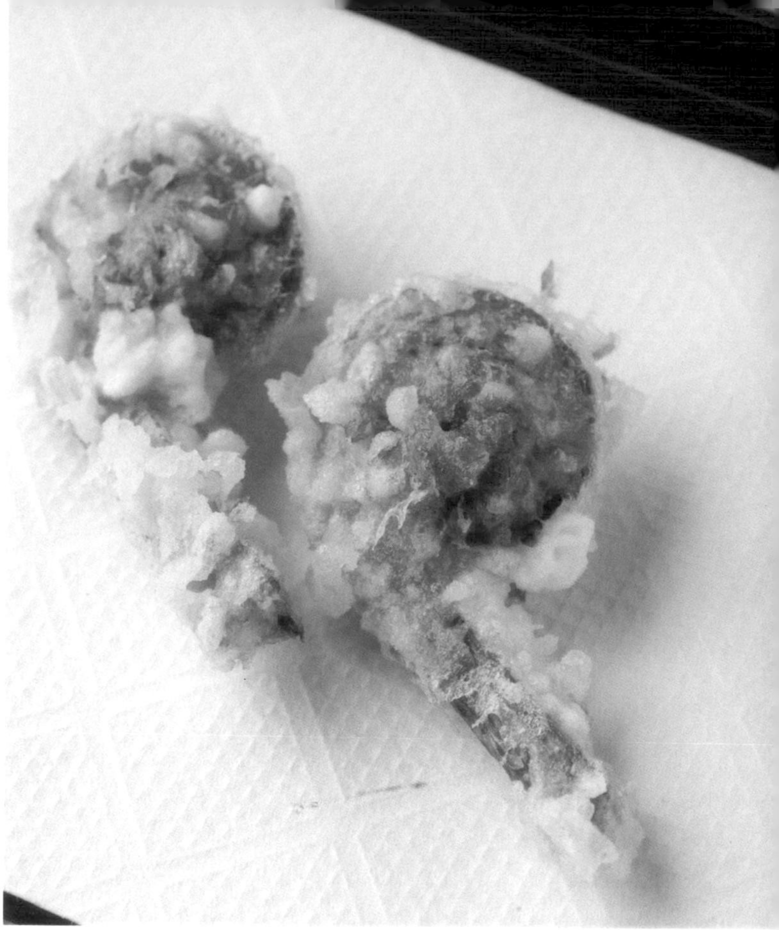

鴕鳥蕨

Ostrich fern

鴕鳥蕨*根據產地的不同，盛產期也稍有差異。南部是從三月中旬開始，北部則是要到五月中旬才上市。購買時，需挑選前端卷曲扎實、莖粗短的為佳。

為了呈現美麗的鮮綠色澤，不裹粉，直接沾麵衣油炸。

油炸的要點

為了避免麵粉卡在前端的卷曲處，因此不將鴕鳥蕨裹粉。油炸時間過長會變乾而失去風味，所以當前端快浮起時即可起鍋。

衣 標準

▼

炸 170～175℃

*こごみ。中文學名莢果蕨，別名是黃瓜香。以食用嫩芽為主。

準備工作

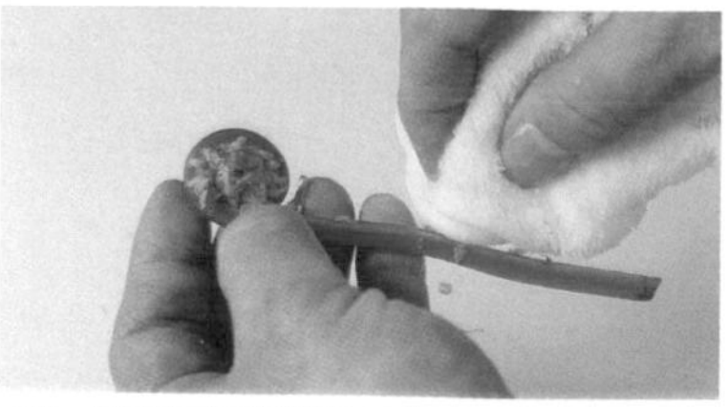

① 用濕布擦拭將髒污去除。

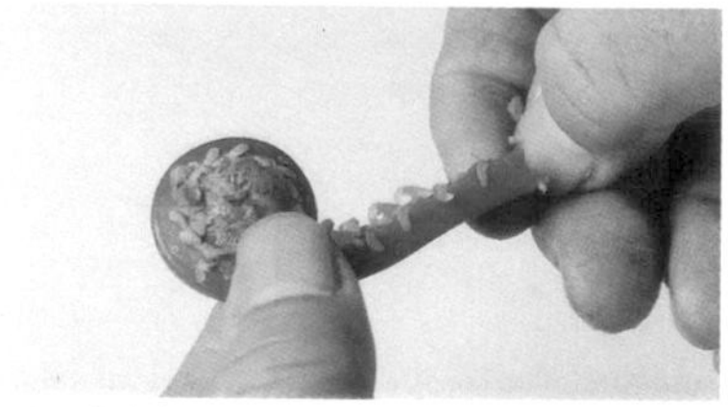

② 位在根部偏白的部分較堅硬，因此在偏白之前的地方折斷。

油炸

① 不裹粉，直接將鴕鳥蕨沾入標準的麵衣。

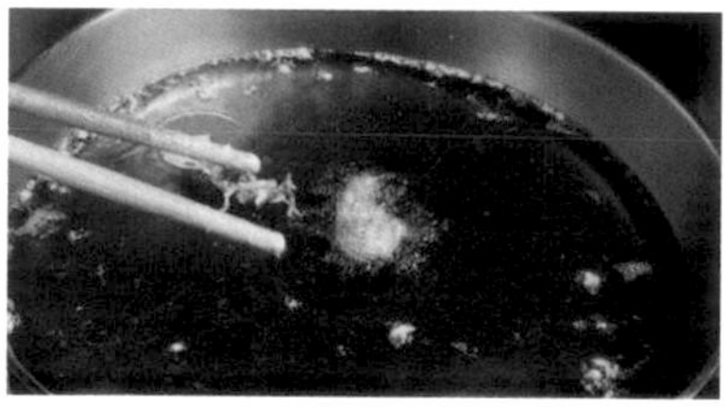

② 去除多餘的麵衣，放入170℃～175℃的熱油當中。先暫時往下沉之後浮起，冒出許多細小的氣泡。

③ 重複翻面，當氣泡變大後即可起鍋。

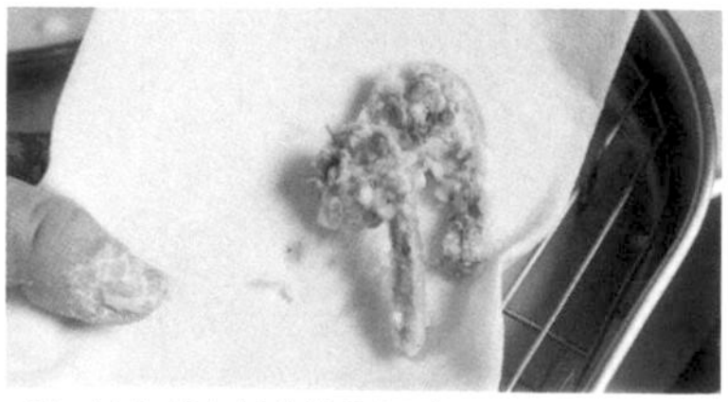

④ 放在鋪上紙的盤內瀝油。

漉油

Koshiabura

鴕鳥蕨

漉油*同時也稱為新芽的王者、或是山菜的女王，其獨特的風味備受喜愛。油炸時，為了重現自然的姿態，須將麵衣稀釋調薄。同時欲呈現嫩芽新出的模樣，關鍵是要迅速地流入熱油當中。

食用的是早春的嫩芽。長大成熟後，葉片會完全張開，體積大口感也變硬。

油炸的要點

不裹粉，只沾入非常薄透的麵衣，為了讓多餘的麵衣散落，要迅度地流入熱油當中。當葉片顏色轉為更鮮亮的綠色後即可起鍋。

*こしあぶら。五加科楤木屬的落葉高木。在日本會將春天長出的新芽做為山菜食用。

衣 薄

▼

炸 170～175℃

油炸

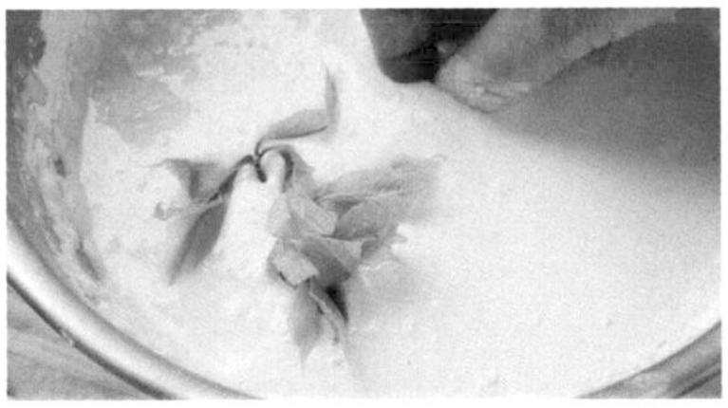

① 首先，把根浸在極微薄透的麵衣當中。

② 接下來為了讓葉片漂亮地展開，夾住根部讓整片葉子沾入麵衣。

③ 為了讓漉油呈現自然的姿態油炸，從葉片的地方流入170℃的油鍋內，使多餘的麵衣散開。

④ 同時冒出許多細小的氣泡。當氣泡減緩到一定的程度後撈除油炸碎屑。

⑤ 當氣泡減少，下側的麵衣開始固定後即可翻面。與紫蘇葉翻面的要領相同。

⑥ 翻面，迅速加熱。到表面三分熟、背面七分熟的程度。

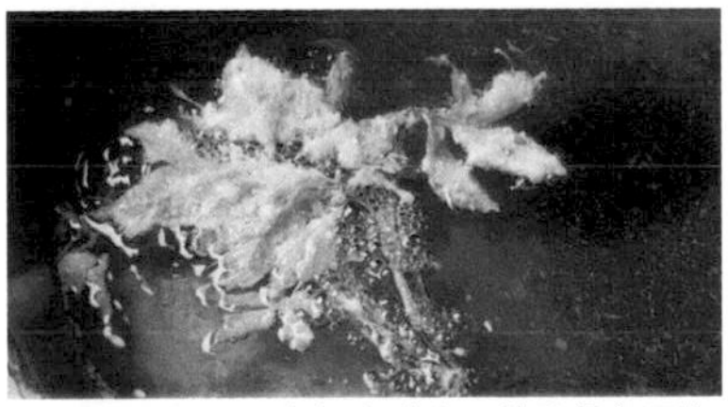

⑦ 再次翻面，當氣泡減少，葉片顏色更加鮮豔後即可起鍋。

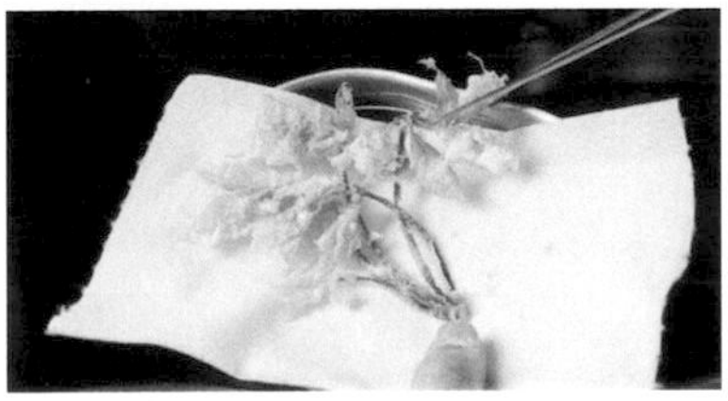

⑧ 瀝油。

紅葉笠

Shidoke

紅葉笠*也稱作紅葉傘。拿來當作山菜食用的是剛發芽的嫩葉。莖的清脆口感相當具有特色，購買時要選擇莖粗的比較美味。欲呈現紅葉般的葉片形狀，關鍵就在於油炸時要將葉片漂亮地展開。連接葉子的莖細小易斷，因此須適度地將葉片摘除。

*原名モミジガサ或はシドケ。原產於日本當地的菊科多年生草本植物。多拿來用在和風涼拌的春季料理裡當中。

粉
莖・葉背中心
▼
衣
稍薄
▼
炸
175℃

油炸的要點

由於葉片柔軟，需使用稍微高的溫度來油炸。為了將葉片油炸酥脆，利用紫蘇葉的要領，只在葉子背部沾粉和麵衣。當葉片變鬆脆後即可起鍋。

油炸

① 將莖和葉片背面裹粉。

② 將麵衣稀釋到稍薄，只在莖和葉片背面沾入麵衣。

③ 以手握住莖，將葉子背面朝下，讓葉片呈展開的形狀，放入175℃油鍋當中。

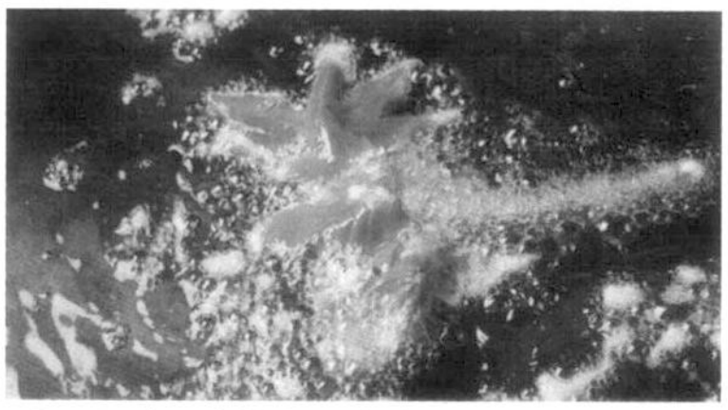

④ 同時冒出許多細小的氣泡。適時地撈除油炸碎屑。

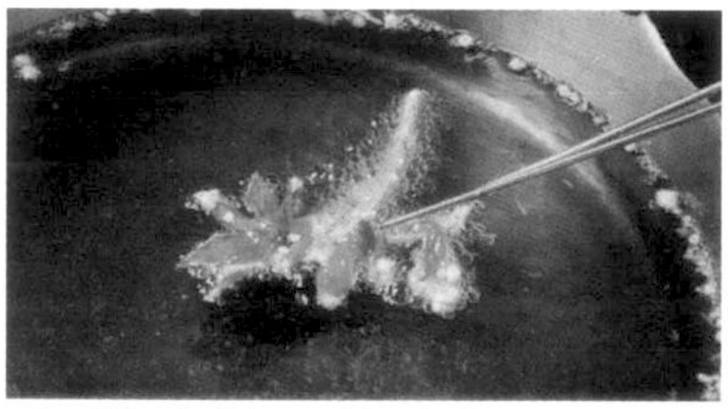

⑤ 當氣泡減少，下側固定後翻面。

⑥ 到葉片變得鬆脆後，再次翻面。

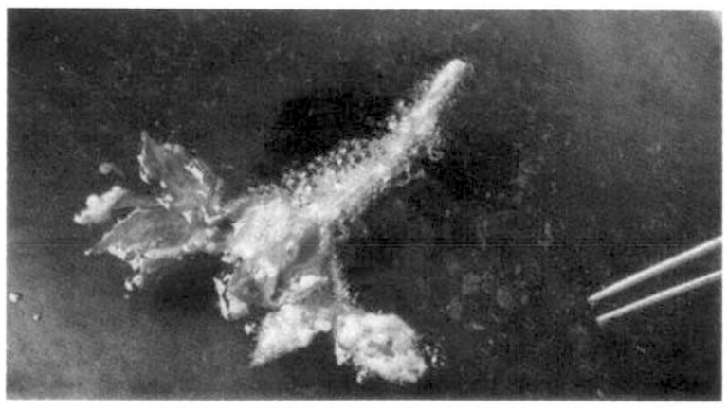

⑦ 當葉子加熱到恰到好處呈現酥脆狀，同時氣泡也幾乎停止時即可起鍋。

⑧ 瀝油。

水芹

山芹

Water dropwort

長在山間或森林的溼地、以及溪流等地的水邊。品嚐的是柔軟的春天新芽。

在天婦羅當中不需切碎，為了呈現山菜本身的葉片顏色和風味，直接下鍋油炸。

衣
稍薄
▼
炸
175℃

油炸

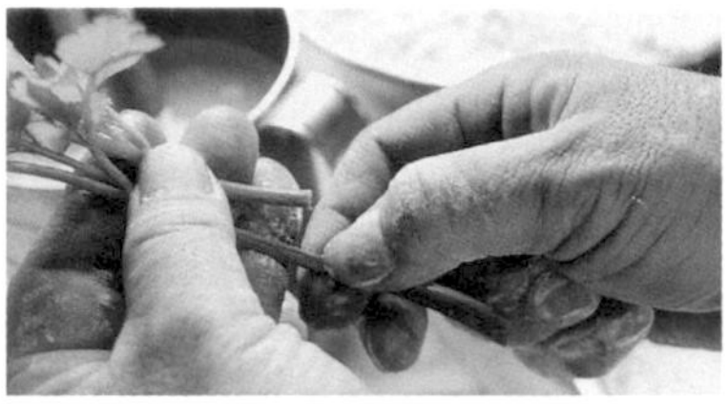
① 莖若是過長，在油炸前將莖折斷。

② 全部沾入稍薄的麵衣後，再去除多餘的麵衣。

③ 為了呈現葉片自然展開的形狀，用流入的方式放進 175℃的熱油當中。

④ 一開始同時冒出許多細小的氣泡。

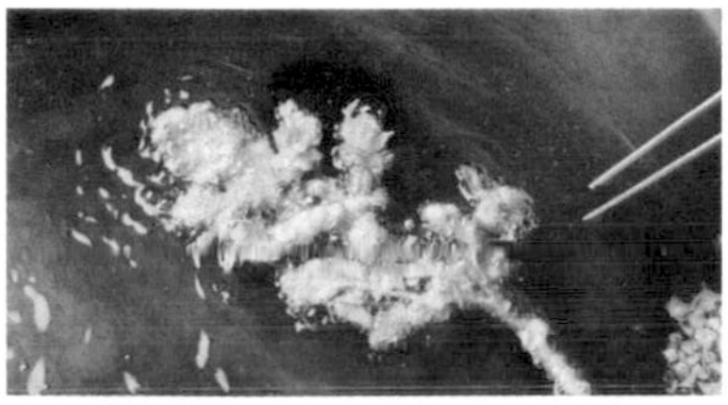
⑤ 當氣泡減少後即可起鍋。

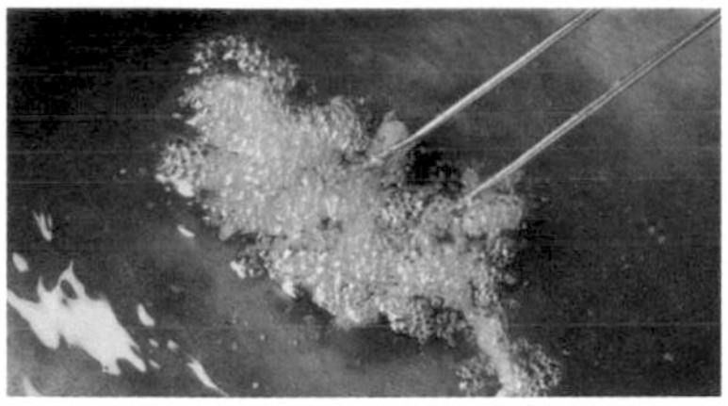
⑥ 倘若不確定起鍋的時間，可先以油炸專用筷按沉，如果迅速浮起就表示可以起鍋。

⑦ 瀝油。

刺嫩芽

Shoot of the angelica tree

刺嫩芽*的盛產期在四月中旬到五月。扎實中帶有柔軟的口感相當具有魅力，購買時要挑選尖端包覆緊實的嫩芽為佳。同時由於外型接近圓筒狀且表面光滑，因此會讓麵衣難以附著容易掉落。

需注意在油炸時，若是麵衣散落剝離，容易造成該部分焦黑。

油炸的要點

過度油炸會造成香氣流失。因此只需加熱至九分熟的程度，藉以保留香氣。

粉
▼
衣 稍薄
▼
炸 170～175℃

*たらの芽。原產自日本，是日本當地具代表性的山菜之一，被譽為山野菜之王。屬多年生落葉小喬木，食用的部分是春天新抽的嫩芽。

準備工作

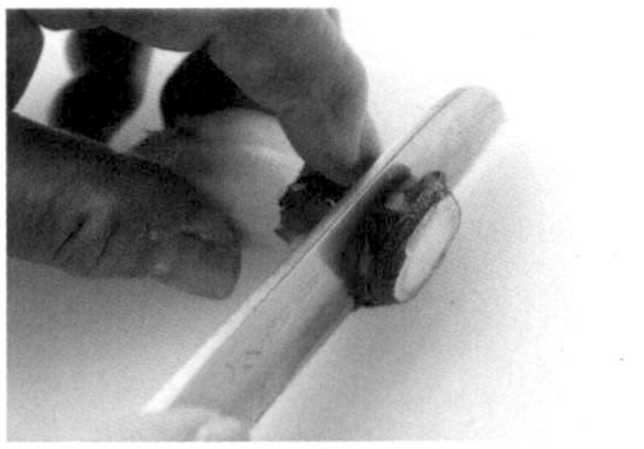

① 切除根部尾端的堅硬部分。

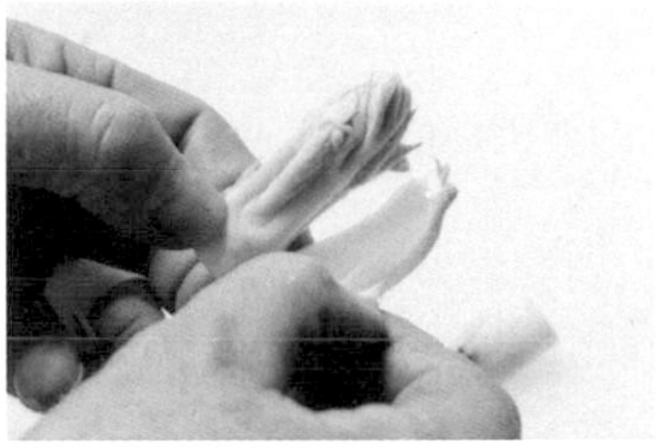

② 剝除覆蓋嫩芽的外側部分。

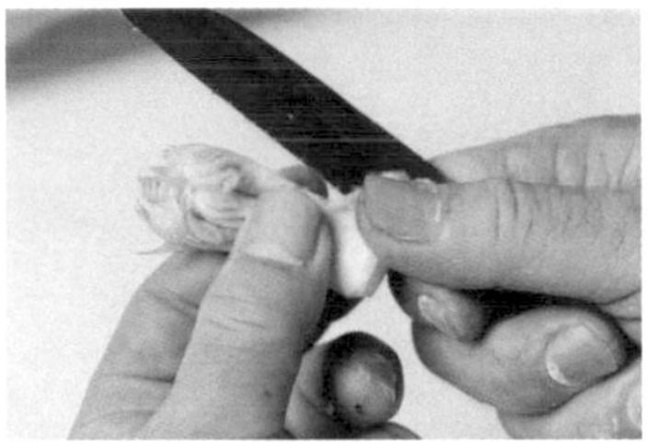

③ 將根部尾端削圓。

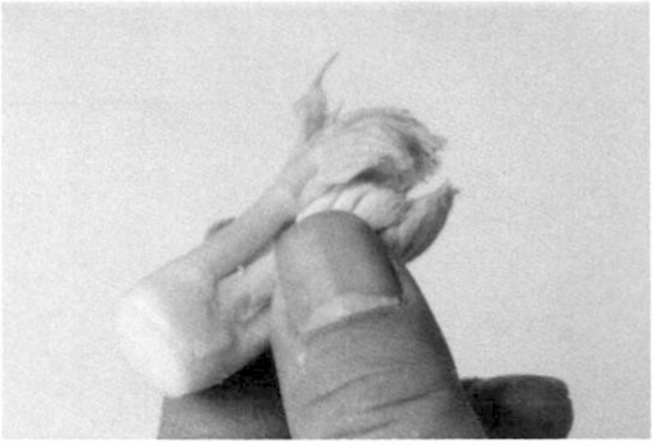

④ 處理完畢的刺嫩芽

油炸

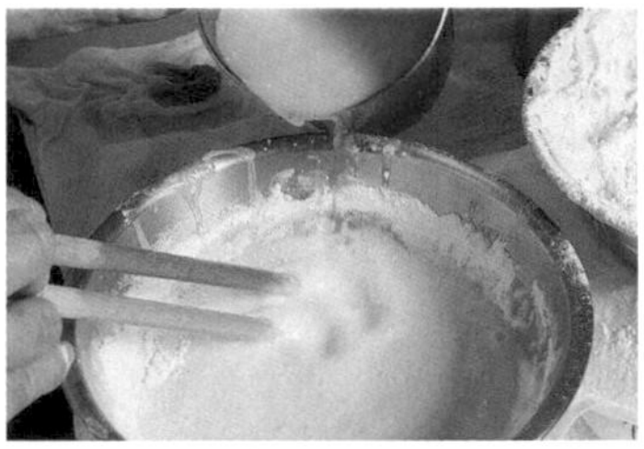

① 為了呈現出刺嫩芽的顏色，在標準的麵衣中加入蛋汁，調整成稍薄的麵衣。

② 大約稀釋到不會附著在攪拌棒上的程度。

③ 整顆裹粉，再均勻地拍除餘粉。由於外觀呈圓筒狀，麵衣滑落後，容易堆積在下方結塊。因此，先裹粉藉此來增加麵衣的附著力。

④ 沾入麵衣。

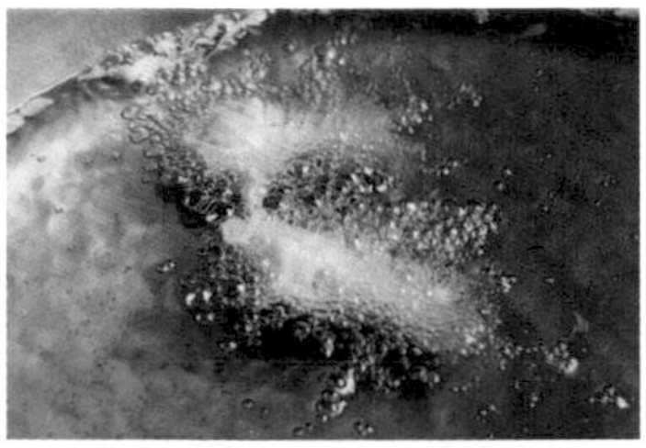

⑤ 放入170℃～175℃的油鍋當中。一開始冒出許多細小的氣泡。

⑥ 重複翻面，讓油炸中的麵衣能均勻地固定。若是下方變重，那份重量就會持續朝一定的方向，上方便容易剝落燒焦。

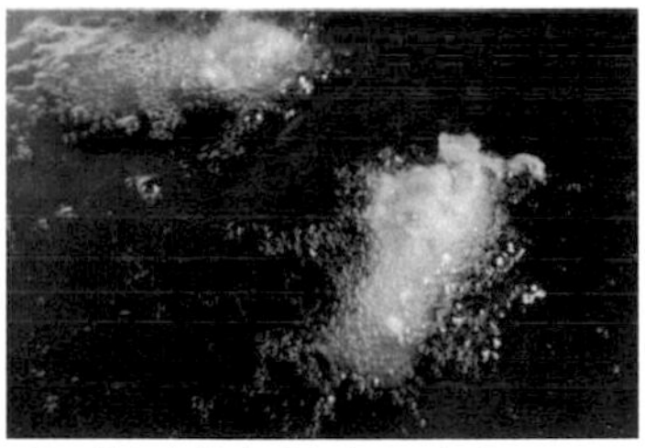

⑦ 當氣泡變大減少後即可起鍋。

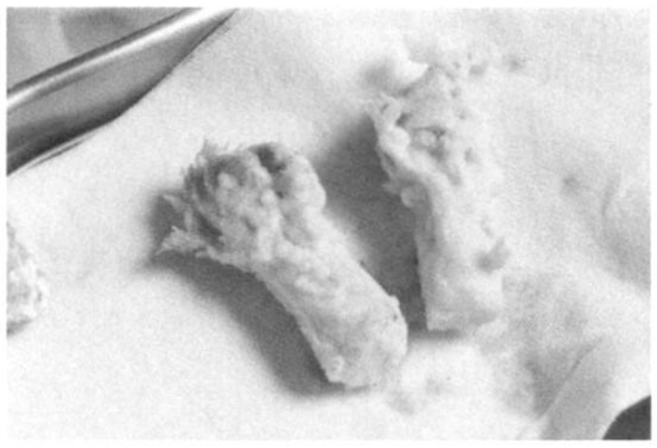

⑧ 取出放在鋪上紙的盤內瀝油。

筆頭菜

Horsetail

到了三月就可以看見筆頭菜*的蹤跡。而能品嚐到的機會，也僅有在這短暫的期間內。沒多久當前端嫩芽打開後就會變得粗澀、破壞口感。

說到筆頭菜，大多會聯想到涼拌芝麻等這類的家常涼拌菜。但由於是帶有澀味的食材，因此做為天婦羅也極為合適。沾入薄麵衣，油炸出美麗的白色，同時保留莖的細嫩清脆口感。

油炸的要點

為了將澀味轉變成甘味，每一根分別下鍋。同時為了避免一開始和最後放入的筆頭菜有時間差距，須迅速地投入鍋中。

粉 ▼ 衣 薄 ▼ 炸 170℃

*日文漢字寫做土筆或筆頭菜。木賊屬科，含豐富的矽和鈣，也常被用在健康食品當中。中文名稱馬尾草、問荊或木賊。

準備工作

① 將葉鞘從下方開始剝除。

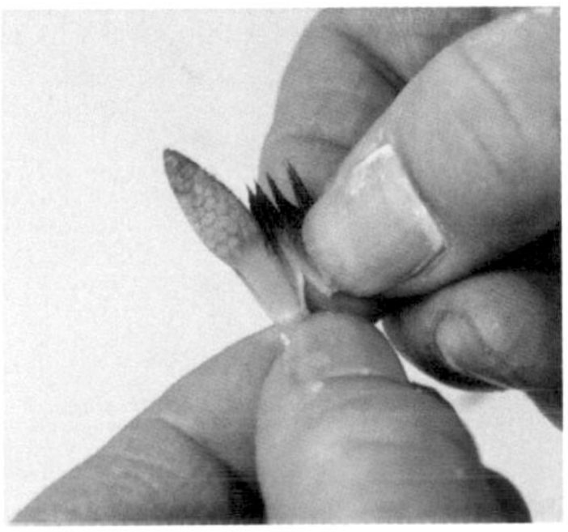

② 壓住葉鞘，用單手將筆頭菜以旋轉的方式剝開。須注意過度拉扯會造成莖斷裂。

油炸

① 將筆頭菜放入碗內，再倒入麵粉裹勻。

② 加入標準的麵衣。

③ 倒入蛋汁，稀釋到可直接滴落的濃度。

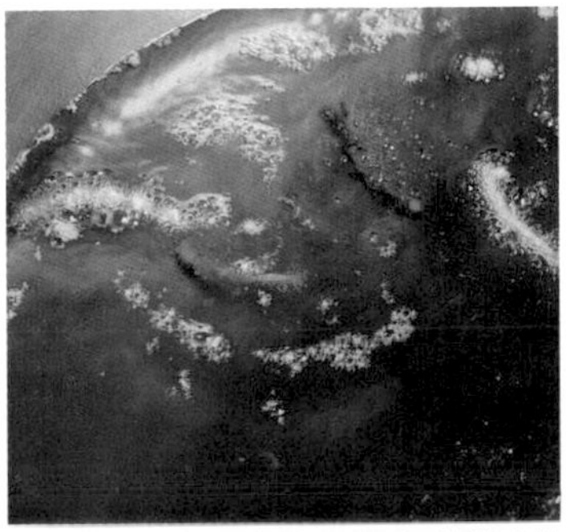

④ 將每一根依序放入 170℃的熱油當中，注意油溫若是過低會造成麵衣吸油。暫時往下沉。

⑤ 浮起後關火降低溫度。最後再點火利用高溫呈現出生氣蓬勃的自然風貌。

⑥ 放在鋪上紙的盤內瀝油。

濱防風

Glehnia littoralis

濱防風*是自然生長在海岸邊的山菜，葉片充滿光澤且帶有厚度。雖然大部分的人都知道是用來做為刺身的配菜（碇防風**），但其實濱防風也相當適合拿來做成天婦羅。

油炸後，莖會產生粘稠的甘味。另外須注意在油炸時，要避免具有特色的葉片光澤燒焦變黑。

油炸的要點

美麗的葉片上不沾麵衣，重現原本自然的顏色和形狀。為了讓莖產生甘味需仔細加熱，但葉片只要稍微油炸來保留苦味。注意避免讓葉片焦黑。

粉 只沾莖 ▼ 衣 稍稍薄 ▼ 炸 170℃

*別名珊瑚菜、北沙參。生長在海岸沙地的多年生海濱肉質草本植物。可食用或入藥。

**將濱防風的莖部尾端切十字，泡在冷水當中使其捲曲成類似船錨的形狀，用來做為生魚片的配菜之用。

油炸

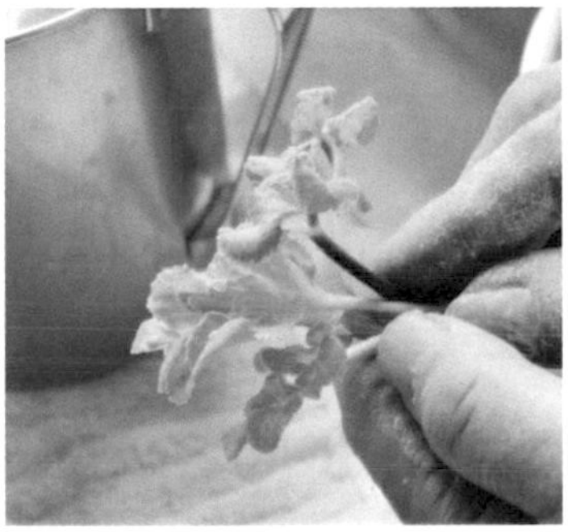

① 將4～5根集中成一束。

② 為了讓整束集中，在莖的部分沾上麵衣。

③ 以莖為中心，沾入稍稍薄的麵衣。

④ 將整束從莖的地方放入170℃的油鍋當中。

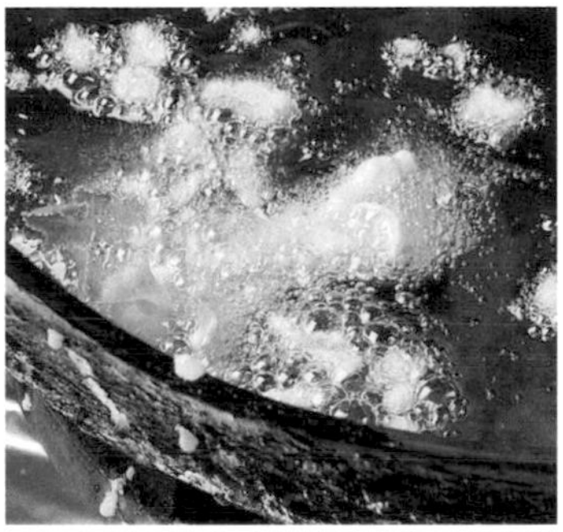

⑤ 同時冒出許多細小的氣泡，麵衣散落。撈除油炸碎屑。

⑥ 受熱不易的莖，用油炸專用筷按沉，並讓麵衣服貼附著。

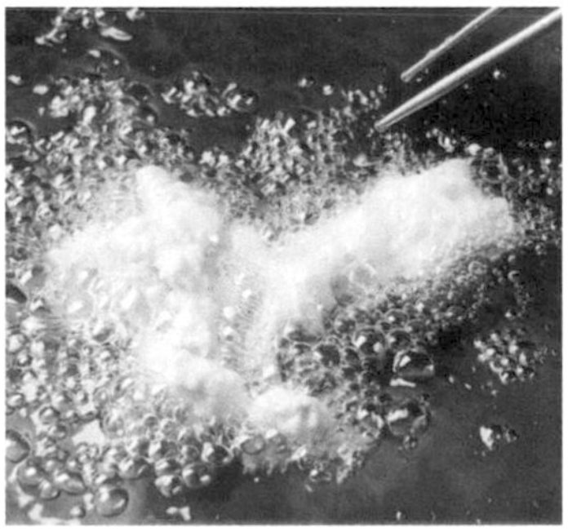

⑦ 氣泡漸趨緩和，在下側快要固定之前翻面。再次冒出許多細小的氣泡。

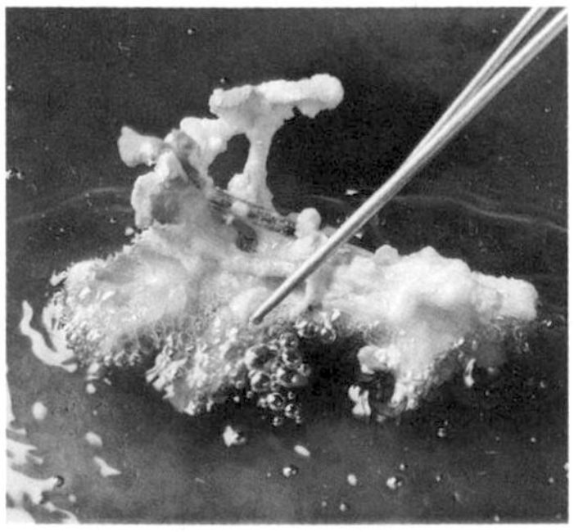

⑧ 當氣泡減少後，再次翻面。

⑨ 利用油炸專用筷試著壓沉，當莖迅速浮起時即可取出。

⑩ 取出瀝油。

蜂斗菜

Butterbur sprout

終於從早春積雪中探出頭來的蜂斗菜*。想像著蜂斗菜一半尚在雪中的姿態，不裹粉、直接沾麵衣，再次重現當時的風情。

若是不將花萼打開、直接包住花蕊油炸的話，澀味會滯留其中，顏色也會變黑。

油炸的要點

為了減少花的澀味，將花萼打開後油炸，不打開會令花變澀變黑。避免高溫，油炸出彷彿被雲覆蓋般、純白的色澤。

衣 稍薄
▼
炸 170℃

*別名毒解草、蕗、款冬、款冬蒲公英。在台灣的阿里山、奮起湖、嘉義和埔里等地也有種植，做為中藥使用。

準備工作

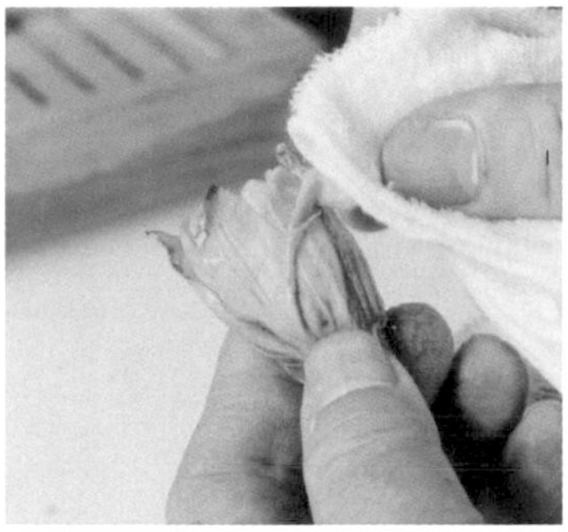

① 用濕布等，輕輕地將周圍的髒污擦落。

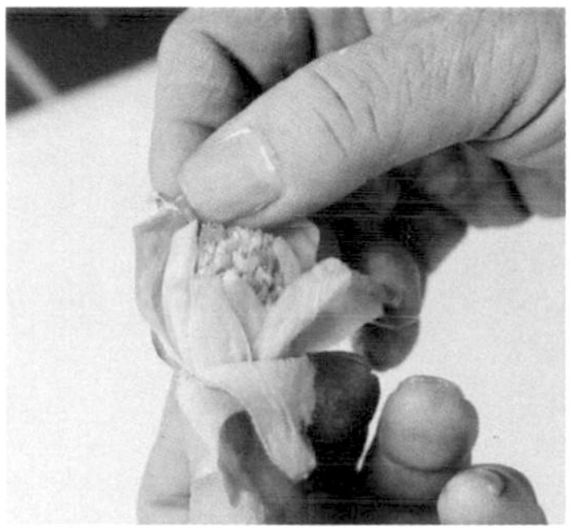

② 將花萼一枚一枚地仔細打開。注意用力過當有可能會造成折斷。保持自然的形狀輕輕打開。

油炸

① 在標準的麵衣裡加入蛋汁稀釋。

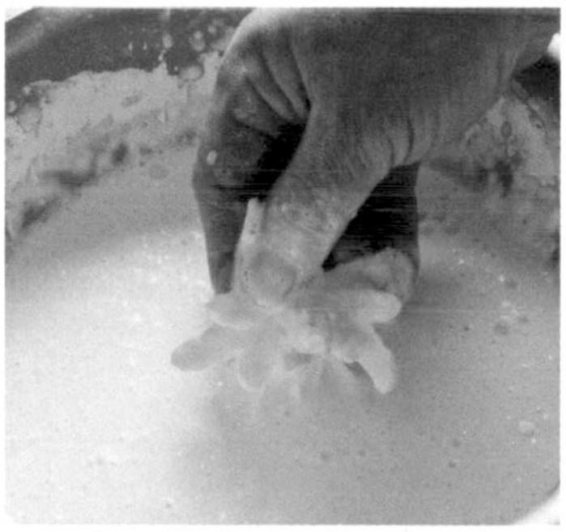

② 將蜂斗菜整顆浸到麵衣當中後，再去除多餘的麵衣。

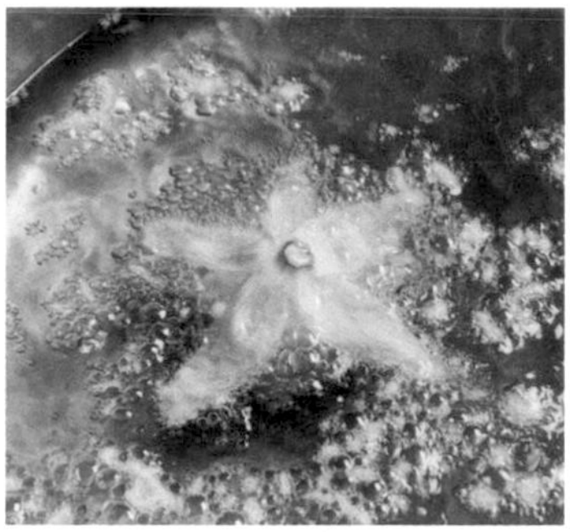

③ 將油溫調整到 170℃，花朝下，放入油鍋。

④ 由於花容易焦，因此迅速將花朝上，重複翻面表現出自然的形狀。

⑤ 過程中重複開火關火讓油溫維持在 170℃。不停地翻面油炸。

⑥ 當氣泡減少且變大後，即可起鍋。

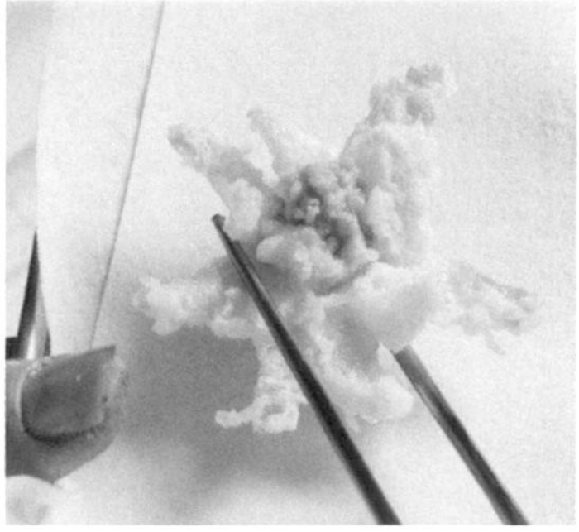

⑦ 放在鋪上紙的盤內瀝油。

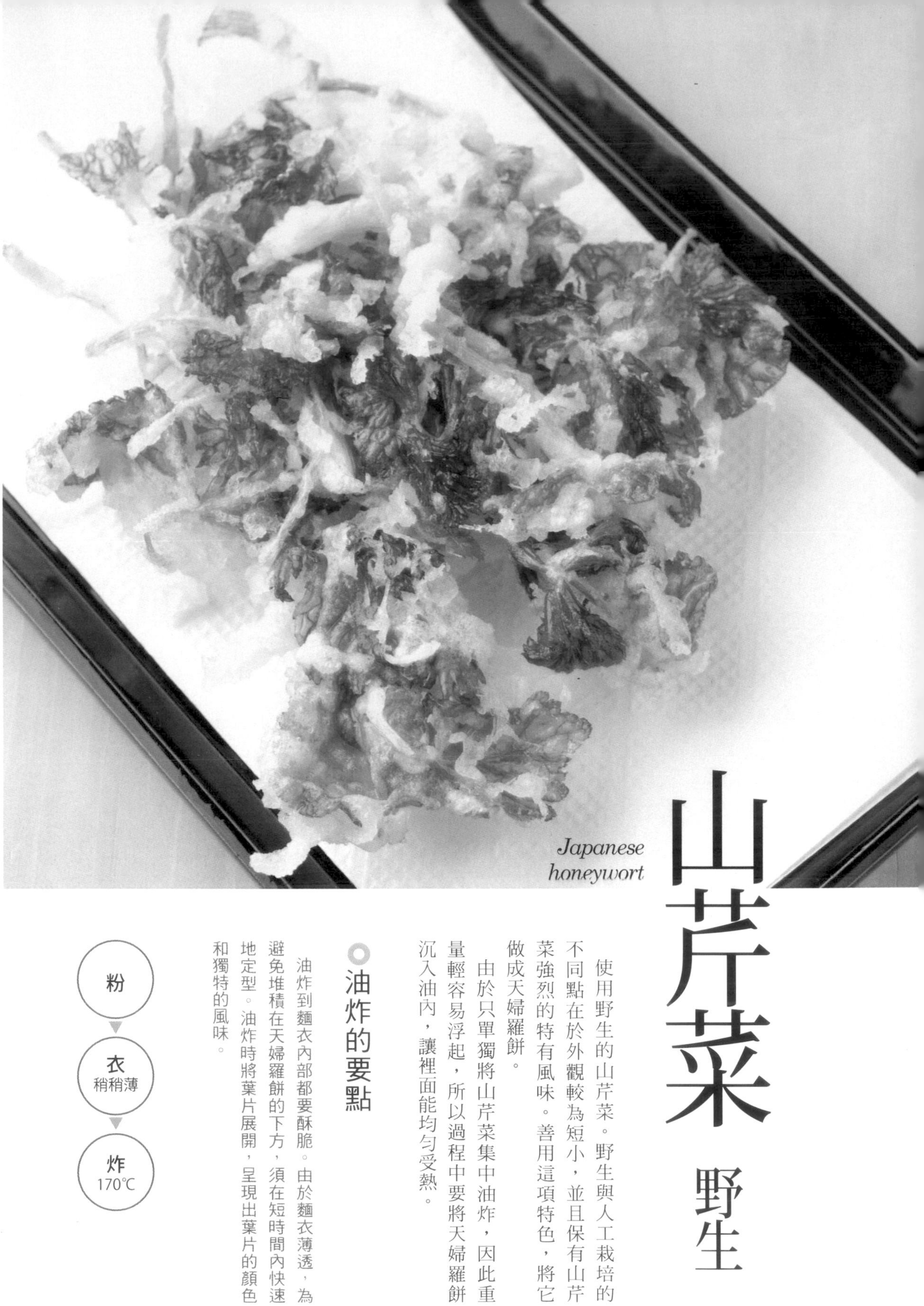

Japanese honeywort

山芹菜 野生

使用野生的山芹菜。野生與人工栽培的不同點在於外觀較為短小，並且保有山芹菜強烈的特有風味。善用這項特色，將它做成天婦羅餅。

由於只單獨將山芹菜集中油炸，因此重量輕容易浮起，所以過程中要將天婦羅餅沉入油內，讓裡面能均勻受熱。

油炸的要點

油炸到麵衣內部都要酥脆。由於麵衣薄透，為避免堆積在天婦羅餅的下方，須在短時間內快速地定型。油炸時將葉片展開，呈現出葉片的顏色和獨特的風味。

粉
▼
衣 稍稍薄
▼
炸 170℃

準備工作

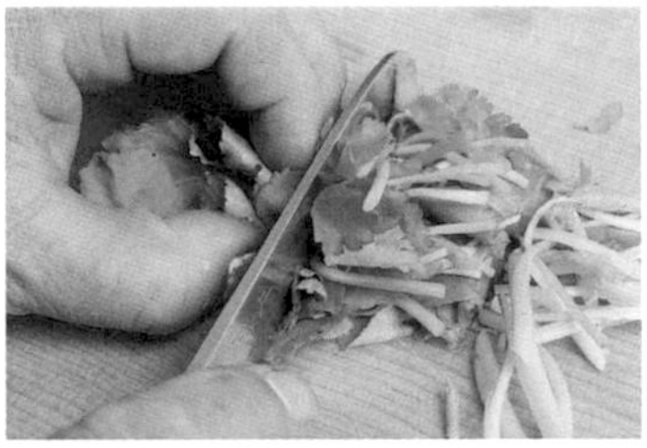

① 將山芹菜大段切成約 2 公分的長度。

② 切成一大把的山芹菜。一人份天婦羅餅的量。

油炸

① 將山芹菜和適量的麵粉放入碗內，均勻混合。

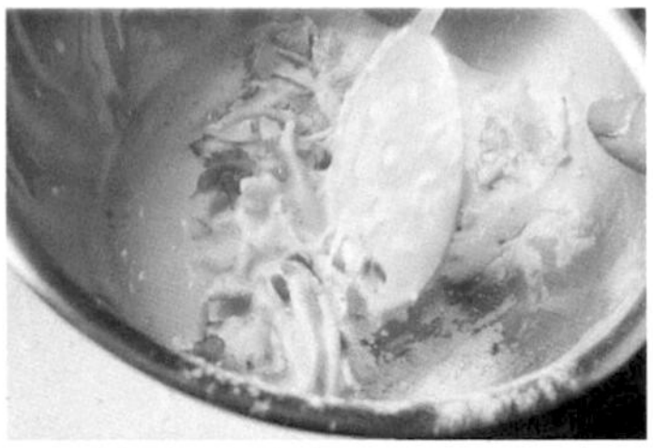

② 倒入標準的麵衣。

③ 加入蛋汁稀釋。比山獨活皮的天婦羅餅（→ 156 頁）再稍微濃一些。

④ 用漏杓撈起時，葉子上多少有一些麵衣殘留的程度即可。

⑤ 輕輕地將山芹菜放入 170℃的熱油當中。油溫過高會導致山芹菜散開。

⑥ 葉片迅速地散開，冒出許多細小的氣泡。

⑦ 將分散的葉片集中。

⑧ 當氣泡減少，山芹菜定型後即可翻面。

⑨ 翻面後立即產生氣泡，之後氣泡又漸漸變少。

⑩ 用油炸專用筷按壓天婦羅餅浸到油中 1 ～ 2 次，讓食材內部受熱。由於山芹菜重量輕容易浮起，因此這道手續相當重要。若是不按壓就這樣直接加熱到內部，會造成葉片焦黑。

⑪ 瀝油。

蝦夷立金花

Yachibuki

○油炸

春天開滿黃色花朵的蝦夷立金花*，自然生長在北海道山谷間的溪邊山菜。由於葉片如蜂斗菜（日文名：蕗）般呈圓形，因此又稱作山谷的蕗「谷地蕗」。不過大部分應該還是稱為蝦夷立金花吧。

莖相當水嫩，不似蜂斗菜那樣多纖維，並且有一種獨特的甘苦味。而這種風味和天婦羅極為搭配。使用五月中旬初產、尚還柔軟的新芽。成長過大的蝦夷立金花對天婦羅來說並不適合。

粉
▼
衣
稍薄
只沾莖・葉背
▼
炸
170℃

*生長在北海道以及本州北部，春天沿著河川等水邊和濕地綻放美麗的黃花。多做為涼拌菜食用。

○油炸的要點

為了要呈現葉片顏色，只需在背面沾入麵衣。主要是從帶有強烈香氣的葉子背面加熱，並在油炸時將葉片展開。

① 在葉片的兩面裹粉。

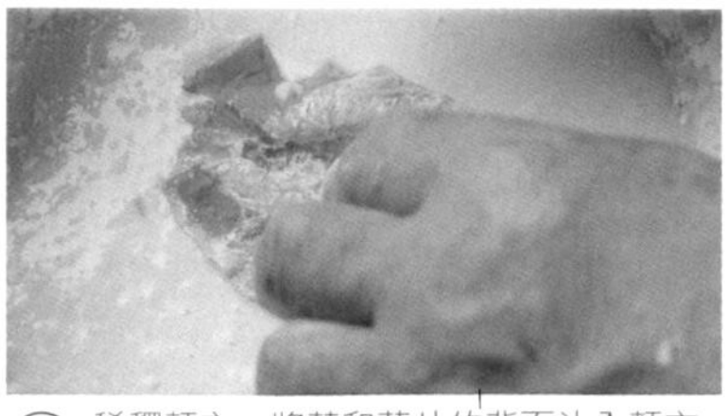

② 稀釋麵衣，將莖和葉片的背面沾入麵衣。

③ 將葉片展開，背面朝下放入170℃的熱油當中。麵衣同時散開，冒出細小的氣泡。

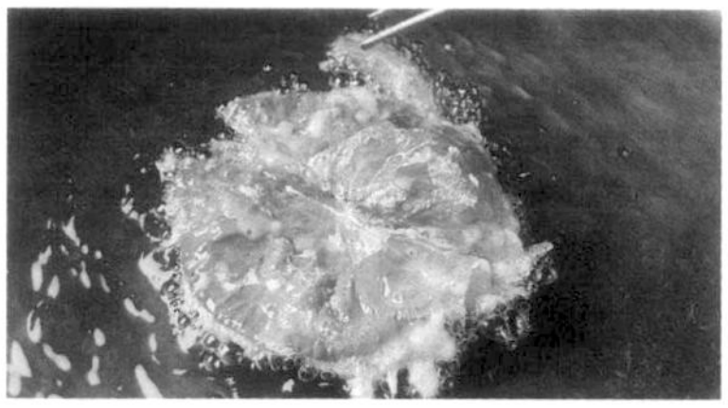

④ 當氣泡減少，背面的麵衣開始固定後，即可翻面。

⑤ 當氣泡減少到圖片上的程度時，再一次翻面。

⑥ 大約再翻面兩次油炸。

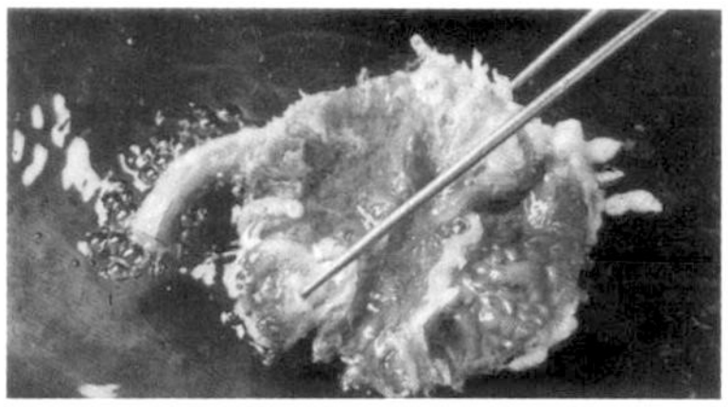

⑦ 當氣泡停止後即可起鍋。

⑧ 瀝油。

山獨活

Wild Udo

山獨活*有一種和栽培的白獨活**大相徑庭的香氣與風味。新芽柔嫩芬芳、不含苦味。同時莖軸水嫩，連表皮都帶有強烈的獨活香氣，口感清脆。

為了呈現出各自的優點，將新芽、莖軸以及表皮分開油炸後再一起擺盤，讓客人能同時享受山獨活截然不同的風味。

油炸的要點

新芽的油炸時間不可過長，要將天婦羅呈現出自然的風味。

而莖軸則需花稍微多一點時間，但要避免過度油炸。當氣泡變大後即可起鍋。

最後將表皮拿來製成天婦羅餅。把麵衣稀釋薄透帶出香氣。由於麵衣容易流到下方，因此要稍微提高油溫，讓多餘的麵衣散開。另外，在定型後，雖然在內側凝固到一定的程度時，仍須維持同樣的狀態油炸，但完全固定後再翻面，會讓天婦羅餅變得太硬。為此要算準時機，在快固定之前先翻面。

*野生的土當歸，產季為春秋兩季。可做為中藥及入菜。味道清香似芹菜，具有活血補血的功效。

**人工栽培的土當歸（獨活），也稱軟白獨活。由於在不受日照的土壤裡種植成長，因此最大的特色就是莖呈現白色。

準備工作

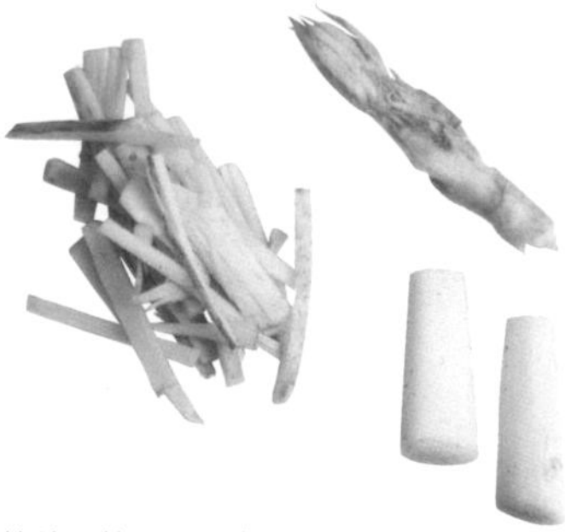

摘除分枝，已取出的嫩芽。
削去表皮的莖軸，表皮切成粗段做天婦羅餅。

「芽和軸」

粉 ▼ 衣 稍薄 ▼ 炸 170℃

「皮（天婦羅餅）」

粉 ▼ 衣 稍薄 ▼ 炸 175℃

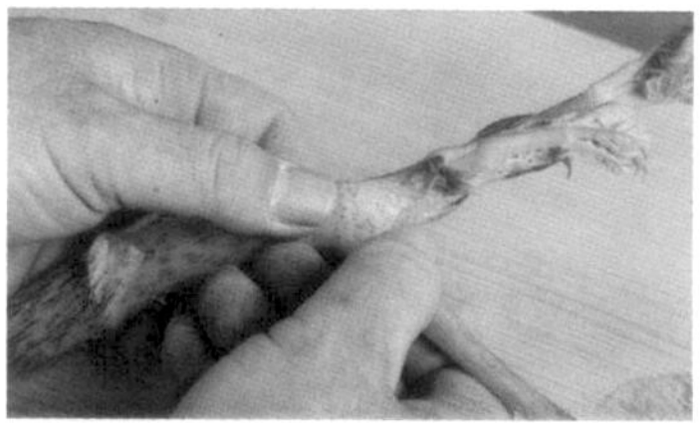

① 用手摘除分枝。

② 在手可以簡單折斷的地方對折，將嫩芽取出。

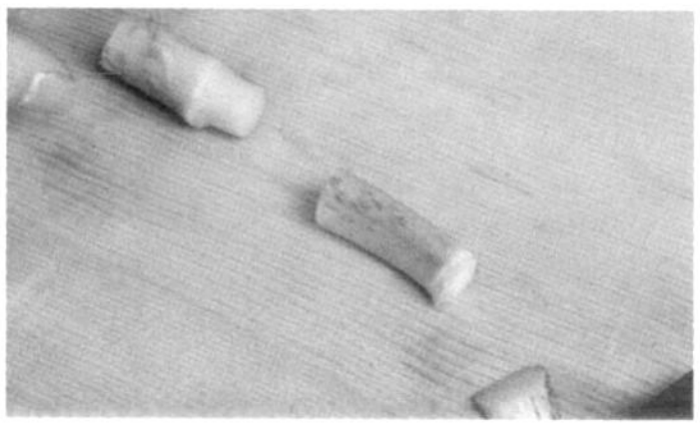

③ 將剩餘的莖軸切成等分。

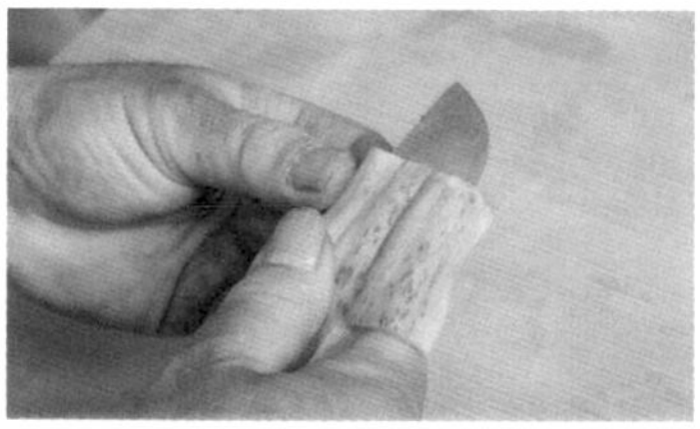

④ 表皮以削白蘿蔔皮的方式剝除。

⑤ 將皮切成粗段。

油炸／芽

① 在標準的麵衣裡加入蛋汁，調整到稍薄的濃度。

② 整根裹入薄薄的粉。

③ 全部沾入稀釋後的薄麵衣。

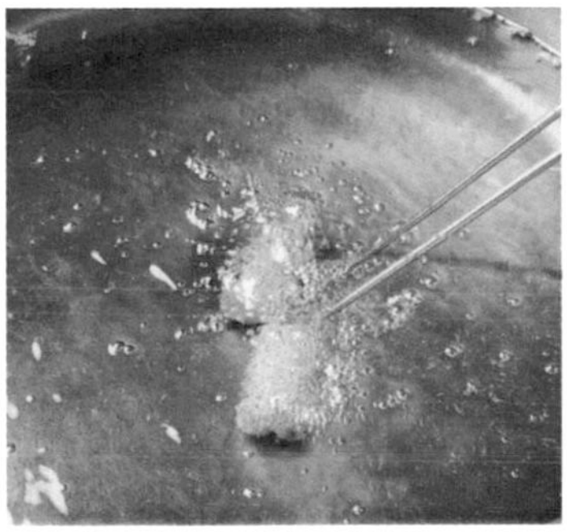

④ 為了讓全部都能受熱均勻，用油炸專用筷來回攪拌，避免食材相互沾粘。

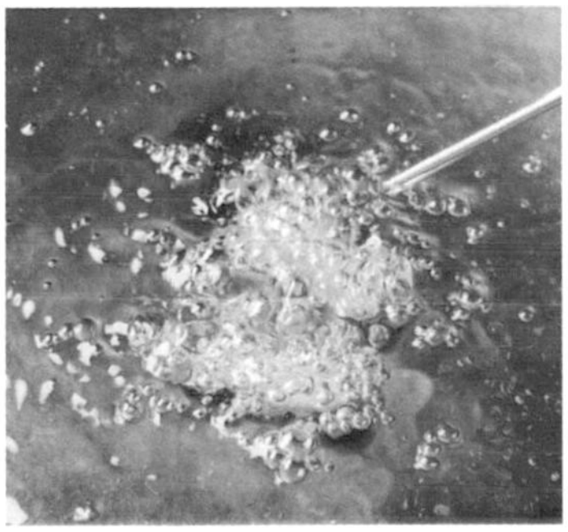

⑤ 當氣泡漸漸變大，莖軸的半邊浮起後即可起鍋。待全部浮起就已加熱過度。

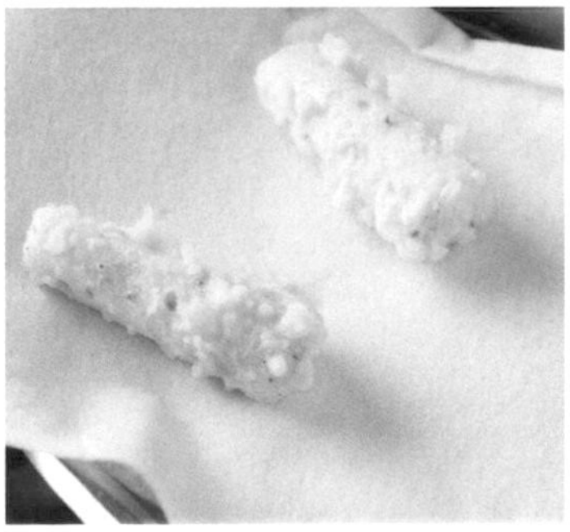

⑥ 瀝油。

油炸／莖軸

① 整根裹入薄薄的粉。

② 沾入稍薄的麵衣。

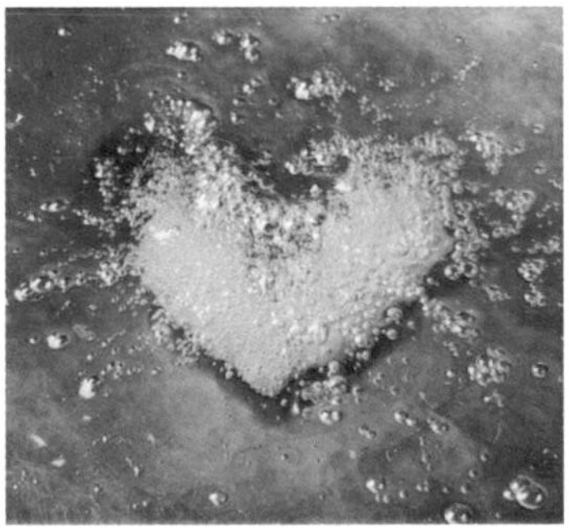

③ 放入170℃的熱油當中。一開始整根往下沉。

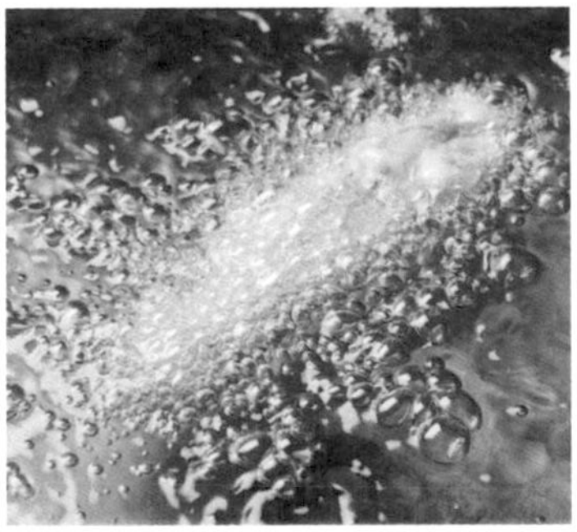

④ 放入170℃的熱油當中。一開始冒出許多細小的氣泡。

⑤ 不停翻面。

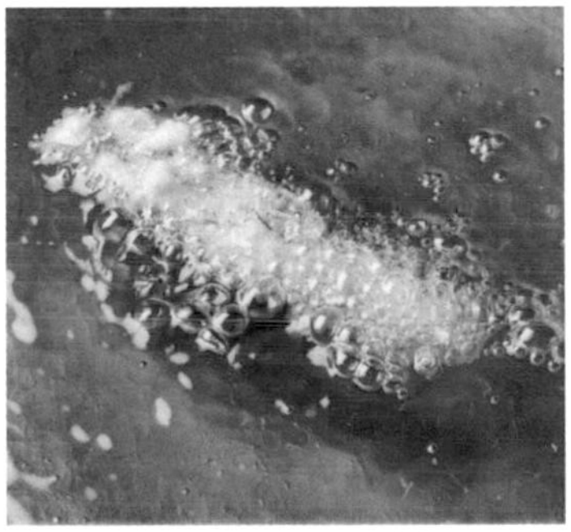

⑥ 當氣泡變大減少時即可起鍋。

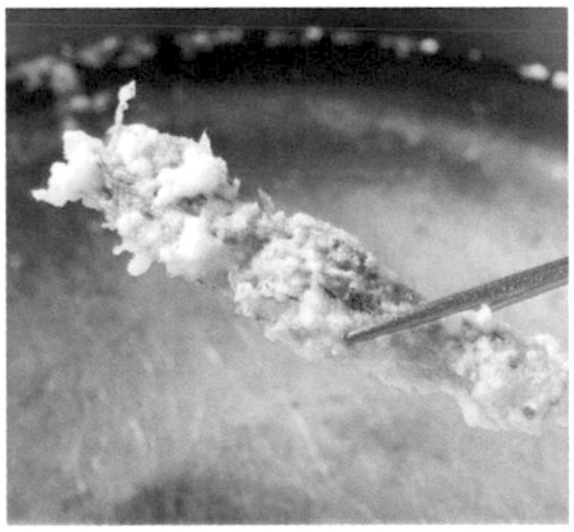

⑦ 瀝油。

① 將皮倒入碗內，裹上適量的麵粉。避免遺漏，大致到全部布滿的程度即可。

② 倒入麵衣，以蛋汁稀釋。

③ 須薄透到用漏杓撈起時，表皮幾乎沒有麵衣殘留的程度。

④ 放入175℃的熱油當中。麵衣和獨活的皮迅速散開，同時冒出許多細小的氣泡。

⑤ 將分散的獨活表皮集中。適時地撈除油炸碎屑。

⑥ 在下側固定之前翻面。完全固定後麵衣會變得過硬。

⑦ 當氣泡大約減少到如圖片上的程度時，再次翻面。

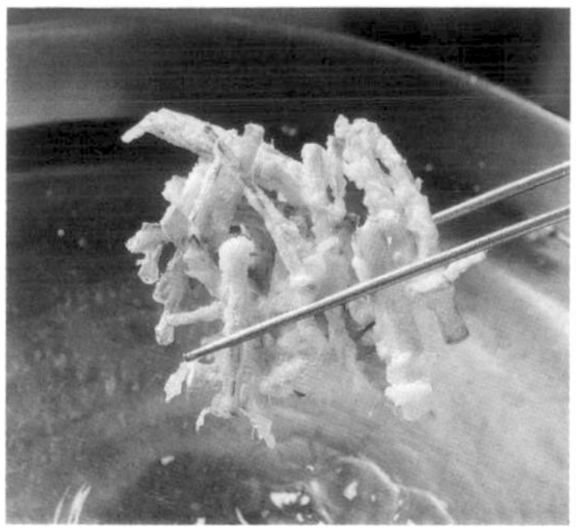

⑧ 再次翻面。

⑨ 當氣泡變大且減少後即可起鍋。

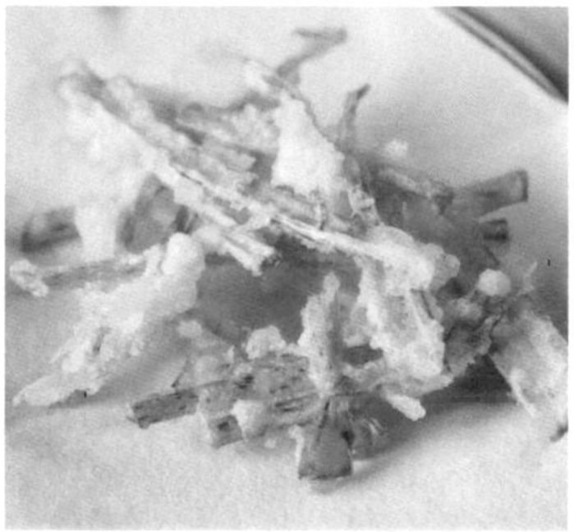

⑩ 瀝油。

雪笹

Yukizasa

粉
根底・莖中心
▼
衣
稍薄
▼
炸
170°C

雪笹*同時也是一種藥用植物。另稱為山麋子或鹿藥。葉形似竹葉，上頭長著的白花，如同雪的結晶般惹人憐愛。通常都是食用其嫩芽。雖然外觀與行者蒜相似，但不含其特殊的味道，因此拿來製成天婦羅，藉以享受那種說不出來的甘甜和粘滑口感。水分含量也與行者蒜大致相同，所以油炸方式幾乎一樣。加熱程度需配合葉片來呈現新芽的美麗色澤。北海道產。

油炸的要點

避免燒焦，油炸出葉片的鮮綠。另外，為了帶出香氣，油炸的時間要短。同時須注意不要讓嫩芽前端完全打開，防止香氣流失。

*百合科，多年草本植物。中文別名山麋子、鹿藥。5、6月左右會長出許多白色小花和紅色果實。

油炸

① 以根的底部和莖為中心裹粉。葉片則是不裹全部，大約一半即可。

② 將整株沾入薄麵衣。

③ 快速滑入170℃的熱油當中。

④ 最初冒出許多細小的氣泡。撈除油炸碎屑。

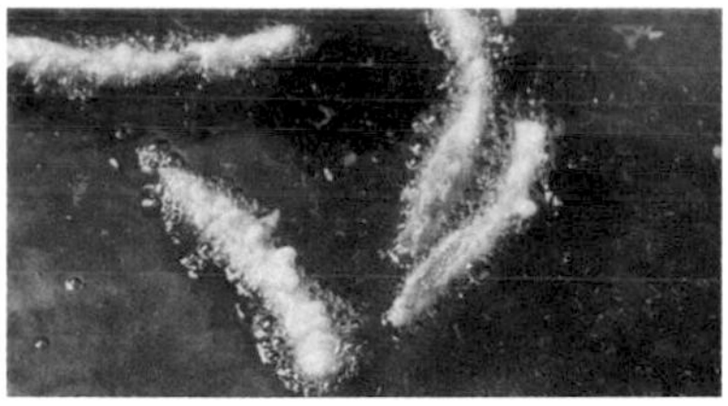

⑤ 氣泡漸漸變大減少。當整株浮起，葉片油炸到恰到好處時即可起鍋。

⑥ 瀝油。

木通

Akebi

將木通*帶甜的種籽部分挖除，保留鬆軟表皮本身的甘苦，藉此享受這道天婦羅食材獨有的風味。雖然切片後斷面內所含的澀味元素會使其立即變色，但經過油炸這道手續後，便能轉化成天婦羅特有的甘甜。

儘管木通帶有秋天的印象，這裡仍是將它做為夏天初產的天婦羅食材使用。

即使高溫油炸，其獨特的紫色也不見退去，完成後的天婦羅依舊鮮豔美麗。

油炸的要點

麵衣和木通的口感要相互搭配，在油炸時呈現出一體感。為保留表皮的鬆軟，首先放入高溫的油（180℃）內，待麵衣固定後，立即將火調弱降低油溫（170℃）。同時欲保留香氣需以較短的時間油炸。

粉
▼
衣 稍薄
▼
炸 180℃→170℃

*別名和歡果。橢圓形果實，秋天收成，果肉甘甜可生食。嫩芽和葉子可炒食或煮茶飲用。做成中藥則能消炎利尿活血。

準備工作

處理完成的木通。由於切開後會立即變色，因此要油炸時再切。

① 沿著木通側面的縱線入刀對半切。

② 湯匙從種籽周圍插入。

③ 把種籽挖除乾淨。

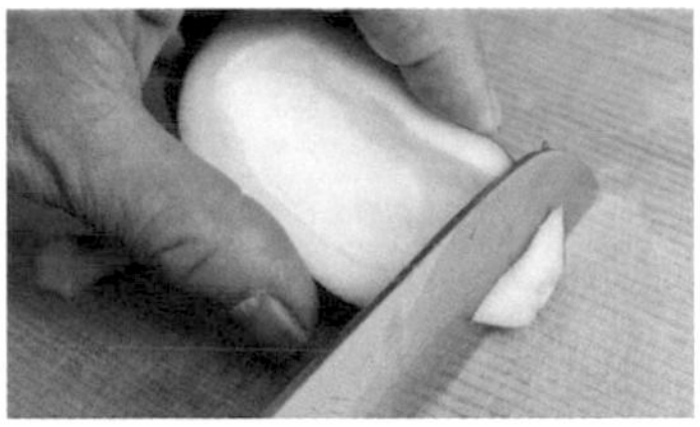

④ 將蒂頭切除。

⑤ 再切成三等分。

油炸

① 全部裹粉。

② 沾入稍薄的麵衣。

③ 紫色的表皮朝上，放入180℃的熱油當中，讓麵衣凝固包覆木通。固定後立即將油溫調降到170℃。

④ 由於瓜瓤是容易朝上的形狀，因此要適時地翻面油炸。一開始冒出許多細小的氣泡。

⑤ 當氣泡減少後即可起鍋。

⑥ 瀝油。

秋葵

Okra

從五月到八月左右是秋葵的盛產時期。市面上常見的大型秋葵，通常肉質硬且種籽大。而4公分左右的小秋葵則相當柔軟，非常適合做為整根食用的天婦羅。

利用稍稍薄的麵衣來呈現出美麗的鮮綠色澤。但需注意若是過薄，會讓秋葵的香氣流失，因此要拿捏好比例。建議一人份兩根。

油炸的要點

需油炸地恰到好處。加熱時避免帶走肉質本身的粘滑感，同時要油炸出鮮豔的色澤。

粉
▼
衣 稍稍薄
▼
炸 180℃

準備工作

處理完成的秋葵。

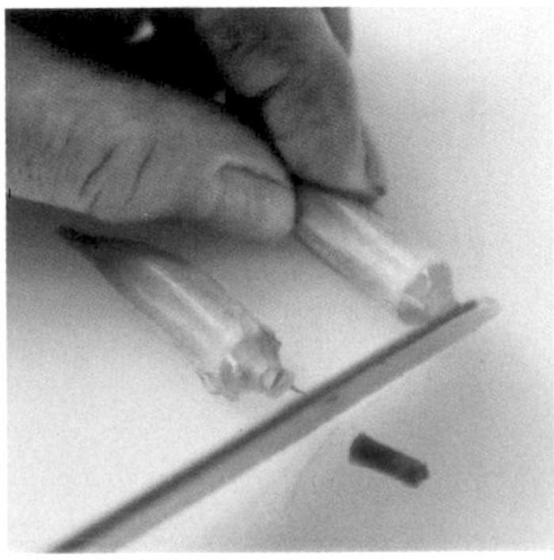

① 將蒂頭切齊。

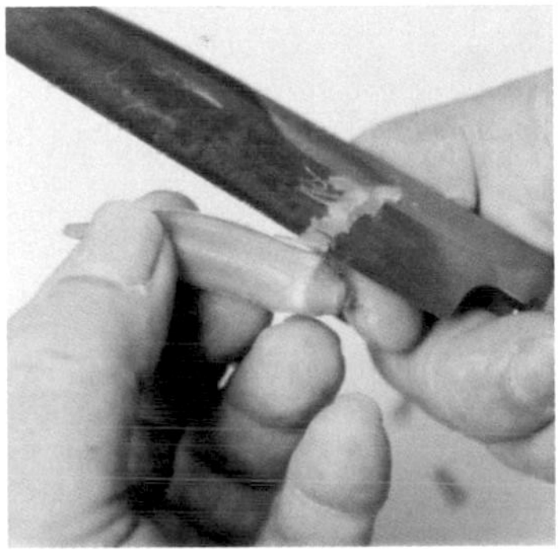

② 將蒂頭的連結根部周圍以旋轉的方式削除。

油炸

① 裹粉後拍除多餘的粉，沾入稍稍薄的麵衣。麵衣過薄會讓香氣消失。

② 將秋葵放入 180℃的油鍋當中。冒出大量的氣泡，撈除油炸碎屑。

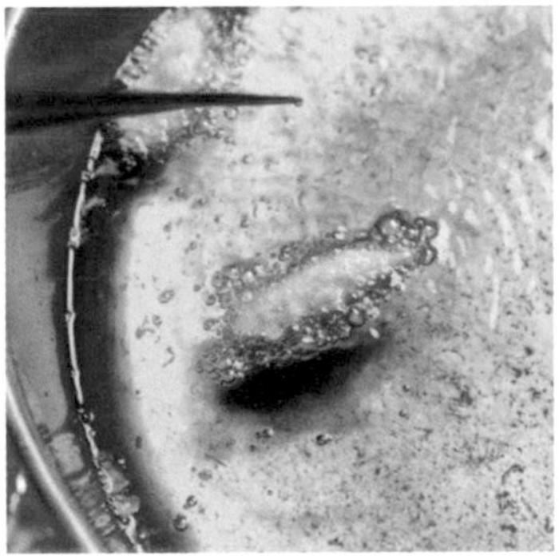

③ 邊轉動秋葵邊油炸。當氣泡減緩到圖片般的程度，同時秋葵也浮起後即可起鍋。

④ 瀝油。麵衣彷彿未上色般，油炸出白色的色澤。

秋葵花

Okra flower

說到秋葵，通常都是食用在夏季成熟的綠色果實。但其實在六月中旬，黃色花朵的蓓蕾就稍微早先一步上市。和果實一樣，花朵也帶有稠糊的粘滑感。

花朵如檸檬般的黃色，在加熱後更為鮮亮出色。由於花瓣薄，油炸時間過長會讓花枯萎，因此要留意避免錯失起鍋的時機。祕訣就在保留當中的水分油炸。

油炸的要點

為了呈現出花的粘滑感和苦味，利用約20秒的時間快速油炸，注意避免花瓣焦黑。

粉
▼
衣
稍薄
▼
炸
170℃

準備工作

處理完成的秋葵花。

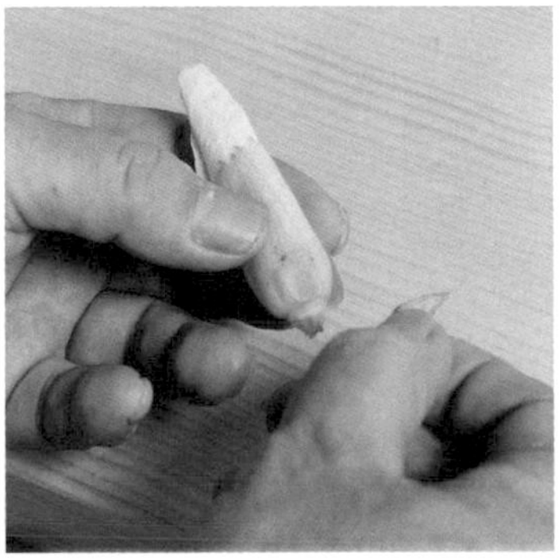

① 注意避免破壞花瓣，用手拿著秋葵花轉動剝去花萼。

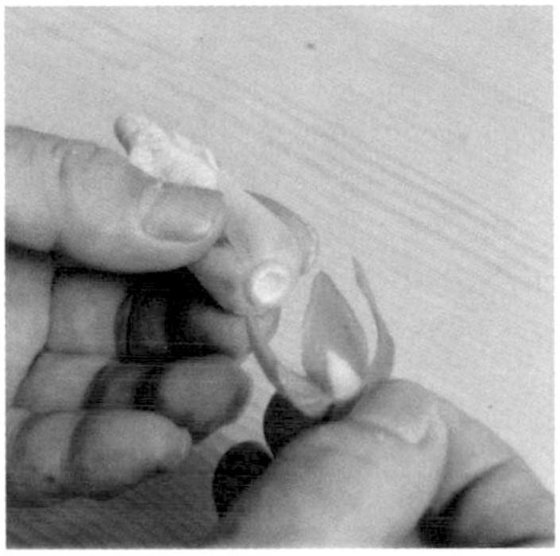

② 圖片是反例。花萼連同蒂頭全部剝除會產生小洞，在油炸時就會讓油流入其中。

油炸

① 將秋葵的花蕊裹粉。

② 將整株花蕊浸到稍薄的麵衣當中。

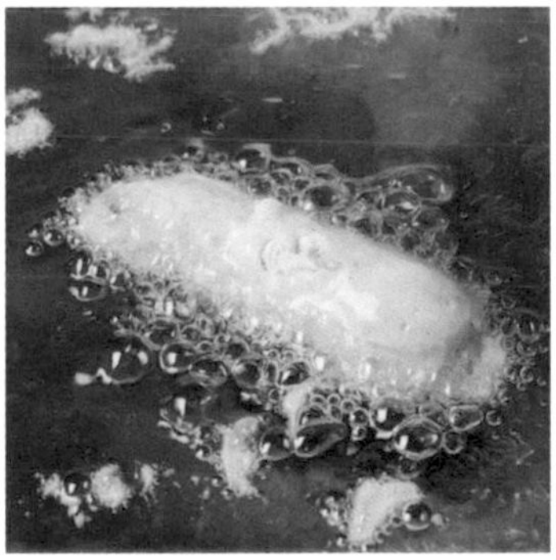

③ 去除多餘的麵衣，放入170℃的油鍋內。

④ 快速翻面。由於是容易轉動的形狀，當麵衣固定後會較難翻面。翻面數次。

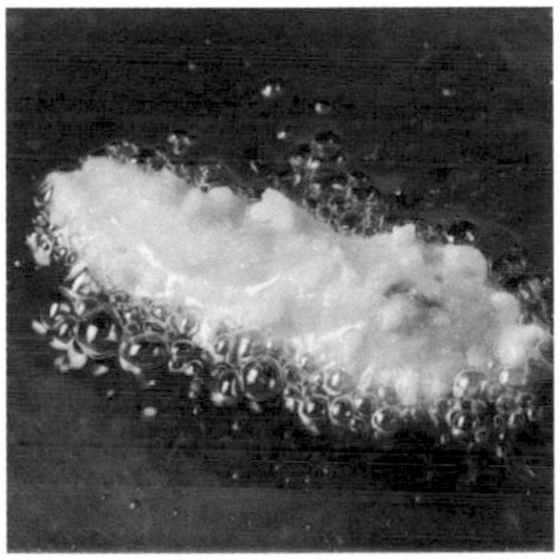

⑤ 氣泡變少。用花瓣的顏色來判斷受熱的程度，當黃色變得更鮮豔時即可取出。需注意如果再繼續油炸會導致花瓣枯萎。

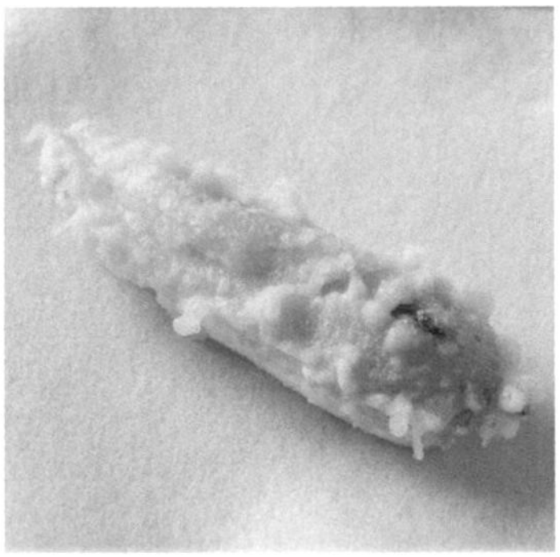

⑥ 瀝油。

南瓜 *Kabocha pumpkin*

這裡使用的南瓜產自北海道日高的里平。據說北海道晝夜的溫差，能孕育出南瓜特有的甘甜和鬆軟。多是在八月二十日左右至九月間進貨，分量越重，就代表果肉越多越甘甜。

收成大約過了十日，當蒂頭枯萎水分適度蒸發後，油炸起來更顯鬆軟。但十月二十日後，這份鬆軟口感則會漸漸地消失。

為了讓客人能品嚐到南瓜這樣的口感，大塊切成一人四分之一塊。並且主要是利用餘熱悶熟，因此使用直徑約15～16公分的小顆南瓜。

同時為了享用美味的外皮而將它保留不削除，但若是經過長時間油炸，皮容易因加熱變硬。所以在外皮的部分也沾上麵衣，讓客人能在加熱後品嚐到南瓜皮與果肉呈現的一體感。出菜時為了方便食用再將皮的麵衣剝去。妥善地利用外皮相當重要，保留外皮，才能鎖住甘甜。

油炸的要點

放入鍋內約二十分鐘仔細地油炸，取出後再利用餘熱悶熟。

粉
▼
衣
稍稍濃
▼
炸
180℃→170℃

整齊切成四等份的南瓜。

① 用菜刀的尖端從蒂頭的附近入刀切下。

② 切到下側瓜臍的部分。

③ 只切開要使用的部分。與①相同的要領，另一刀從蒂頭切到瓜臍。

④ 從蒂頭這邊入刀、切開。

⑤ 一人份使用四分之一個。

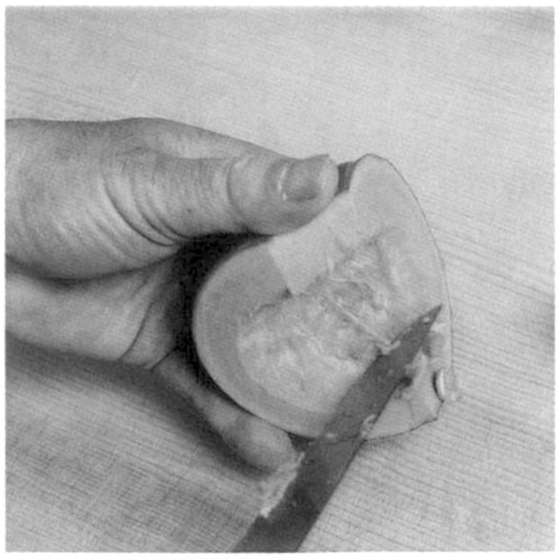

⑥ 用菜刀將裡面的種籽和纖維清除，切掉瓜臍。

⑦ 為了受熱均勻，讓南瓜的形狀對稱，將上下切齊。

① 裹粉。

② 沾入調整到稍稍濃的麵衣。

③ 表皮朝下放入 180℃的熱油當中。麵衣頓時散開冒出大量細小的氣泡。

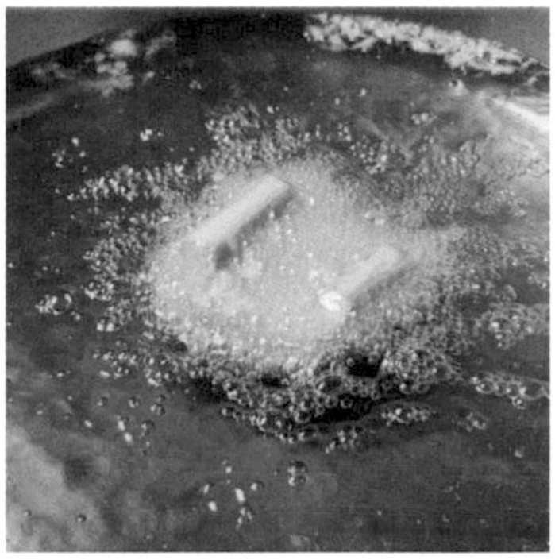

④ 當氣泡稍微變大減少，麵衣固定後即可翻面。之後將溫度維持在 170℃左右加熱。

⑤ 翻面後的南瓜。之後重複翻面持續再加熱大約二十分鐘。由於外皮較硬，須花時間油炸。

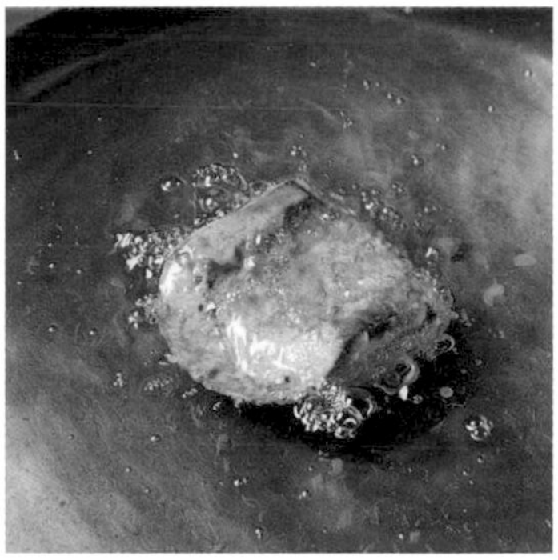

⑥ 當氣泡幾乎停止時即可起鍋。

⑦ 以紙巾包住，利用餘熱加熱 5 分鐘。

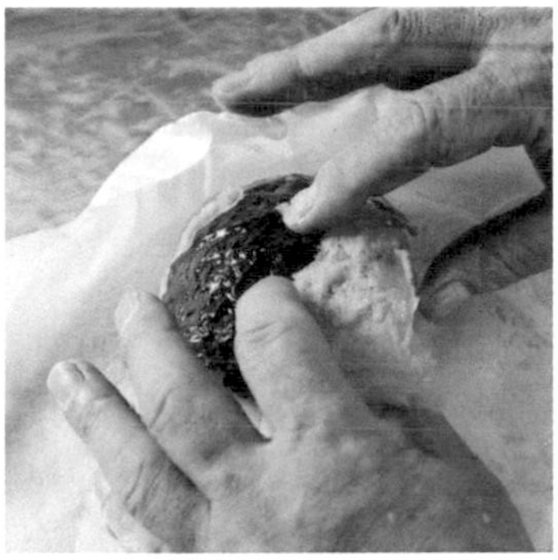

⑧ 由於保護外皮的皮側麵衣在食用時容易造成不便，因此將它剝除。

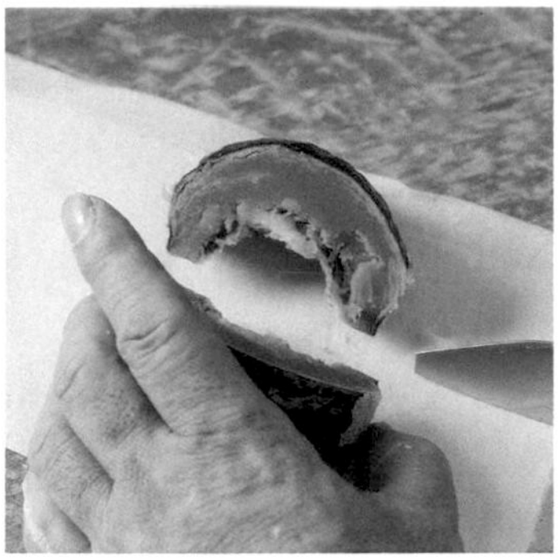

⑨ 用菜刀對半切。

圓茄

Kamo eggplant

京野菜的代表之一，上賀茂產的圓形茄子。由於皮薄多汁，因此相當適合拿來製成天婦羅。挑選表皮鮮嫩飽滿、果肉具有分量感的為佳。

切成大塊保留當中的水分，利用水蒸的原理來油炸，藉以享受一口咬下，茄子內滲出熱湯汁的口感。

油溫過低，會造成熱油滲入茄子當中，同時讓水分蒸發。但若是油溫過高，即使外表已上色，當中的蕊心仍還未熟透，因此，對於油溫需多加注意。

圓茄建議沾生醬油享用。

油炸的要點

保留切成大塊茄子的水分，提高當中的水溫利用蒸氣加熱。為此須反覆開火關火來維持在適當的油溫。

油炸完成後稍微靜置，待當中水分穩定。

粉
▼
衣 稍薄
▼
炸 175～180℃

準備工作

處理完成的圓茄。一人份為四分之一個。

① 將頭尾切平。

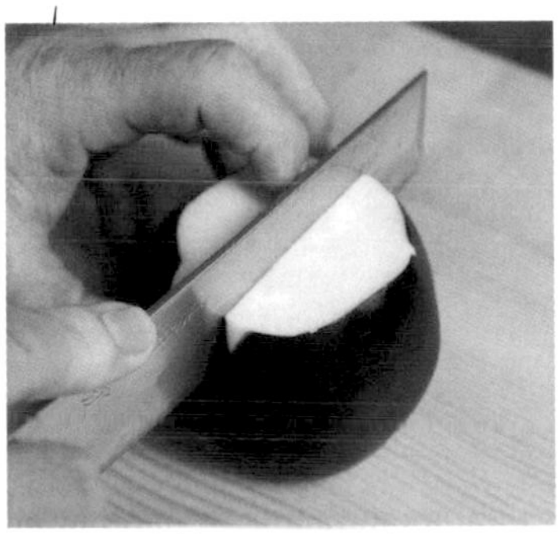

② 從縱向對切。

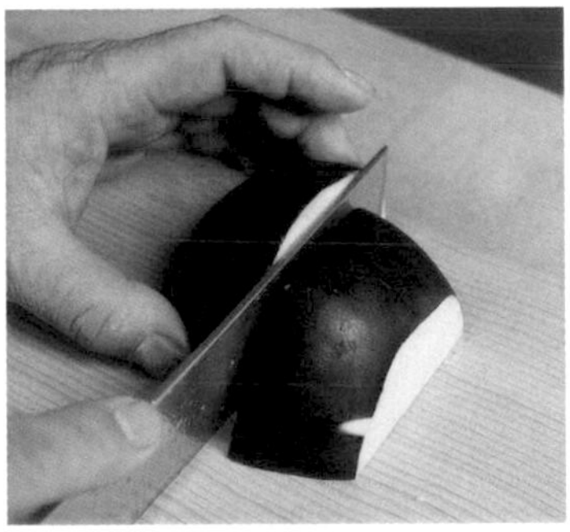

③ 再對切。由於容易變色之故，到要下鍋前再切。

油炸

① 將整塊裹粉。

② 沾入稍薄的麵衣。

③ 避免切口燒焦，將皮的部分朝下放入175℃～180℃的油鍋內。同時冒出許多細小的氣泡。

④ 當皮側的麵衣固定後即可翻面。為了保持在適溫，需重複開火、關火。

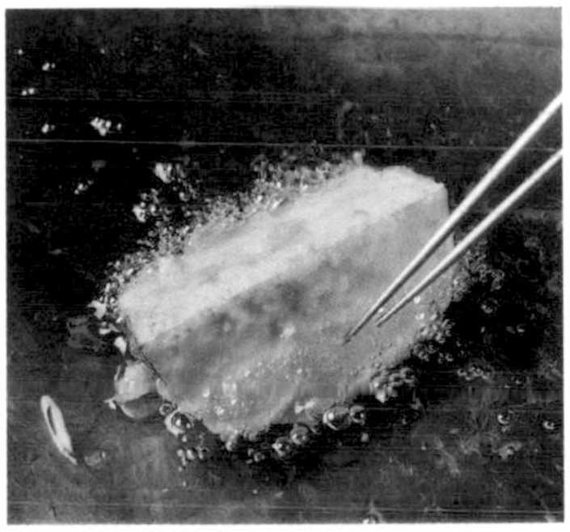

⑤ 重複翻面，讓整塊茄子能均勻受熱。當稍微上色，氣泡減少後即可起鍋。

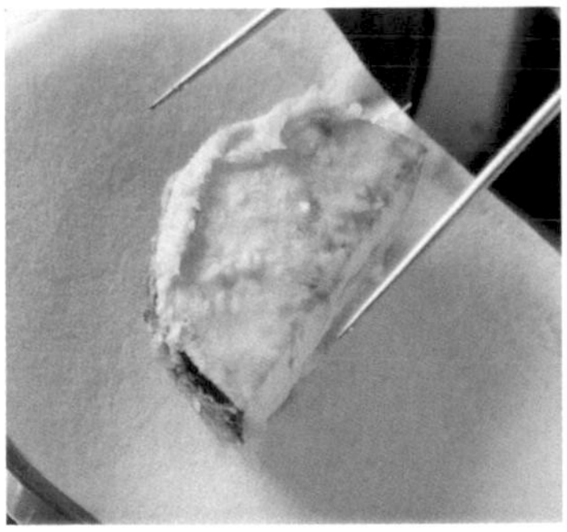

⑥ 取出瀝油。

銀杏 新銀杏

Ginkgo nut

與秋天的銀杏風味稍有不同的新銀杏。從七月中旬到整個八月都能盡情品嚐。外表鮮綠、果實柔軟，口感也相當清脆多汁。由於外皮和內皮還尚未成熟、並富含水分之故，因此十分軟嫩。

為呈現出漂亮的鮮綠，不沾麵衣直接油炸。

新銀杏雖然內含較少銀杏特有的香氣，但反而提高對銀杏挑食之人的接受度。加熱後的祖母綠顏色，有一種無法言喻的美。

油炸的要點

利用短時間快速油炸，藉以保留新銀杏清脆的口感。將銀杏裝入濾油杓浮在油的中間，讓全體能均勻受熱、漂亮地上色。

炸
170～175℃

準備工作

去殼，一人份的新銀杏。

① 利用專門撬開銀杏的工具，從外殼接縫處夾碎。

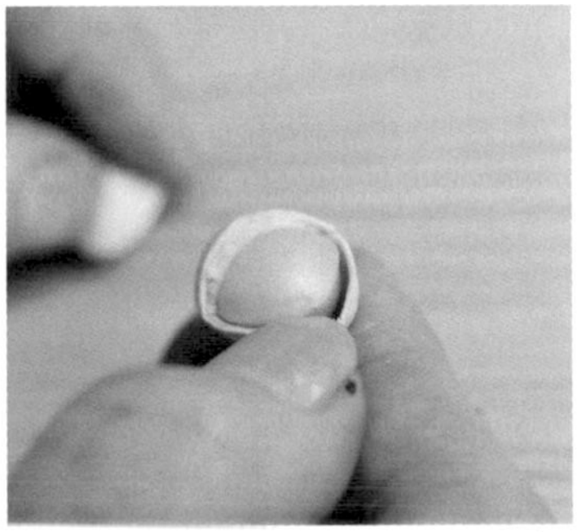
② 剝去外皮和內皮。由於還很柔軟，可同時剝除。

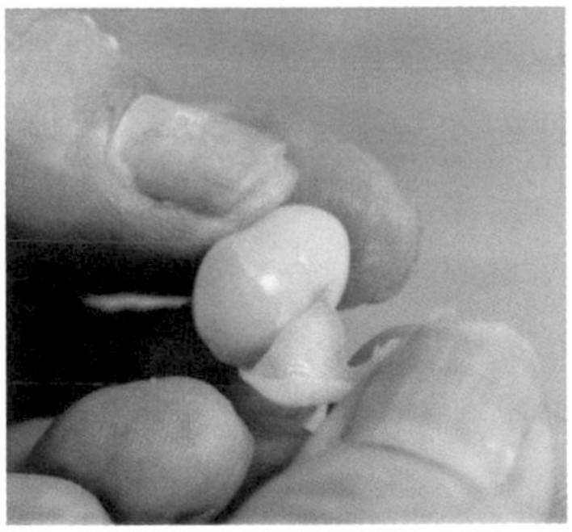
③ 將剩餘的內皮清除乾淨。

油炸

① 將銀杏裝在濾油杓內，直接放入170℃～175℃的熱油當中。

② 晃動濾杓讓銀杏滾動，幫助全體均勻受熱。

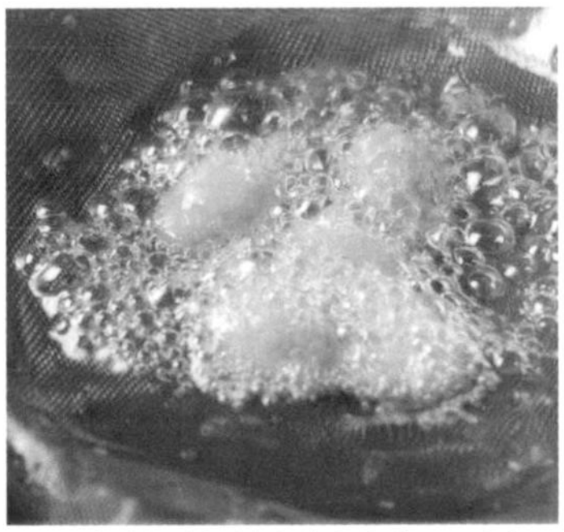
③ 當轉變成鮮豔的綠色之後即可起鍋。

④ 瀝油。

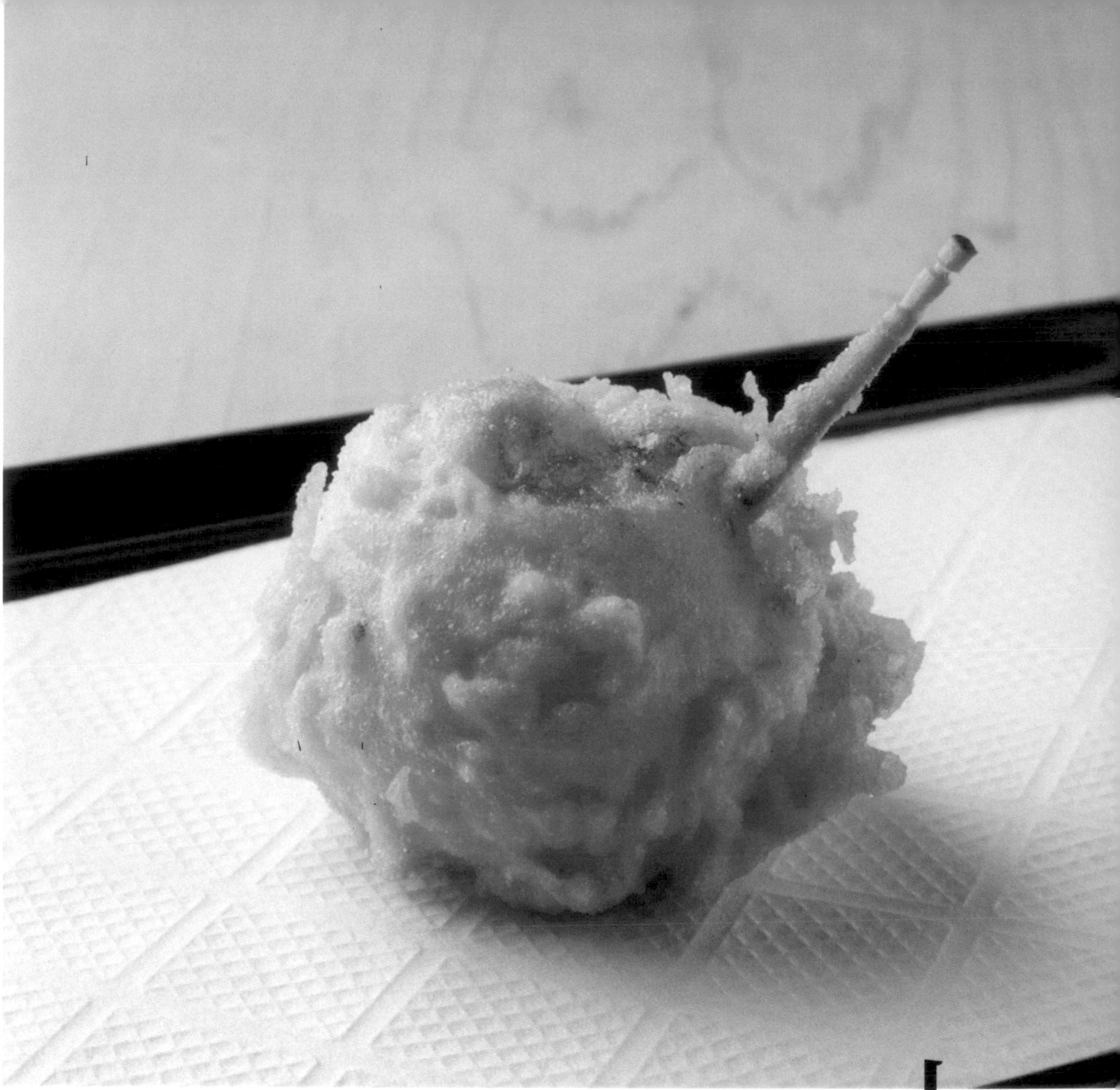

小洋蔥

Small onion

以洋蔥和珍珠洋蔥混種而成、口感柔軟的小洋蔥。五～六月左右是使用愛知產、到了秋天則是夕張產的問世。本身富含的水分和甘甜是最大的特色。

考慮到拿取和食用時的方便性，插入竹籤後油炸。並且由於光滑的球狀外型讓麵衣附著不易，因此分成兩次沾入麵衣。外層麵衣若是包覆緊實，洋蔥就能避免焦黑而形成類似蒸烤的狀態，變得更加甘甜。

油炸的要點

油炸到中心約八～九分熟的程度，保留些微生食的辛辣口感。藉由辛辣來帶出更多的甘甜味。

衣（稍稍濃）
▼
粉
▼
衣（稍稍濃）
▼
炸（170～175℃）

準備工作

① 將小洋蔥的頭尾切除。

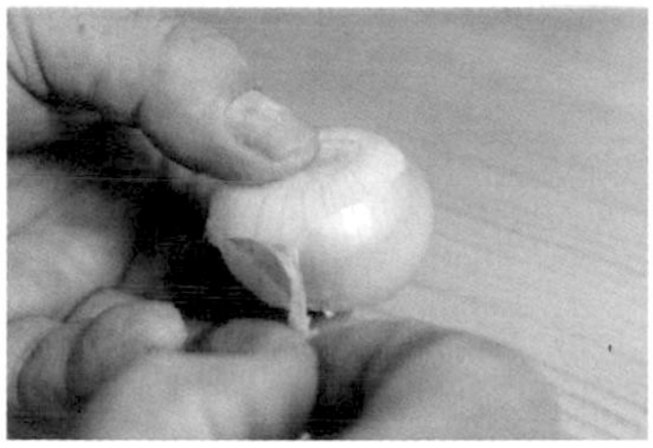

② 剝去表皮。

③ 竹籤朝小洋蔥的中心斜斜插入。

油炸

① 握住竹籤沾入稍稍濃的麵衣。

② 整顆裹粉。

③ 再次沾入相同的麵衣。

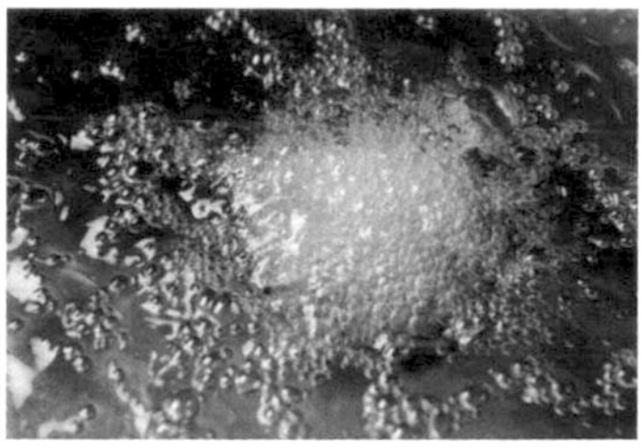

④ 放進 170℃～ 175℃的熱油當中。冒出大量細小的氣泡。

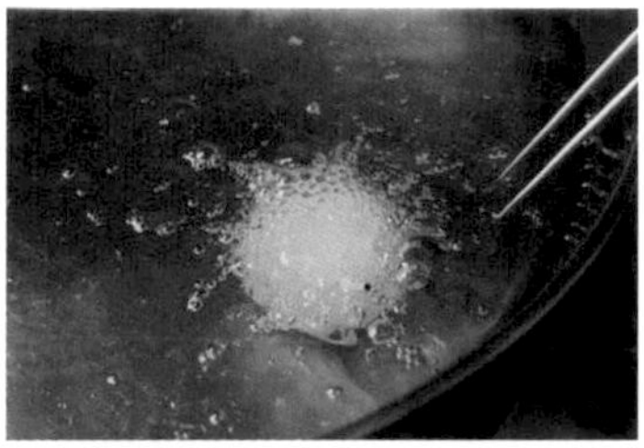

⑤ 暫時下沉。

⑥ 根部浮起時，就能目測大約五分熟。

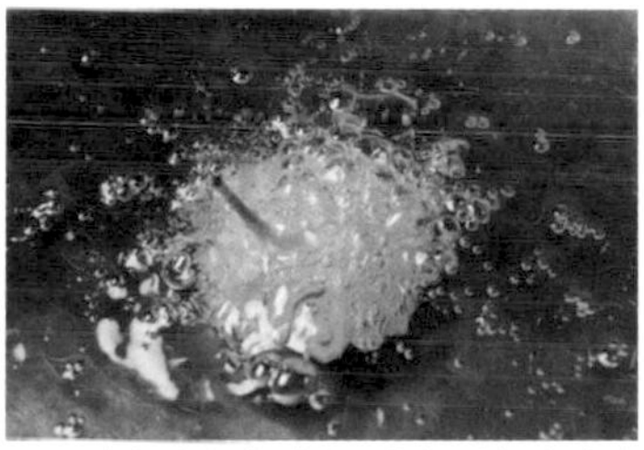

⑦ 當氣泡變大減少，全部浮起後（約七～八分熟）取出。

⑧ 呈現淡淡的油炸色澤。瀝油，暫時靜置，利用餘熱適度地加熱。

四季豆

Young kidney bean

四季豆要挑選柔軟還未成熟、表面有彈性富張力的嫩四季豆為佳。長度相同的細小四季豆較適合拿來製成天婦羅餅。麵衣盡可能薄透，利用油炸來品嚐四季豆原本的香氣和甘甜。

油炸的要點

油溫過低會導致麵衣軟爛，因此用適度的高溫加熱到七~八分熟，藉此保留口感和香氣。

粉
▼
衣 薄
▼
炸 175～180℃

準備工作

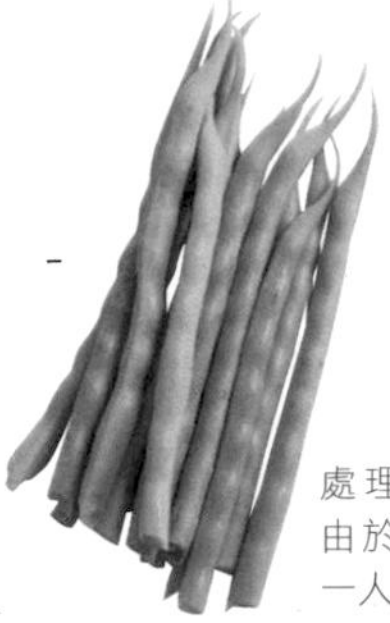

處理完成的四季豆。由於形狀細小，因此一人份約 17 ～ 18 根。

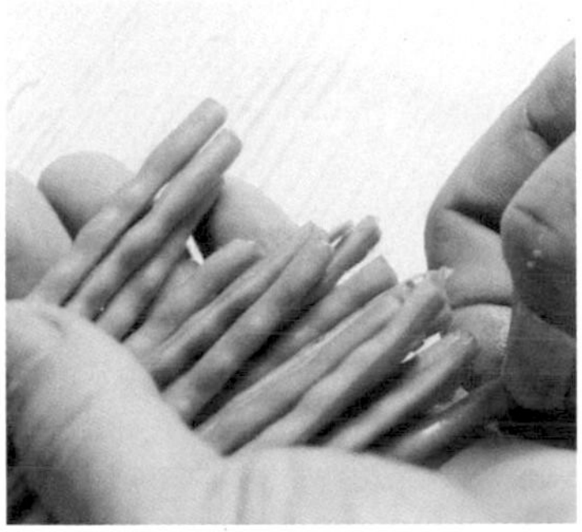

① 放在手掌集中，用手指折去蒂頭。

② 仔細確認是否還有蒂頭殘留。

油炸

① 將四季豆裝入碗內，灑粉裹勻。

② 再倒入蛋汁充分混和。

③ 將麵衣稀釋到可立即滴落的程度。

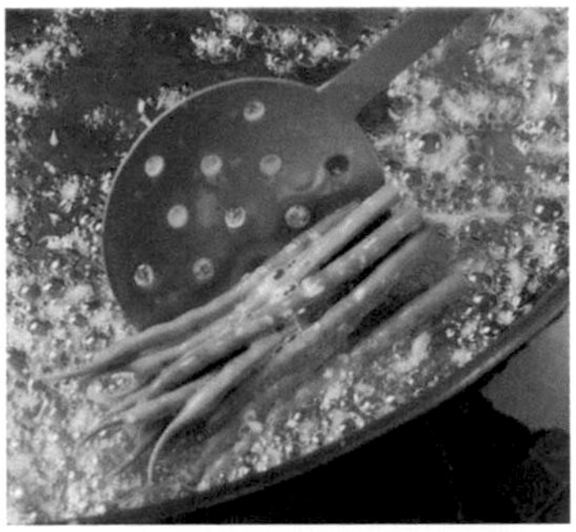

④ 利用漏杓沿著鍋邊將四季豆輕輕地放入 175 ～ 180℃的熱油當中。

⑤ 一開始產生許多細小的氣泡。

⑥ 當氣泡漸漸變大減少後，即可起鍋。

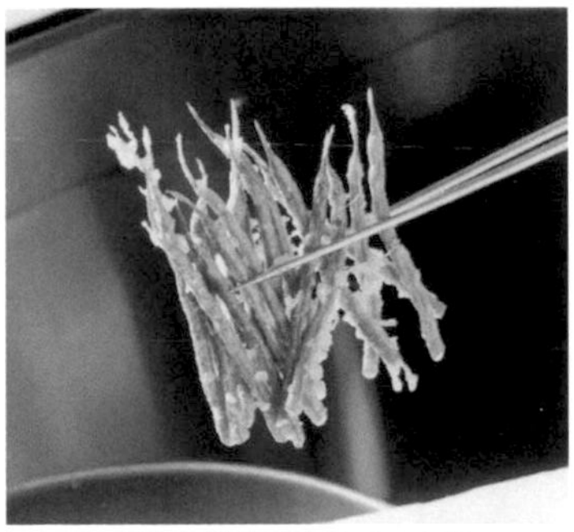

⑦ 注意避免散落小心取出，瀝油。

燈籠椒

Sweet green pepper

使用的是京都產的田中唐辛子。它最大的特色是香氣高、種籽少，而且口感軟嫩。

燈籠椒入口時通常都有一股辛辣味，但這個品種的燈籠椒卻幾乎完全不辣。前端有若干裂縫的都不帶辣味，建議可以以此來判斷。

油炸的要點

由於表面光滑，在裹粉沾入薄麵衣後，須利用以蔬菜來說較高的溫度油炸，藉以加速麵衣的固定。在麵衣大致固定前不需翻面，要耐心等待。油溫過低將無法帶出燈籠椒的味道與香氣。

粉
▼
衣 稍稍濃
▼
炸 180℃

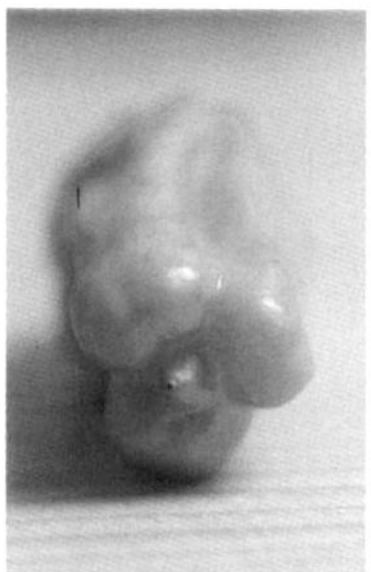

前端有裂縫的燈籠椒幾乎沒有辛辣感。

準備工作

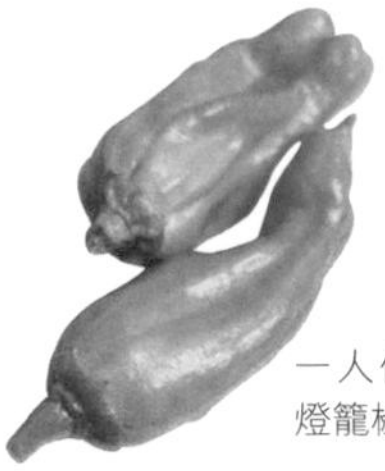

一人份為兩顆燈籠椒。

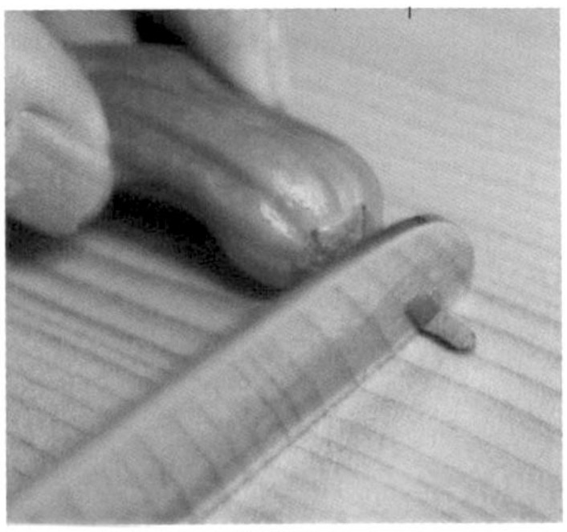

① 將軸切齊成適當的長度。

油炸

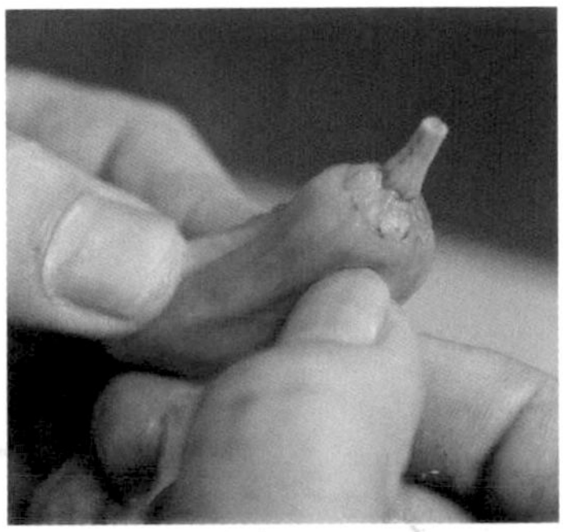

① 為避免油炸時破裂，用指甲在燈籠椒上方的堅硬部位劃出裂縫。

② 握住軸的部分裹粉，拍除多餘的粉。

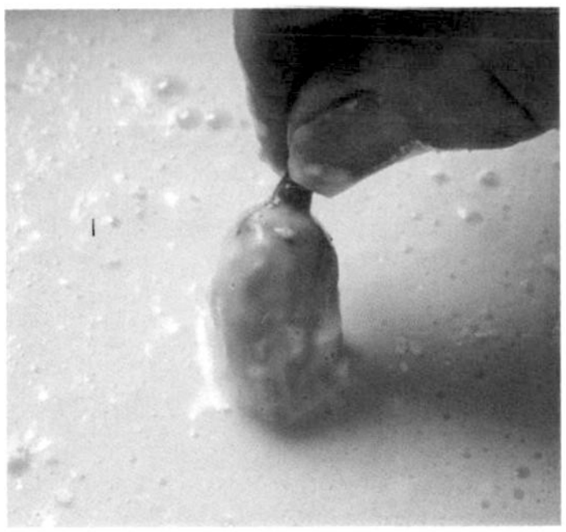

③ 沾入稍稍濃的麵衣。

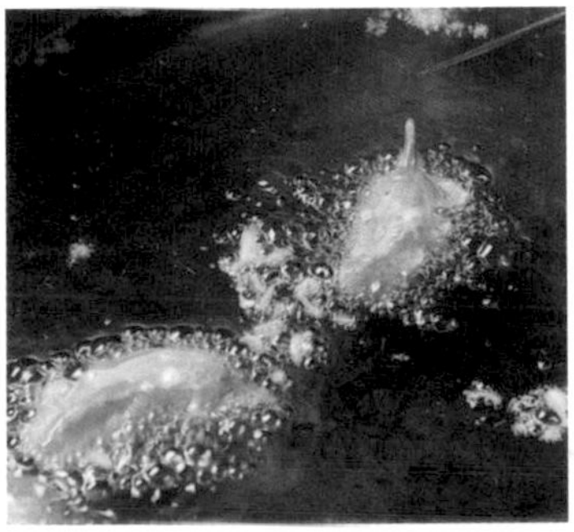

④ 放入 180℃的熱油當中，一開始會冒出大量細小的氣泡。由於現在立即翻面會造成麵衣剝落，因此先暫時維持在這樣的狀態。

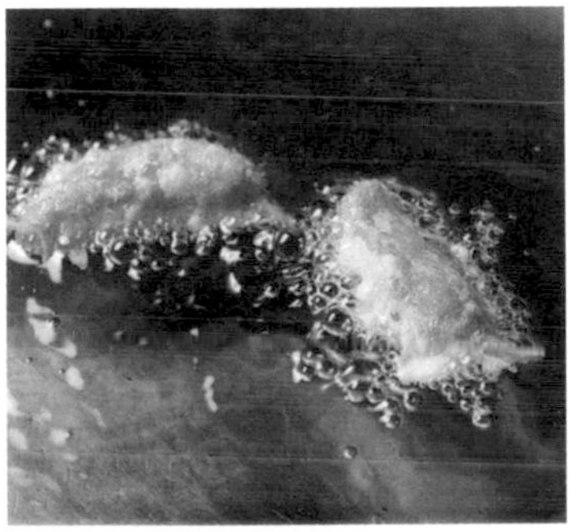

⑤ 重複翻面油炸。當氣泡減少到圖片上的程度後即可起鍋。

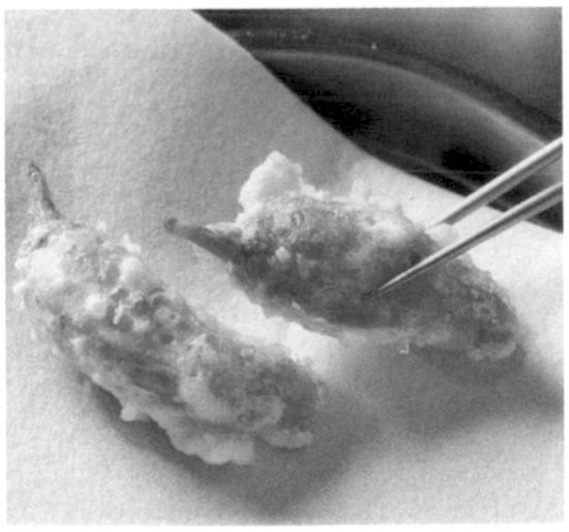

⑥ 瀝油。

生薑

Ginger

嫩薑

老薑上長出的新薑根部，就是在初夏時上市的嫩薑。壽司當中不可缺少的生薑片便是利用這種嫩薑製成。嫩薑的特色是纖維柔軟水嫩、辛辣感低，並同時散發著淡淡的香氣。

天婦羅相當適合這種嫩薑。白色的根和赤紅色的芽形成極為美麗的對比，加熱後的赤紅更顯出色，因此在切片時要盡量保留芽的部分。

油炸的要點

溫度過高會造成焦黑。避免燒焦，呈現出嫩薑的香氣和柔軟。

粉
▼
衣 稍薄
▼
炸 175℃

準備工作

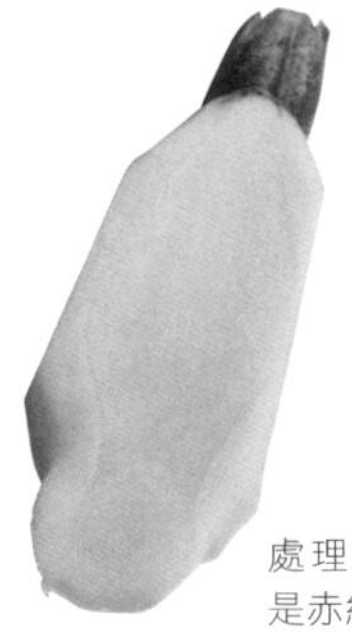

處理完成的嫩薑。重點是赤紅色的芽。

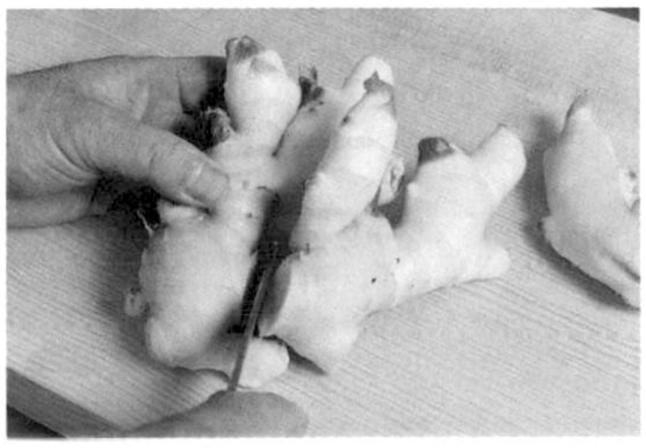

① 將嫩薑整根切開。

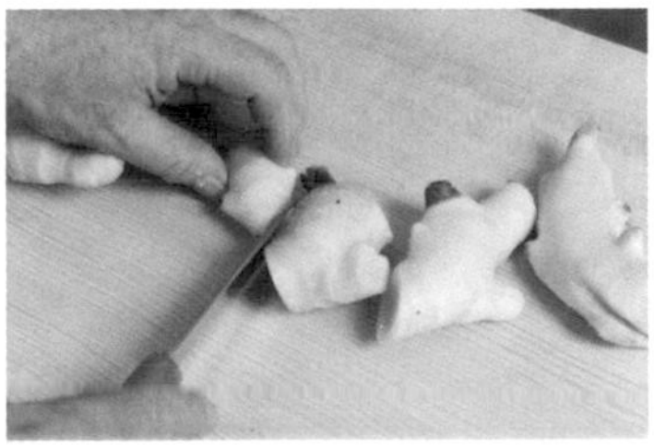

② 再將它分切成一人份的大小。

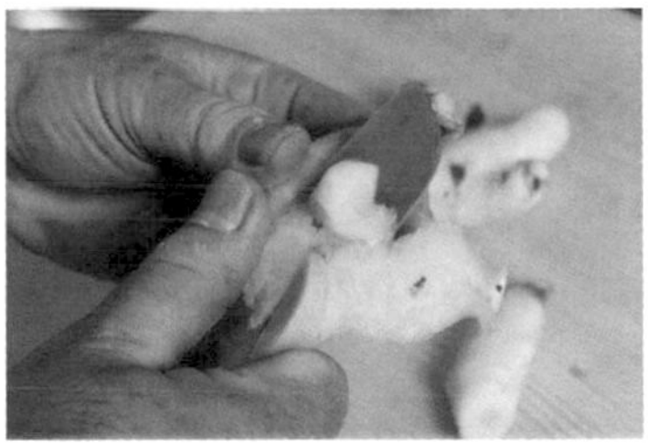

③ 用削白蘿蔔皮的方式削去表皮。

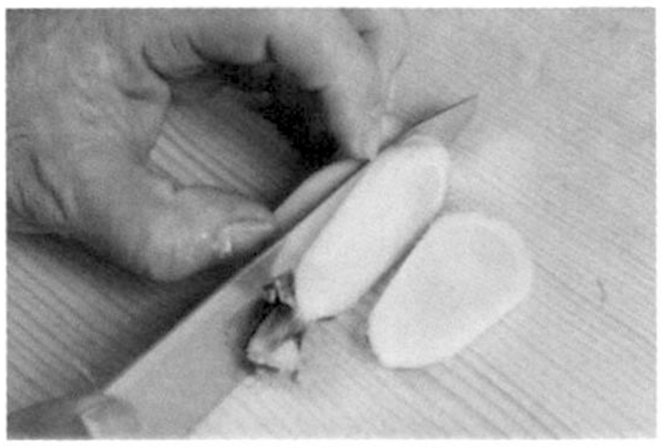

④ 沿著纖維切成約 5 公釐的厚度。

油炸

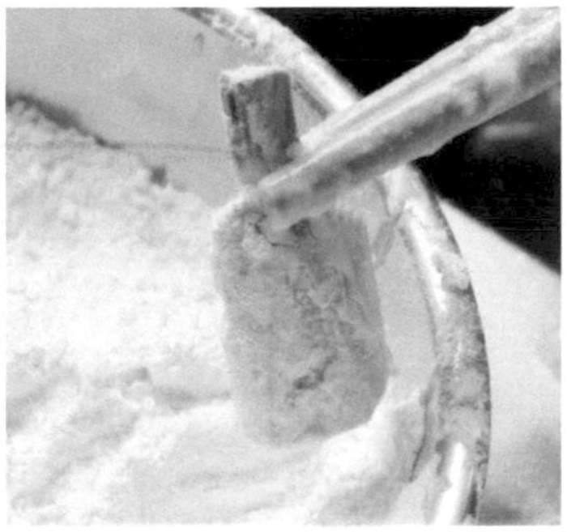

① 整根裹粉，將餘粉拍除。

② 沾上稍薄的麵衣。

③ 將赤紅色的芽朝上放入175℃的油鍋內。為了帶出香氣，將油溫稍微調高。

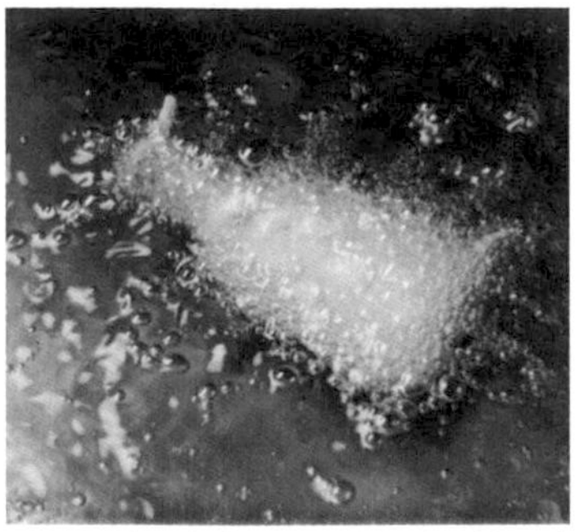

④ 同時冒出大量細小的氣泡。放入油鍋時的上側麵衣會漂亮地立起，因此擺盤時要朝上。

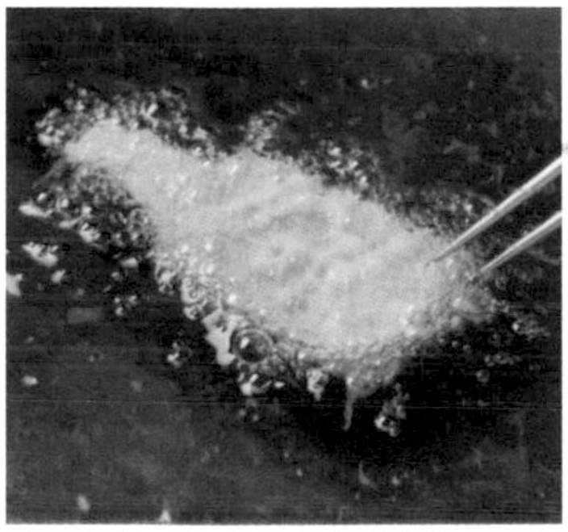

⑤ 麵衣固定到一定的程度後即可翻面。氣泡漸漸減少且聲音變安靜，重複翻面。

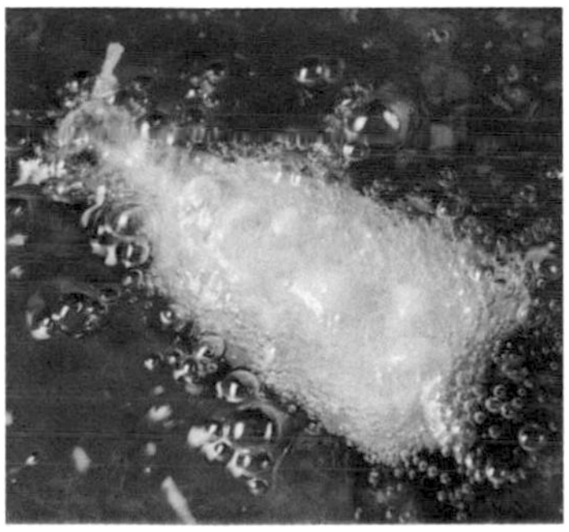

⑥ 當氣泡減少到這個程度時即可起鍋。

⑦ 瀝油。

甜玉米

Sweet corn

一到六月終於盼到蔬果的盛產季節，甜玉米*的顆粒尚還柔軟水嫩。

這個時期是使用名為GoldRush的品種。這種玉米的表皮較薄，因此注意油溫過高容易造成破裂。隨著季節，產地也逐漸向北移動。若是北海道的話，雖然到九月末都還能品嚐得到，但和六月的不同，要提高溫度油炸出香氣才美味。無論如何，呈現出各自原本的風味最重要。

新鮮的甜玉米顆粒完整漂亮、並帶有水嫩感。可以利用玉米鬚來判斷鮮度。由於鬚對玉米來說是相當重要的保鮮條件之一，因此，最要緊的是在使用之前，都必需維持玉米鬚的完整。

製作天婦羅餅時，為了讓內部可以油炸到酥脆，麵衣要盡量薄透，並將食材分成兩次下鍋。

粉 ▼ 衣 薄 ▼ 炸 170℃ 立即調至180℃ ▼ 第二次下鍋 180℃

處理完成的一人份甜玉米。使用二分之　根。

油炸的要點

麵衣要薄，薄絕對比較美味。食材下鍋後，將每一粒均勻加熱，讓天婦羅餅內的麵衣和玉米都油炸到酥脆。同時將分散的玉米粒堆疊起來，打造出立體感。

*北海道甜玉米，渣少味甜且香氣濃郁。台灣可使用屏東的水果玉米，但玉米渣不夠細緻，產量也較少，無法定量供給。

準備工作

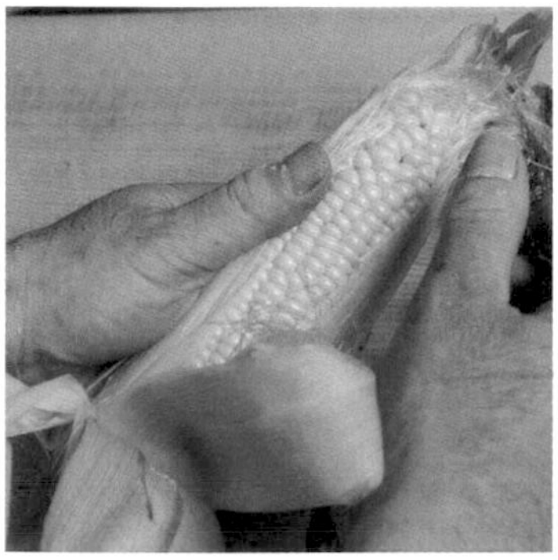
① 剝除外皮和玉米鬚。

② 用手將柄折斷。若是使用菜刀會造成顆粒破損。

③ 為了之後可以方便剝除，先切成一半。

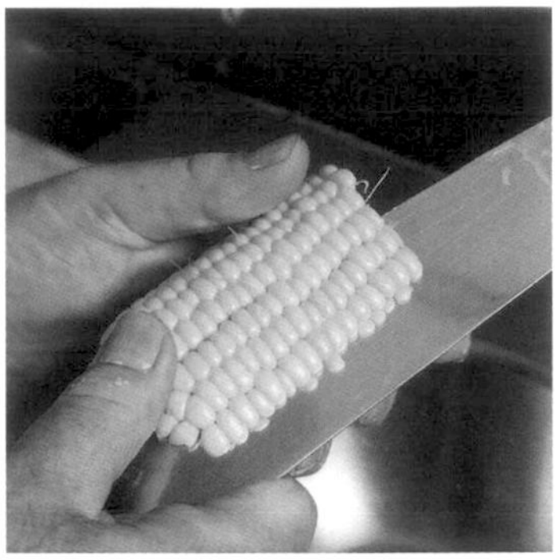

④ 用削白蘿蔔皮的方式將顆粒剝除。

⑤ 下刀的位置在手指的地方、顆粒根部的稍前端處。將菜刀傾斜入刀削去玉米粒。

⑥ 剝下來的玉米粒。

① 將一人份的玉米粒裝進碗中，再倒入麵粉。注意避免顆粒沾濕，水份會造成麵粉結塊。

② 在顆粒四周均勻的裹入麵粉。

③ 沾入麵衣。

④ 加入蛋汁稀釋，充分混和。

⑤ 用漏杓撈起時，麵衣會直接滴落。需薄透到可以看見顆粒的紋理和顏色。

⑥ 分成兩次下鍋。首先將第一批的玉米粒輕輕地放入的170℃熱油當中，之後立即將火轉強（180℃）。若是一開始的溫度過高，會讓顆粒同時散開，並維持在這樣的狀態下定型。

⑦ 同時冒出大量細小的氣泡。

⑧ 加入第二次的玉米粒。分成兩次放入，可以讓立體形狀的天婦羅麵衣直到內部都油炸酥脆。

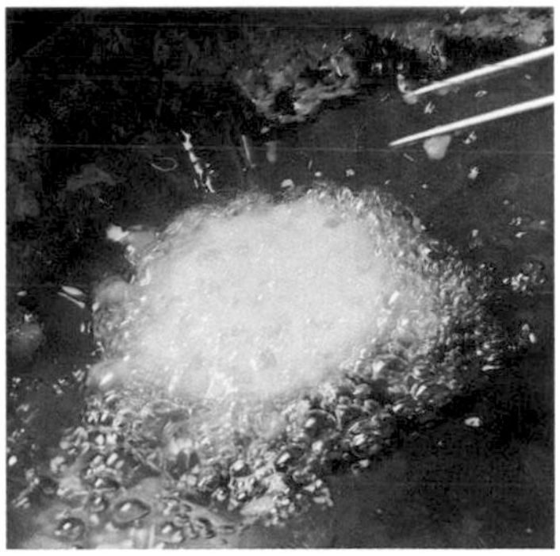

⑨ 固定到一定的程度之後即可翻面。

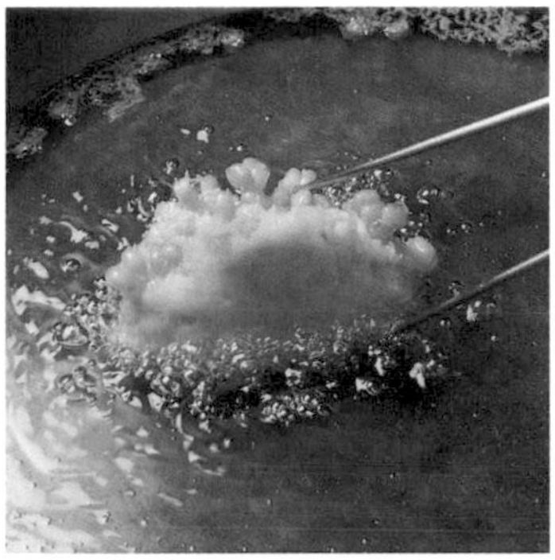

⑩ 當氣泡變大後，再次翻面。

⑪ 將散落的顆粒用濾油杓集中，堆放在天婦羅餅上。

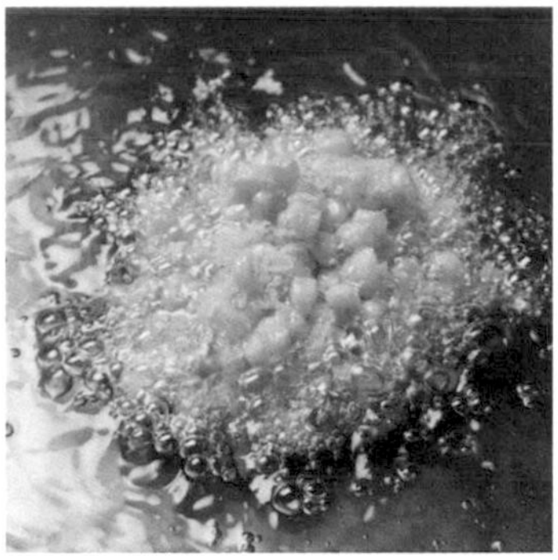

⑫ 當氣泡變大、且聲音安靜後即可起鍋。

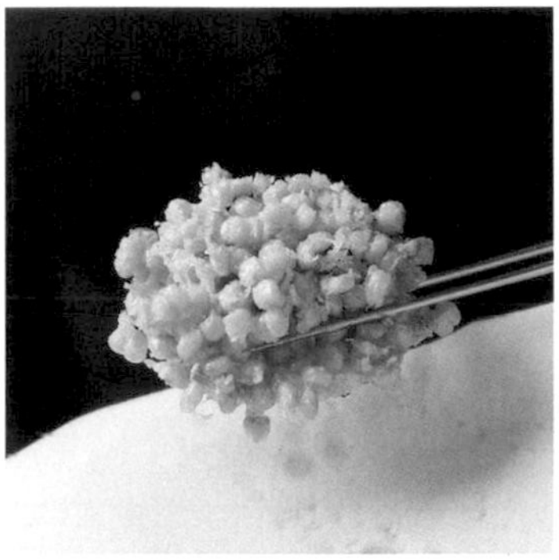

⑬ 小心取出避免散落，瀝油。

箭竹筍

Himetake bamboo shoot

在六月竹筍季節結束時，箭竹筍才正上市。別名雲筍。和竹筍相同，新鮮的劍竹筍不需去除其澀味。

利用手折斷，可以將菜刀無法確實感覺到的根部堅硬處清除乾淨。

油炸的要點

保留竹筍特有的香氣極為重要，因此須避免高溫油炸。麵衣要薄，才能呈現出香味和美麗的色澤。

粉 ▼ 衣 稍薄 ▼ 炸 170℃

準備工作

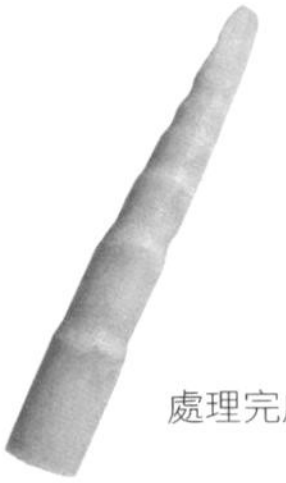

處理完成的箭竹筍。

① 切斷根部。前端斜切。

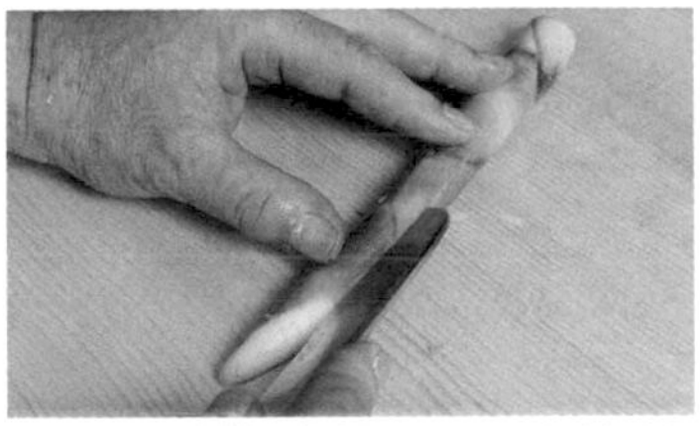

② 從表皮縱向入刀。注意避免削到裡面的竹筍。

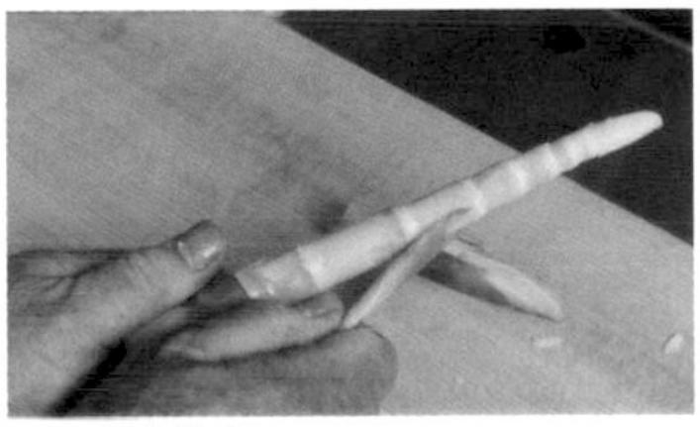

③ 剝去外皮。

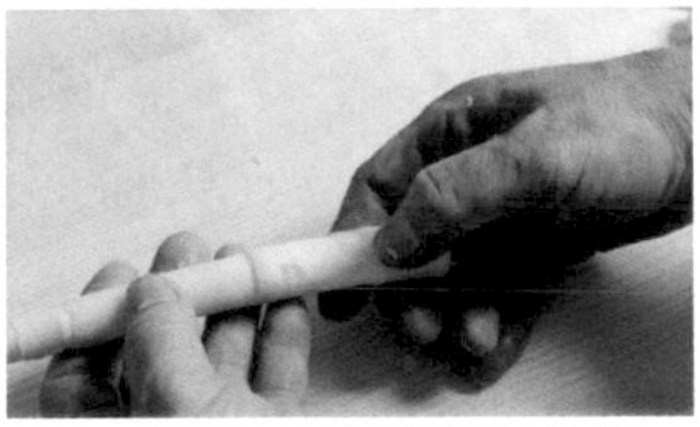

④ 用指甲按壓，找尋根部的堅硬處。

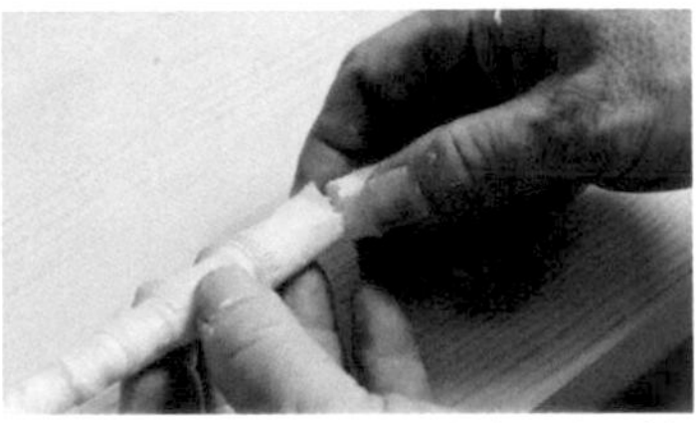

⑤ 用手在能自然折斷的地方往下折，把堅硬的部分去除。

油炸

① 握住前端，在周圍裹上麵粉，再將多餘的粉拍除。

② 沾入稍薄的麵衣。

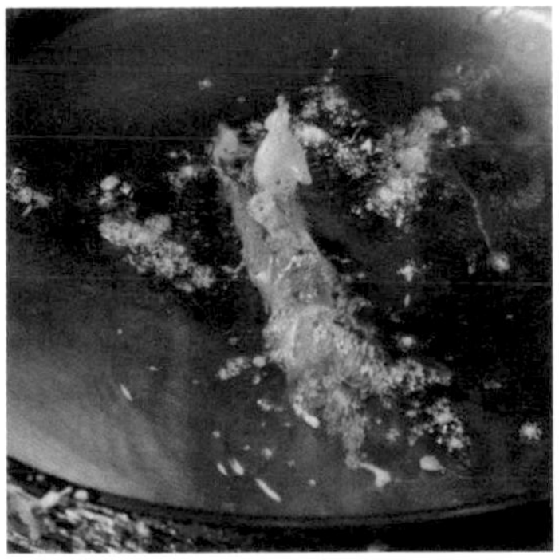

③ 放入170℃的熱油當中。一開始根部會稍微往下沉。

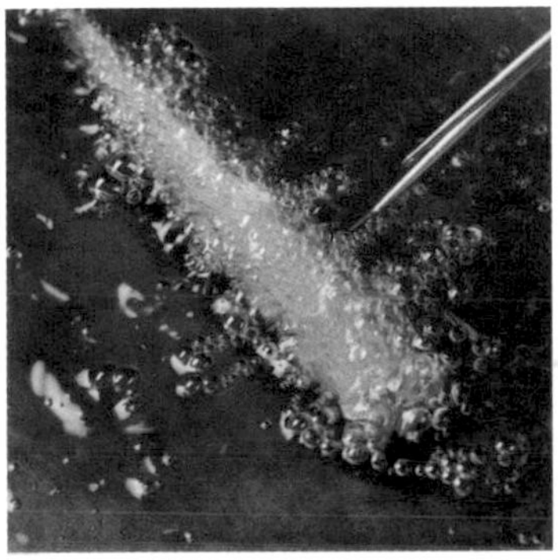

④ 邊翻動油炸。當較重的根部稍微浮起，氣泡變大安靜後，即可取出。

⑤ 從油鍋裡取出，瀝油。

山芹菜

Japanese honeywort

當插秧結束後，就能同時開始種植山芹菜。採收的山芹菜雖然在八月到九月間都能在市面上見到，但盛產期應該算是在九月。

緊實淺白的莖、和淡雅的綠色、以及打結後美麗的形狀。利用薄麵衣油炸，將山芹菜的這些優點展現出來。打結時將莖稍微壓碎，能讓莖變得柔軟不易斷裂。

葉片不裹粉，麵衣也只要稍微沾入，藉此透出山芹菜的色澤。

油炸的要點

用低溫迅速油炸，保留莖的水嫩感，並呈現出葉片的鮮綠。注意避免葉片焦黑。

粉 只裹莖

▼

衣 稍薄

▼

炸 160～170℃

準備工作

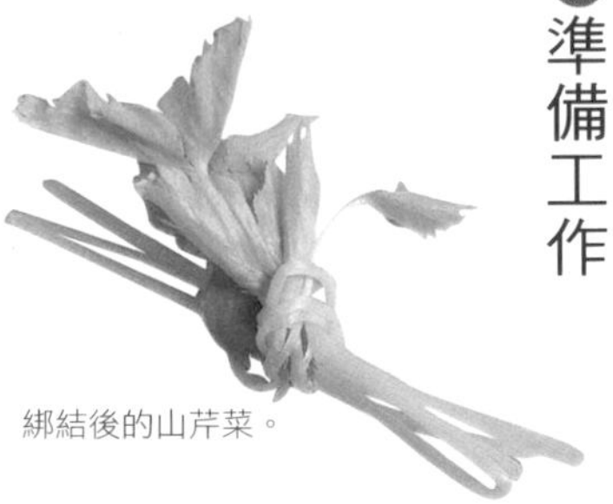

綁結後的山芹菜。

① 將三～四根山芹菜束成一束，葉片前端對齊。

② 用手指將莖輕輕壓碎，使其柔軟有彈性。

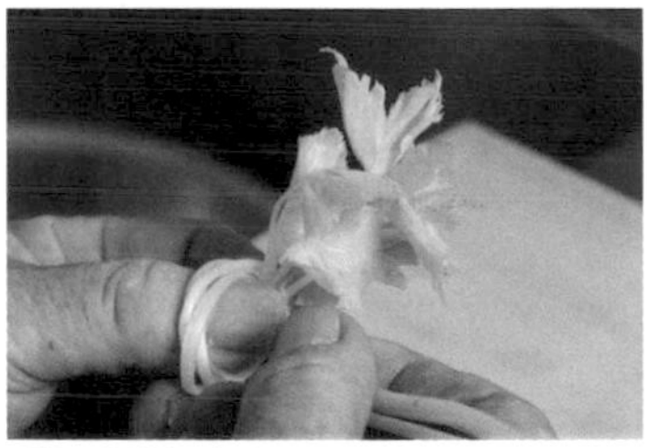

③ 將莖打成結。

④ 為了讓莖的長度一致，用手摘齊。

油炸

① 避開葉片，在莖和打結處裹粉。

② 在麵衣裡加入蛋汁稀釋，手持山芹菜沾入。盡量不要碰到葉片。

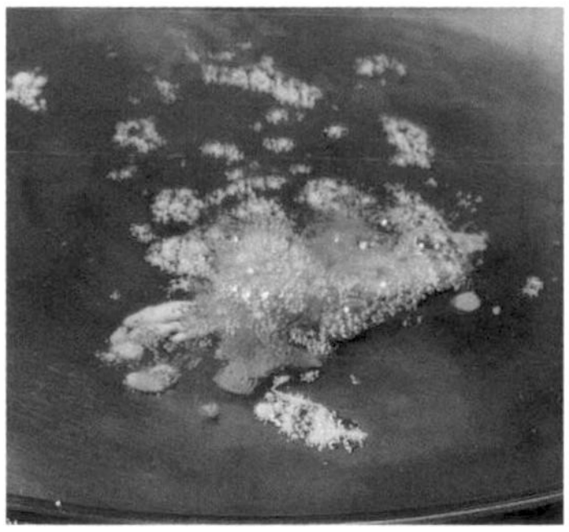

③ 將葉片朝上，放入160℃～170℃的油鍋當中。由於山芹菜的水份少，且油溫低，因此幾乎不會產生氣泡。

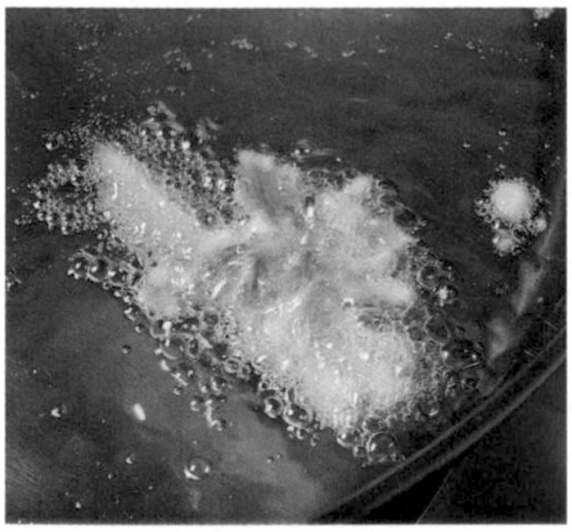

④ 一開始冒出細小的氣泡。

⑤ 麵衣固定後翻面。

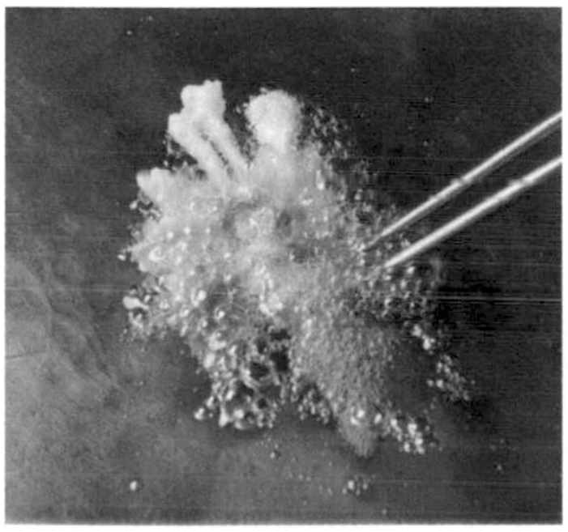

⑥ 之後仍需不時翻面，當氣泡變大減少後即可起鍋。

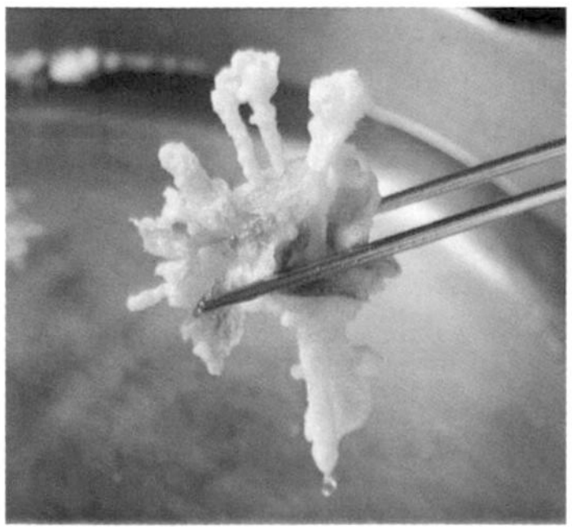

⑦ 避免麵衣上色，油炸出潔白的色澤。瀝油。

蓮藕
Lotus root

嫩藕

夏天上市的嫩藕，與秋冬的蓮藕不同，口感水嫩並富粘性。這個季節是使用德島產的和蓮。和蓮最大的特色是纖細柔軟。而茨城產的洋蓮，則要在這之後才會上市。

蓮藕多為三節，而當中又以第二節最適合拿製成天婦羅。不會過硬或過軟，形狀大小也整齊，相當方便使用。

挑選中間孔壁尚未變色，並且外觀漂亮的購買。

油炸的要點

若未把粉裹勻，會造成麵衣卡在孔壁當中。利用餘熱悶熟，避免過度油炸。

粉 ▼ 衣 稍稍濃 ▼ 炸 175℃

準備工作

處理完成的蓮藕。需儘速在變色前使用。

① 蓮藕的第兩節比較方便使用。圖片右側的是第二節。

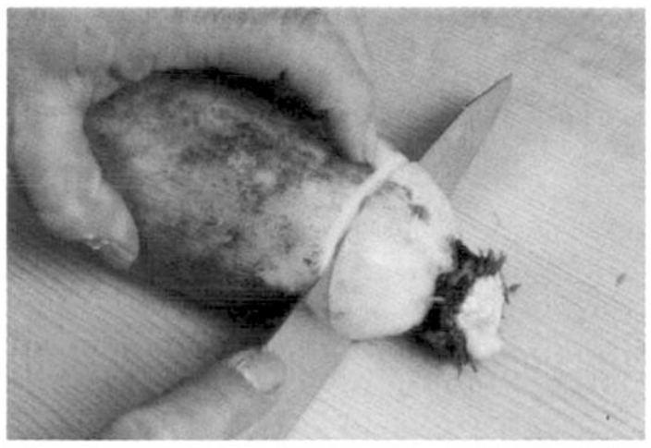

② 將靠近細節的部分切除。使用大小相等的部位。

③ 切成 1 公分厚的圓片。

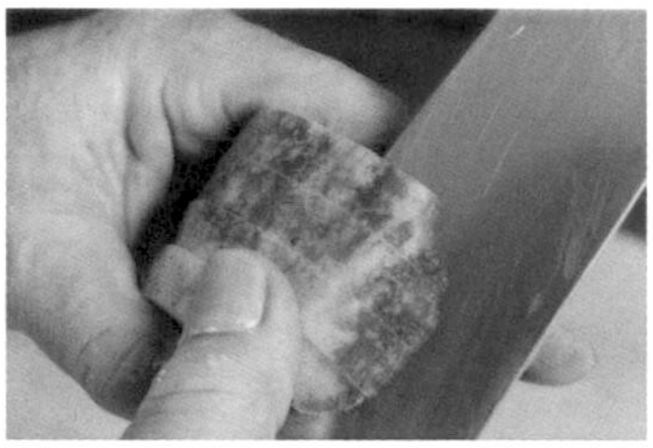

④ 幾片疊在一起，用削白蘿蔔皮的方式將外皮削除。利用重疊削除的方式，可以減少變色的發生。

油炸

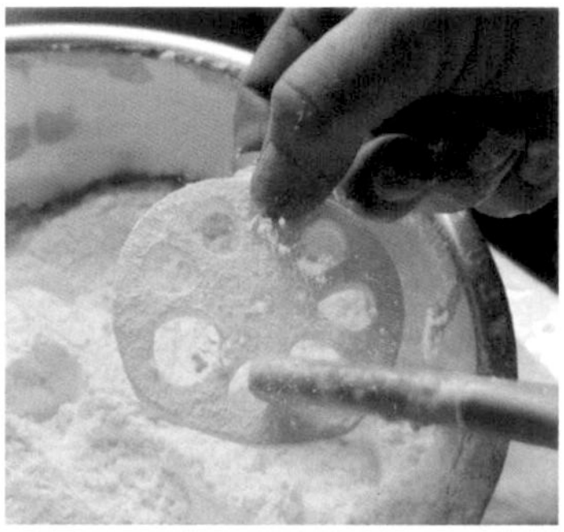

① 裹粉後，用攪拌棒輕敲蓮藕將餘粉拍除。

② 沾入稍濃的麵衣，再將多餘的麵衣瀝乾淨。

③ 放入 175℃的熱油當中。一開始往下沉。

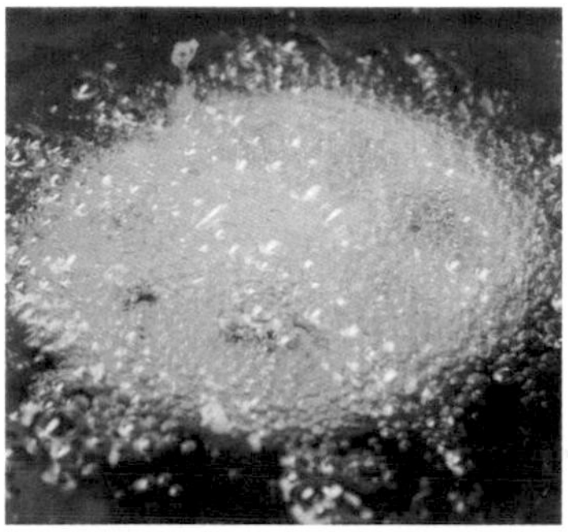

④ 不久後浮起，同時冒出許多細小的氣泡。

⑤ 重複翻面，當氣泡變大且安靜後即可起鍋。之後還要利用餘熱繼續悶熟，因此避免過度加熱。

⑥ 取出瀝油。

栗子

Japanese chestnut

在栗子當中屬顆粒大且甜味重的黃色利平栗。最大的特色就是圓球的形狀，重量甚至有時可達40克左右。利平栗是和栗與中國栗的混種，生產於岐阜縣。大致上來說品質穩定，算是相當方便使用的品種。

將這個整粒下鍋油炸。這天使用的是熊本產的利平栗。

油炸的要點

中間要確實加熱。不停翻面讓全體的油炸色澤薄透均勻。浮起後就表示全熟，呈現類似烤栗子般的印象。

粉 ▼ 衣 稍薄 ▼ 炸 170℃

全體均勻地受熱，到中心都確實熟透。

準備工作

處理完畢的栗子。連內皮也清除乾淨。

① 稍微較平坦的面朝下，從底部下刀。

② 不要切斷，用菜刀壓住撥去硬殼。

③ 從底部開始，將所有的殼剝乾淨。

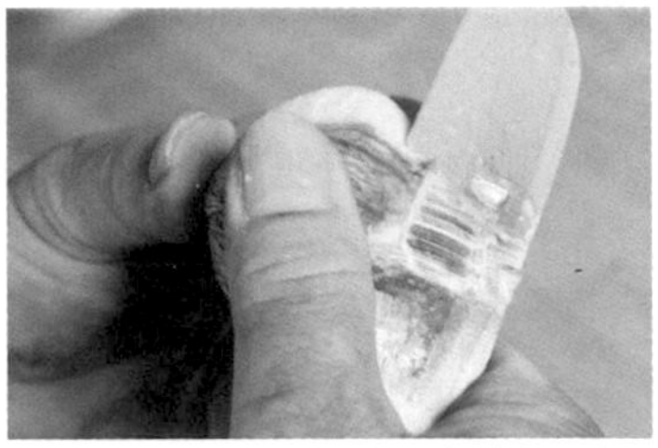

④ 內皮從底部向頭的方向剝除。先從側面圓的地方開始剝，最後再從側面平坦處一次剝除。

油炸

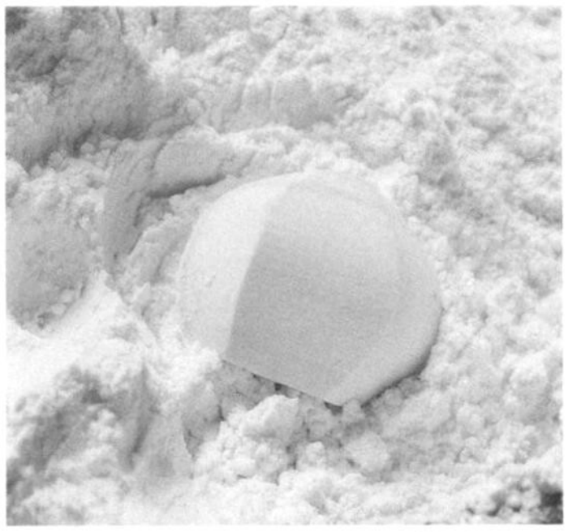

① 整粒裹粉，再將多餘的粉拍除。

② 沾上稀釋後的薄麵衣。

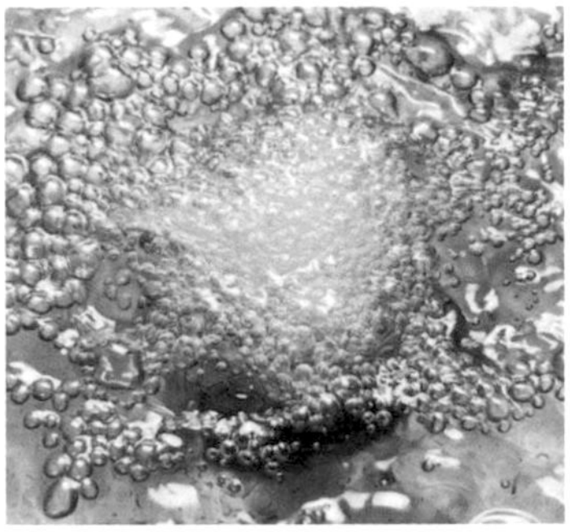

③ 放入170℃的油鍋當中。一開始會從麵衣湧出大量的細小氣泡。

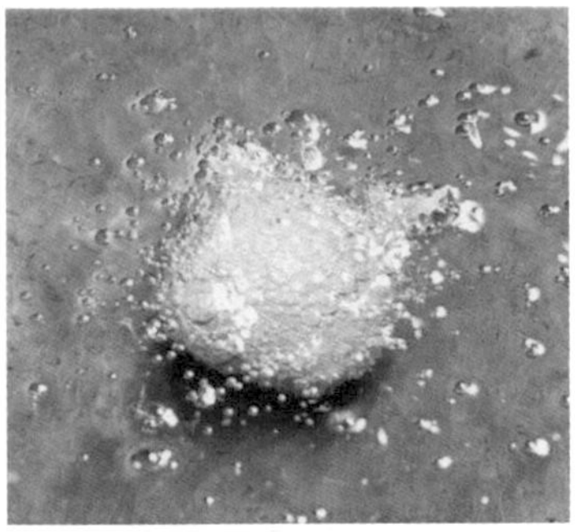

④ 暫時往下沉。

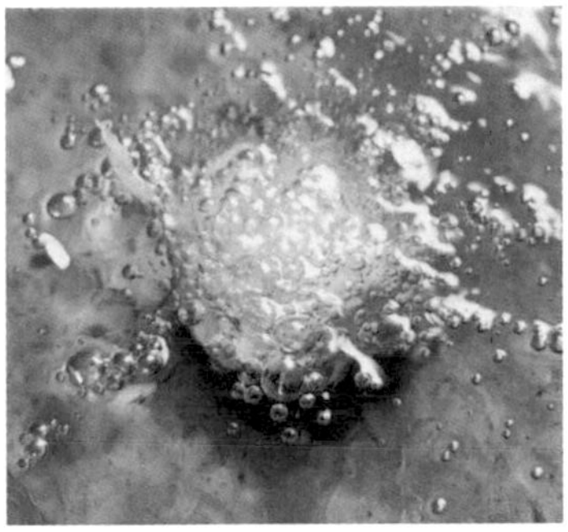

⑤ 再次開始冒出氣泡，浮起。反覆翻面，仔細地均勻油炸到中間熟透。

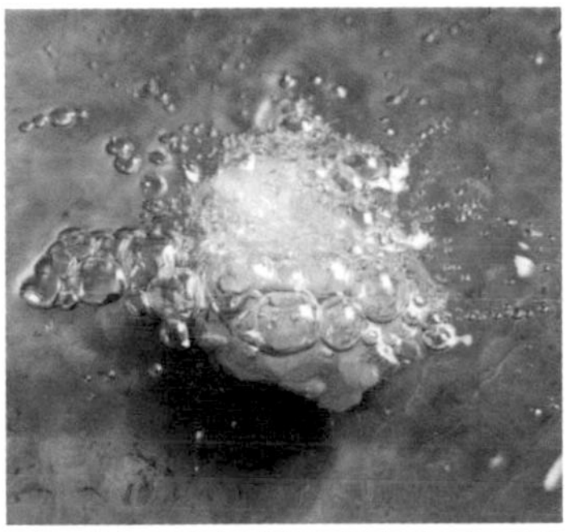

⑥ 當上頭浮出油面，氣泡變大且減少時即可起鍋。

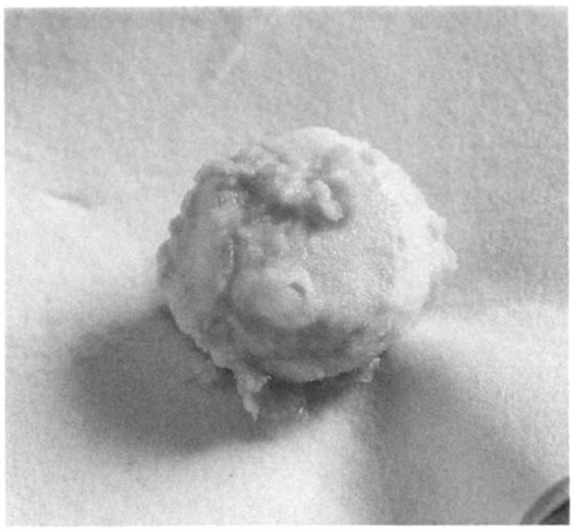

⑦ 取出瀝油。

金針花

Kuwansou

金針花是百合科的多年生草本植物。沖繩地方的傳統蔬菜，日本名為秋的忘憂草。這裡是使用沖繩今歸仁產的金針花，在九至十月進貨。實際看到盛開的花田，想像著花的形狀和風情，在油炸時盡力重現當時的印象。為了保留花蕊部分的甜味，中間不裹粉直接下鍋油炸。

雄蕊的花粉會讓花枯萎，因此須先去除後再運送。收到後放入冷藏，在進貨當日使用完畢。除了天婦羅外，還可以快速川燙製成醋物。

百合特有的雄蕊花粉，在出貨時必須清除乾淨。

油炸的要點

在油炸時，要想像著在陽光下盛開的花朵，將盛開的花瓣形狀和栩栩如生的姿態再次重現。為此要選購新鮮的花朵，並且最重要的是將麵衣調整成可以維持花形的濃度。

要用麵衣將全部的花瓣包覆。

粉
▼
衣
標準
▼
炸
170℃

油炸

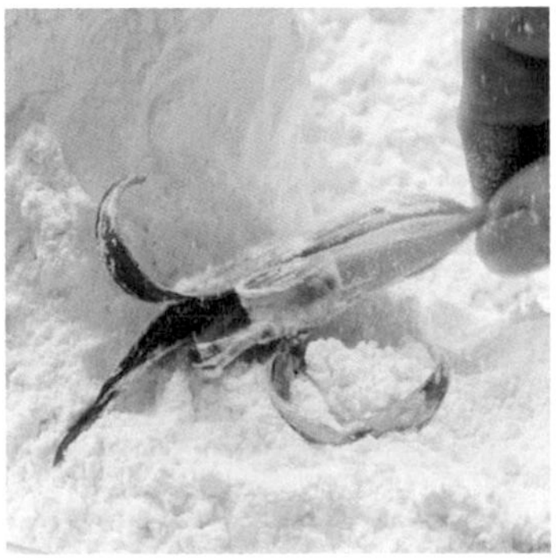

① 握住軸的部份，小心避開花的內部，將花瓣及側邊薄薄地沾上麵粉。

② 避免過濃或過淡，裹入適當濃度的麵衣，確實地維持花瓣本身的形狀。

③ 為了讓花瓣以自然的形狀打開，從花的前端輕輕地放入。油溫是170℃。

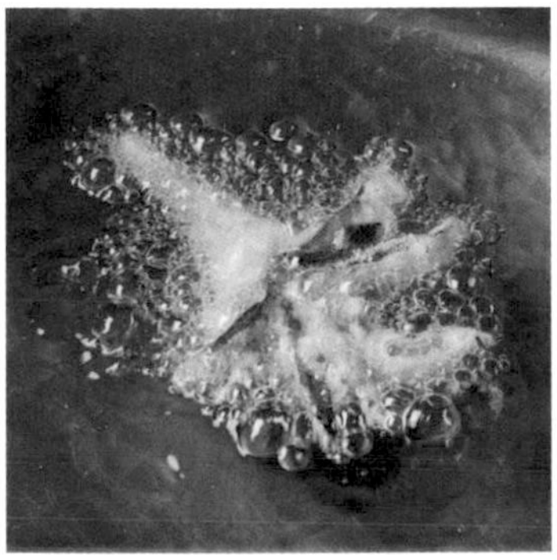

④ 幾乎沒有冒出氣泡。

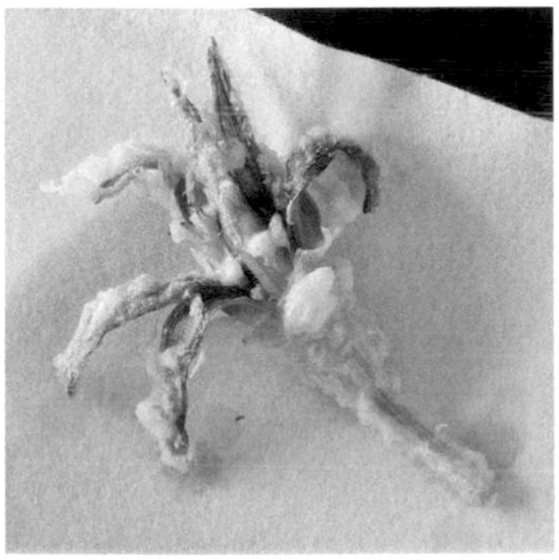

⑤ 麵衣固定後，快速取出瀝油。油炸時間短。

零余子

Mukago

零余子*是山藥的莖葉株芽，採收期在十一月。尺寸從小顆的到各式各樣的都有，但對天婦羅來說大顆的較為合適。

由於球狀在油炸時容易轉動，為均勻受熱需將零余子串成一串。油炸時要保留變鬆軟前的粘稠口感。

油炸的要點

與油炸蕃薯相同，需以低溫細炸。雖然澱粉含量豐富的零余子在全熟後會變得鬆軟，但這裡為了要保留山藥特有的口感，因此在還有些粘性的時候即可取出，之後再利用餘熱悶熟。

粉
▼
衣 稍濃
▼
炸 170℃

*在山藥莖部葉腋間長出的卷曲球狀嫩芽。又名山藥蛋或山藥豆。

準備工作

每一顆之間留下縫隙串成一串的零余子。

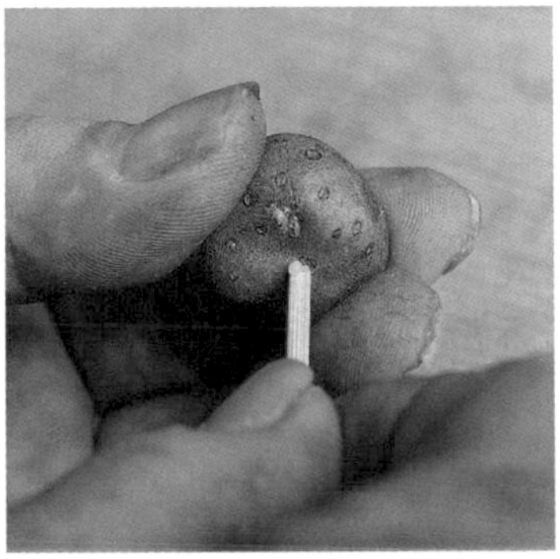

① 握住零余子最寬的地方，從正中間穿過竹籤。

② 為了在沾入麵衣油炸後方便取下，在每一顆零余子之間稍微留下縫隙。

油炸

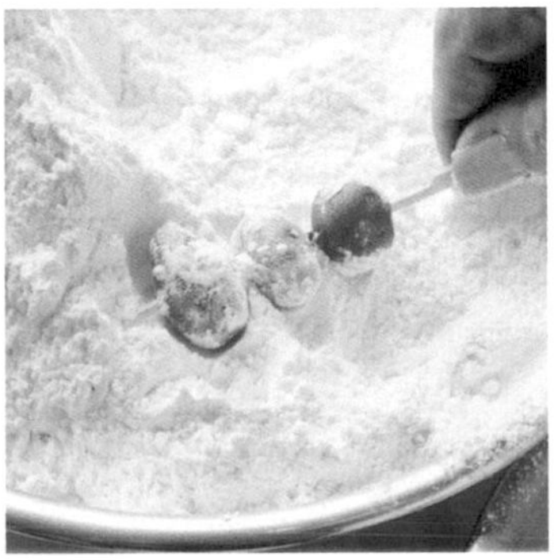

① 手持串棒，裹粉。

② 將零余子以轉動的方式沾入稍濃的麵衣。

③ 放入 170℃的熱油後，沈入鍋底。

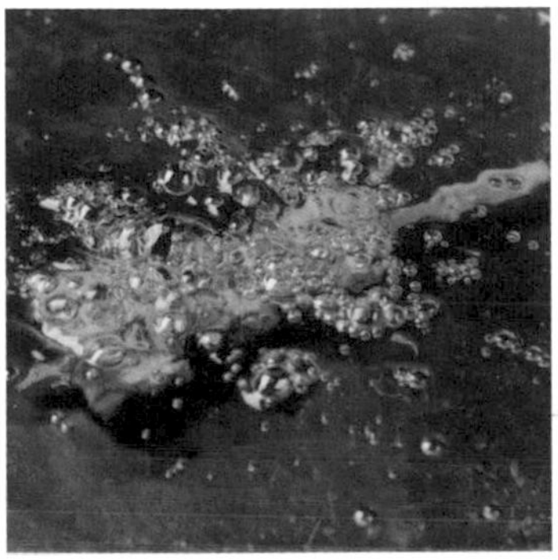

④ 稍微浮起並且開始冒出氣泡。當麵衣固定後，重複翻面，慢慢地油炸。

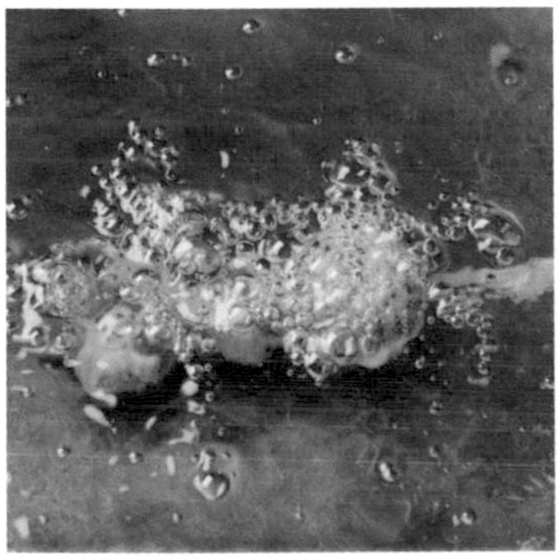

⑤ 當氣泡減少、零余子串浮起後即可起鍋。

⑥ 取出瀝油。

山牛蒡

新山牛蒡

Yamagobo

當十一月來臨時，會購入早出的山牛蒡（這裡是使用山梨縣產）。新山牛蒡只出現在這個短暫的時期裡，而廣為人之的牛蒡漬物，據說也是在這個期間採收製作。

過老的牛蒡口感堅硬，因此重點是要選用色白軟嫩、帶有香氣的嫩牛蒡。本來應該斜切薄片製成天婦羅餅，但因質地軟嫩而切得稍厚，讓客人能享受帶有咬勁的口感。

油炸的要點

重點要放在讓每一片牛蒡均勻受熱。關鍵在於油的溫度，不能讓油溫過低。油溫必須控制到麵衣恰到好處地散開，不會馬上固定，而且也不會滑落堆積在下方。

粉
▼
衣 薄
▼
炸 175℃

準備工作

斜切 5 公釐厚的山牛蒡。

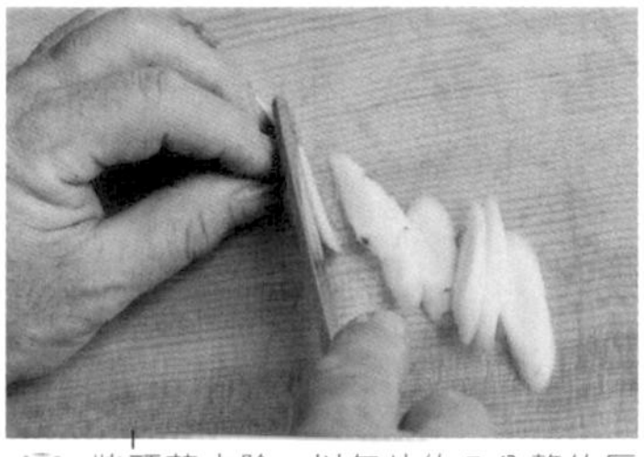

① 將頭蒂去除，以每片約 5 公釐的厚度斜切。

油炸

① 用漏杓將全部灑上麵粉後，毫無遺漏地仔細混勻。

② 放入標準的麵衣當中，再倒入蛋汁充分攪拌。

③ 麵衣需稀釋到用漏杓撈起會垂直滴落的程度。

④ 將山牛蒡輕輕地放入 175℃的油鍋當中展開。

⑤ 冒出整片大氣泡。

⑥ 快速熟透後，將分散的牛蒡集中。不要用堆疊的方式，而是集中成一片。

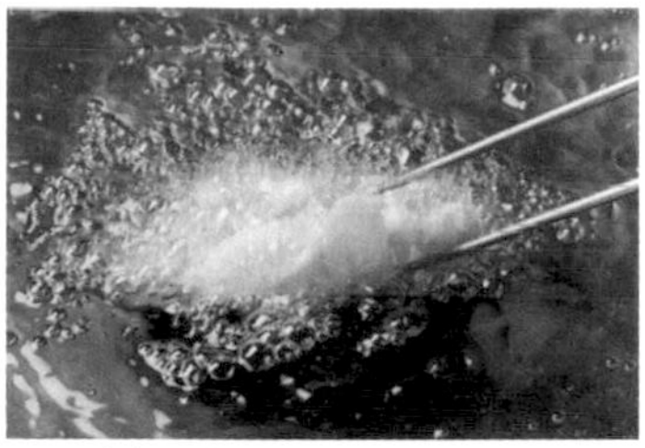

⑦ 底部固定後翻面。

⑧ 重複翻面，當氣泡減少後即可起鍋。稍微呈現出油炸的色澤。

⑨ 取出瀝油。

百合

Lily bulb

夏天是丹波的百合，冬天則是北海道旭川產的百合品質佳。為了呈現原本自然的形狀，事前只需將鱗片一片片剝除即可。這裡所使用的是一種鱗片形狀較大、稱為大葉的百合。

整顆下鍋油炸，不如一片片油炸來的美味。大葉的肉厚，因此即使單獨一片也能感受到百合特有的鬆軟口感。依據大小，每一人份約三片。

油炸的要點

為了保留百合的潔白印象，須慢慢地油炸避免麵衣上色。澱粉在經過充分地油炸後相當甘甜。不將內部水分帶走，而是類似蒸煮般呈現出鬆軟的口感。

粉
▼
衣
稍薄
▼
炸
180℃→170℃

準備工作

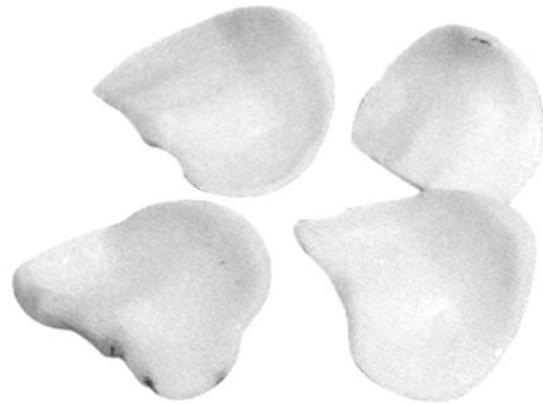
剝成一片一片的百合。

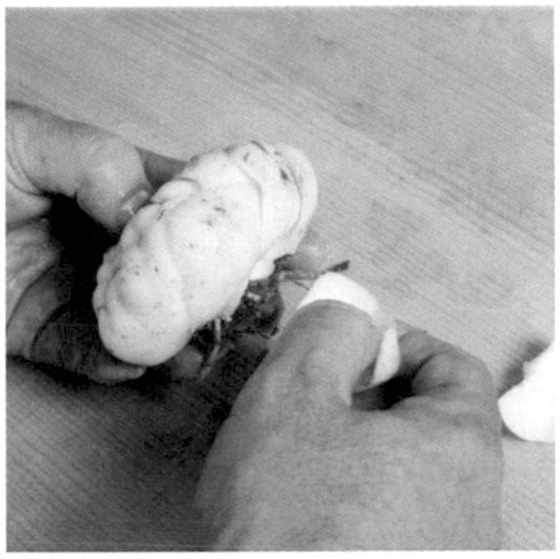
① 將鱗片一片片剝開，小心保持鱗片的完整。

② 外側較大且肉厚的鱗片準備一人份三片，內側較小的鱗片拿來做為別的料理。

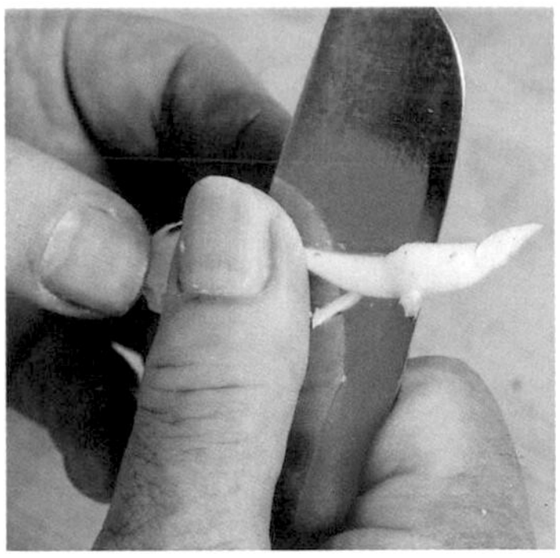
③ 削去變成褐色的部分，用清水沖掉細沙等髒污。

油炸

① 將每一片均勻裹粉。

② 去掉多餘的粉。

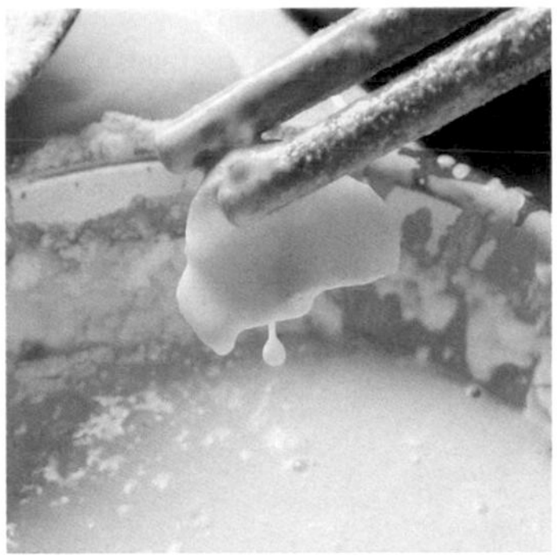
③ 沾入稍薄的麵衣。避免麵衣堆積在凹處，確實地濾乾淨。

④ 凹處朝上，放入 180℃的熱油內，一開始會冒出許多細小的氣泡。維持在 170℃的油溫當中油炸。

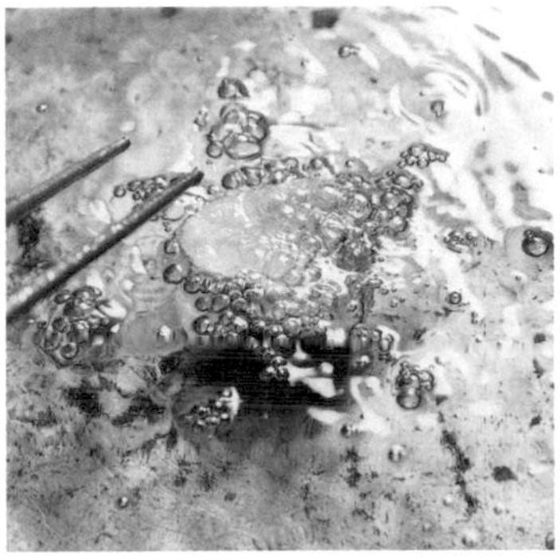
⑤ 百合浮起，周圍的氣泡減少後即可起鍋。

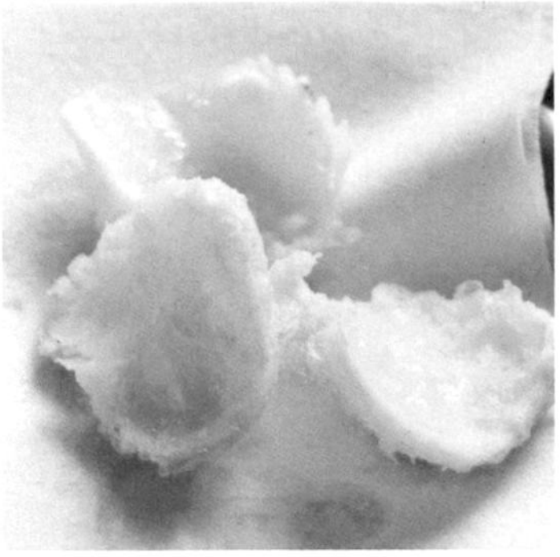
⑥ 瀝油。

香菇

Shiitake mushroom

原木

在此使用原木香菇*。菌床栽培**的香菇，加熱後會因水分蒸發而縮小。原木雖然肉厚，但相較菌床栽培的水分少，因此即使油炸也不會縮小。可以說是相當適合用來做天婦羅的香菇。

油炸時容易浮起，因此須反覆翻面加熱。另外特別注意，如果沒有保持相同的溫度會造成香菇吸油。這裡是使用岩手縣八幡平產的香菇。

粉
▼
衣
稍稍濃
▼
炸
180℃→175℃

油炸的要點

原木雖然要用高溫油炸，但最重要的是要維持固定的油溫。香菇容易吸油，如果油溫不安定，會讓油分會滲入其中。

而且，原木的肉厚但水分少，因此不是利用餘熱悶熟，而是油炸至全熟。內面菌褶處帶有香氣，將這一側充分油炸後較容易將香氣逼出。加熱的比例大約是內面菌褶處七成，菇傘三成。

另外，如果是使用菌床栽培的香菇時，建議可利用稍低的溫度油炸。

*將樹木砍伐乾燥後裁切成一公尺的長度，培養菌絲後再將原木放回森林中，利用養木接菌的方式，讓香菇在自然的環境下生長。收成期需一年半至兩年。

**是用木屑加上營養劑等固定成培地植菌。利用這種方式只需一百日至一百二十日左右便能長出香菇，是一種極為速成的培育法。

準備工作

處理完畢的香菇。

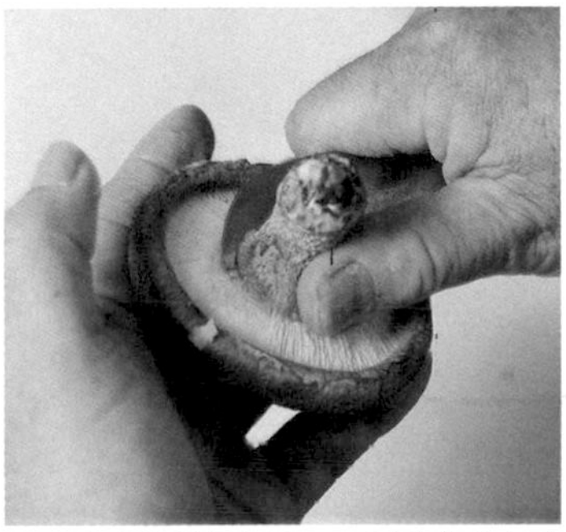
① 在菇柄的根部入刀，以旋轉的方式切除。

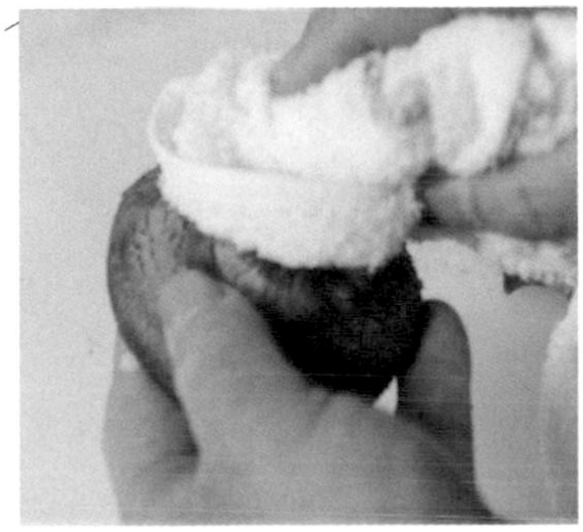
② 用沾濕的毛巾擦拭菇傘表面。

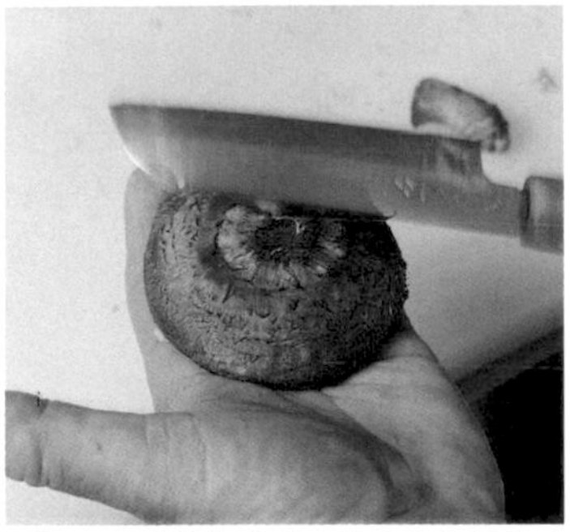
③ 用刀背拍打菇傘，將卡在內側的碎屑拍落。

① 將香菇的菇傘表面和內側裹粉，再用攪拌棒輕輕地拍打，把多餘的粉去除。

② 沾入稍稍濃的麵衣。

③ 油溫 180℃。一開始會產生稍多的氣泡，之後將油溫維持在 175℃，直到上色為止。首先把內面菌褶處充分地油炸逼出香氣。

④ 上色後翻面，內側朝上。注意避免讓油溫過高。

⑤ 再次翻面，重複翻面加熱。

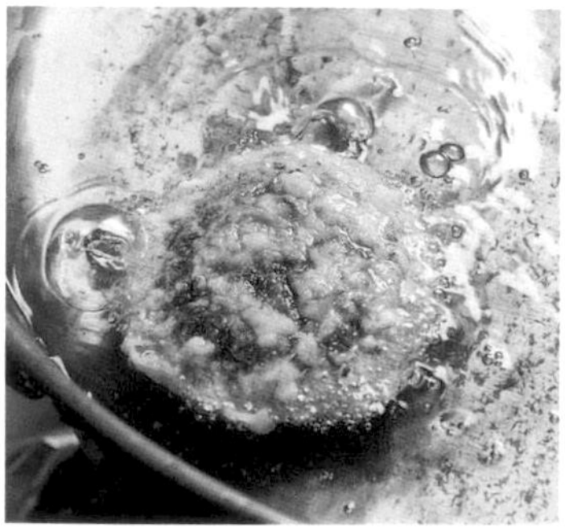

⑥ 當氣泡趨於平穩時即可起鍋。

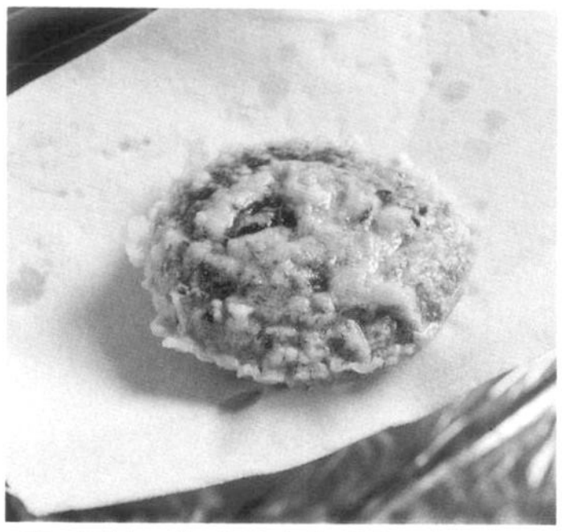

⑦ 瀝油。飽滿厚實的香菇天婦羅，與油炸前的香菇大小幾乎毫無改變，對切後上菜。

鴻喜菇

Shimeji mushroom

就如同日本諺語「好香的是香菇、好吃的是鴻喜菇」一般，鴻喜菇的美味眾所皆知。雖然荷葉蘑*或是釋迦菇**等許多的菇類都泛稱為鴻喜菇，但當中就屬野生的鴻喜菇***最鮮嫩多汁、甜分豐富。與栽培出來的品種截然不同。

由於是野生的食材，因此雖然無法指定大小，但盡可能選擇方便一口吃完的尺寸即可。享受水嫩鮮甜的口感在嘴裡擴散的美好滋味。一人份是較大的一根，較小的則是兩根。

油炸的要點

原木栽培的香菇雖然要用高溫油炸，但最重要的是要維持固定的油溫。香菇容易吸油，如果油溫不安定，會讓油分會滲入其中。

而且，原木的肉厚但水分少，因此不是利用餘熱悶熟，而是油炸至全熟。內面菌褶處帶有香氣，將這一側充分油炸後較容易將香氣逼出。加熱的比例大約是內面菌褶處七成，菇傘三成。

另外，如果是使用菌床栽培的香菇時，建議可利用稍低的溫度油炸。

粉
▼
衣 稍薄
▼
炸 170℃

*被泛指為鴻喜菇的一種。能以人工栽培方式大量培育，降低成本。

**被泛指為鴻喜菇的一種。粗人的塊狀根上，長滿灰白色的菇，模樣如同釋迦一般而以此的名。

***日文名ホンシメジ（Honshimeji）。台灣鴻喜菇的名稱便是擷取前面的兩個音節而來。但真正的鴻喜菇多數生長在野生環境，難以利用人工方式栽種。因此我們在市面上見到的多只是類似鴻喜菇的養殖菇類。

準備工作

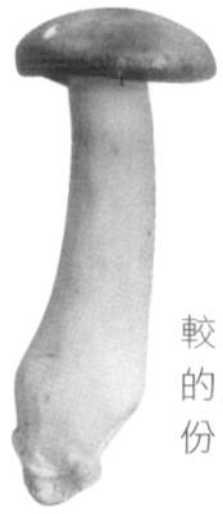

較大的一根，較小的則是兩根為一人份。

① 把每一根分開。

② 將菇柄根部較硬的部分，用菜刀像削鉛筆般切除乾淨。

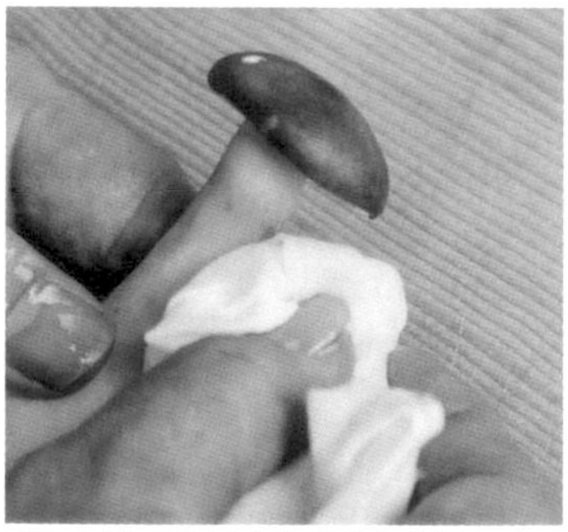

③ 用沾濕的紙巾將附著在菇柄上的泥土及髒污擦拭乾淨。

油炸

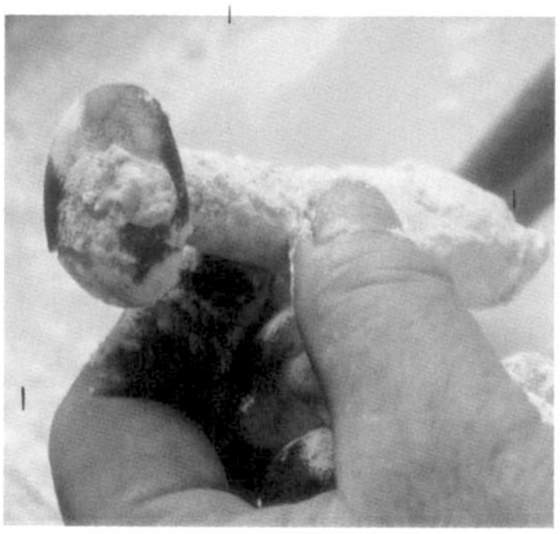

① 全部裹上麵粉。

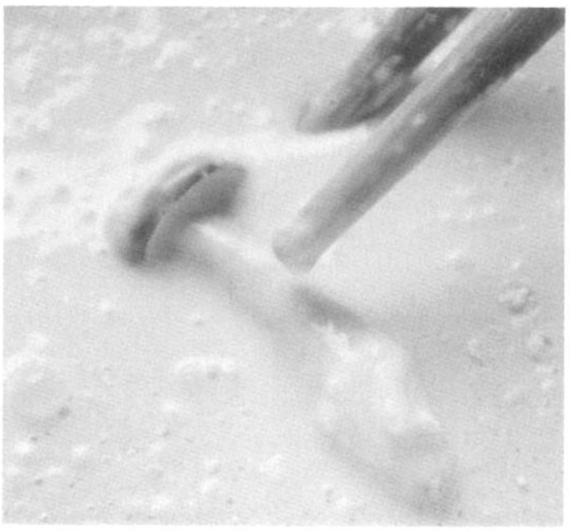

② 去掉多餘的麵粉，均勻地沾入稍薄的麵衣。

③ 放入 170℃的熱油當中。

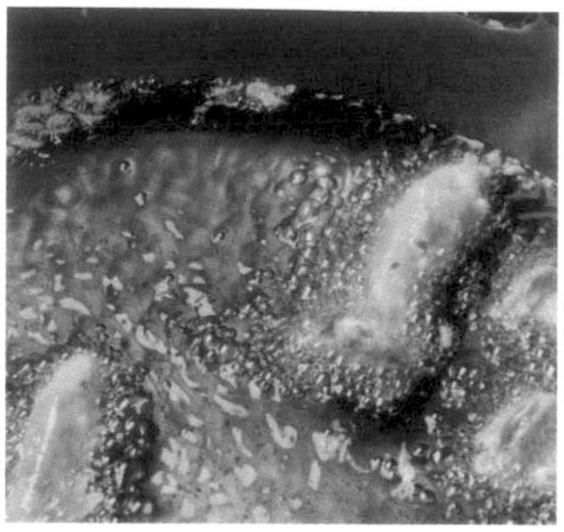

④ 在麵衣完全固定前，先翻面一次，避免麵衣向同一側集中。

⑤ 當氣泡聲稍微靜下來時即可起鍋。待氣泡完全停止就已經油炸過度，失去美味的精華。

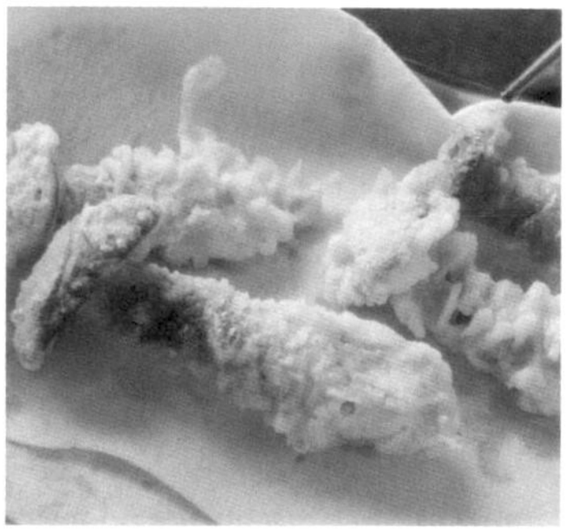

⑥ 瀝油。

滑菇

Nameko mushroom

野生的滑菇*相較於栽培的品種菇傘較大，也因此香氣較強。最大的特色在於含有豐富水分的粘滑感。使用前必須事先仔細地清除附著在上頭的落葉等雜質。野生的菇類不得不像這樣多花些時間在準備工作上。

滑菇的身形並不算厚，而是屬於較小的菇類，因此將每一株散開製作成類似天婦羅餅的模樣。重點是在油炸時保留滑菇當中原本的水分。

粉
▼
衣 薄
▼
炸 超過170°C

油炸的要點

由於使用薄麵衣，因此在裹粉時要毫無遺漏地仔細沾勻。並且滑菇屬於水分多的菇類，在油當中容易互相依附沾粘，所以需先分散放入後再集中。用分散的方式可以讓滑菇快速熟透，同時不會失去粘滑的口感和香氣。

*一種春、冬產的菌類，為人工栽培。

準備工作

一人份的滑菇

① 將菇柄根部堅硬的部分削除。

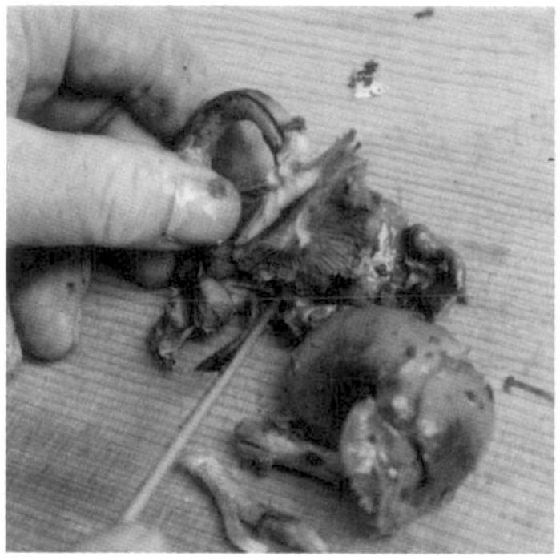

② 把每一株分開。

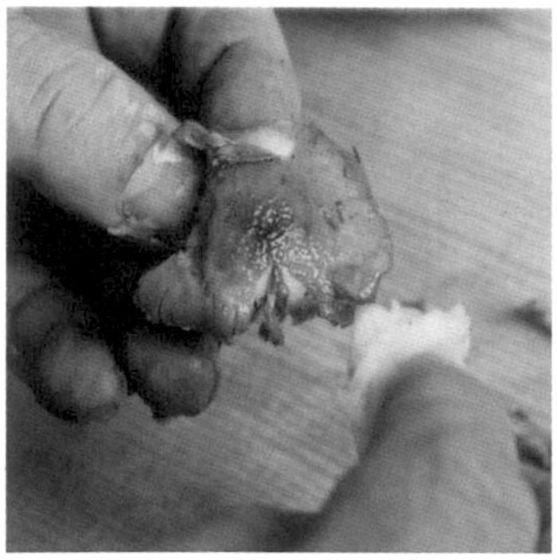

③ 利用沾濕的紙巾將附著在菇傘上的髒污擦去。

油炸

① 將一人份的滑菇放入碗內。

② 加入麵粉裹勻。

③ 倒入標準的麵衣和蛋汁，將麵衣稀釋到濃稠感消失。

④ 用漏杓輕輕地放入超過170℃的熱油當中。

⑤ 滑菇同時散開，冒出無數細小的氣泡。不要焦急，慢慢地將分散的滑菇集中。

⑥ 集中固定後翻面。

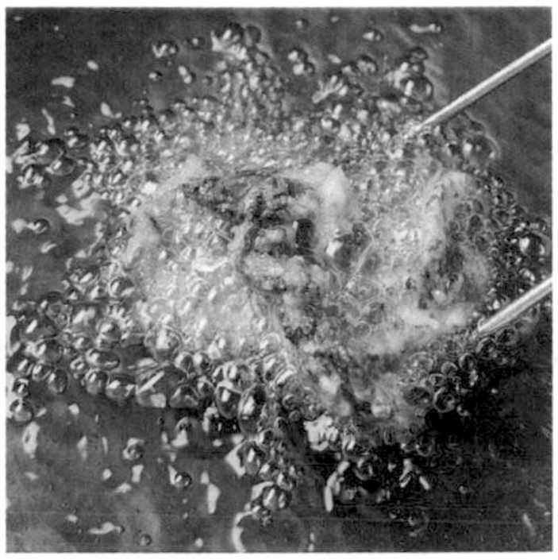

⑦ 當氣泡聲開始安靜下來時，迅速起鍋。油炸到氣泡消失為止會讓水分過度蒸發。

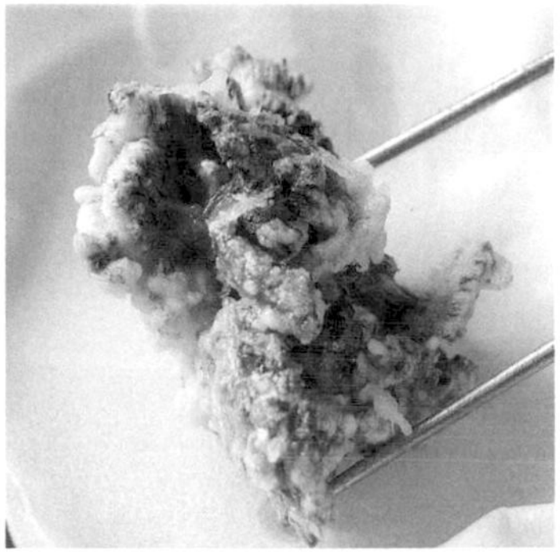

⑧ 瀝油。

舞菇

Maitake mushroom

野生的舞菇＊如果體型成長到要用兩手抱住的大小，價格會非常昂貴。雖然市面上的舞菇有菇傘白色的白舞菇和黑色的黑舞菇，但黑舞菇比白舞菇的肉質更結實、口感較有嚼勁、同時香氣也更上一層。而這裡所使用的是北海道產的野生黑舞菇。

由於和其他的菇類相同，都含有豐富的水分，因此在油炸時如何能不帶走水分是最大的重點。期待顧客在品嚐時能感受到野生特有、饒富野趣的香氣。

粉

▼

衣
稍薄

▼

炸
175℃

一人份的舞菇。從縱向撕開。

油炸的要點

用菜刀切開舞菇會傷害到裡面的纖維，因此重點是要徒手撕開。沿著纖維撕下不會讓香氣消失，同時也能留住水分。

油炸時也要極力鎖住甜份的精華避免流失，而流出來的少許精華會被麵衣吸收。同時麵衣不可過硬，須配合舞菇的口感做調整。最重要的是呈現出舞菇特有的香氣。

＊日本產。目前屏東農業生物科技園區計畫培植生產。

準備工作

① 首先用手撕成一半。再從這半份中撕成一人份。

② 像削鉛筆般將菇柄根部堅硬的地方切除。

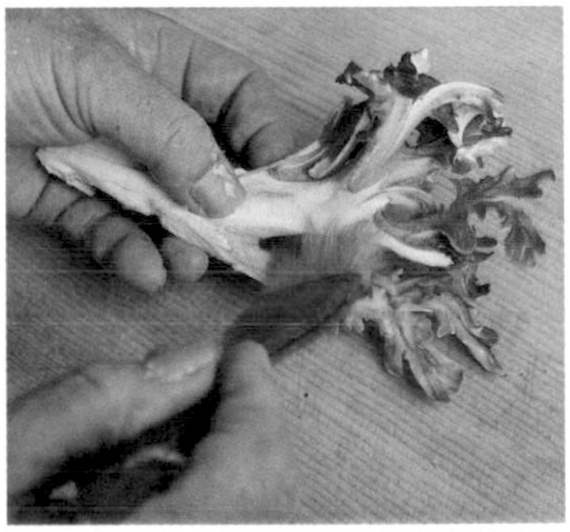

③ 用毛刷深入菇傘內，仔細地刷去泥土等髒污。

④ 利用沾濕的紙巾，細心地擦拭掉附著在菇柄上的髒污。

① 將舞菇全部裹上麵粉。

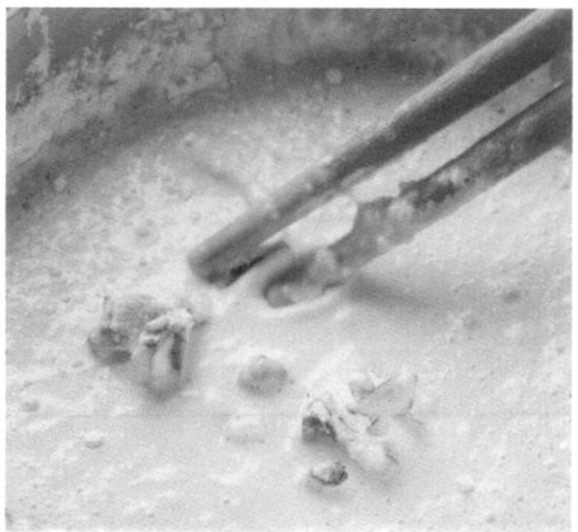

② 去除多餘的粉，沾上稍薄的麵衣。

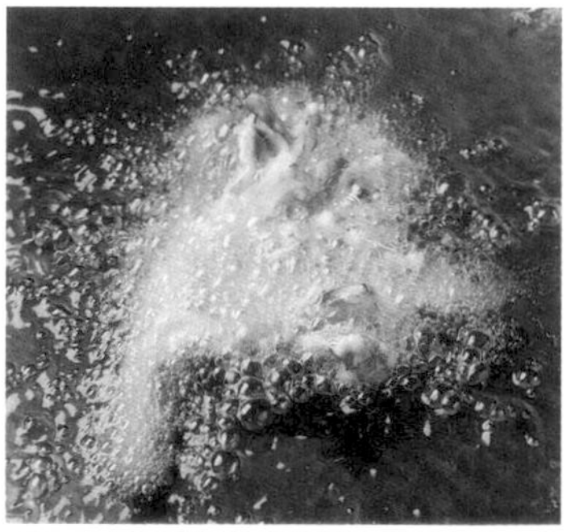

③ 放入175℃的熱油當中。如果溫度高過於此會破壞舞菇原本的香氣，味道也會產生變化。同時冒出細小的氣泡。

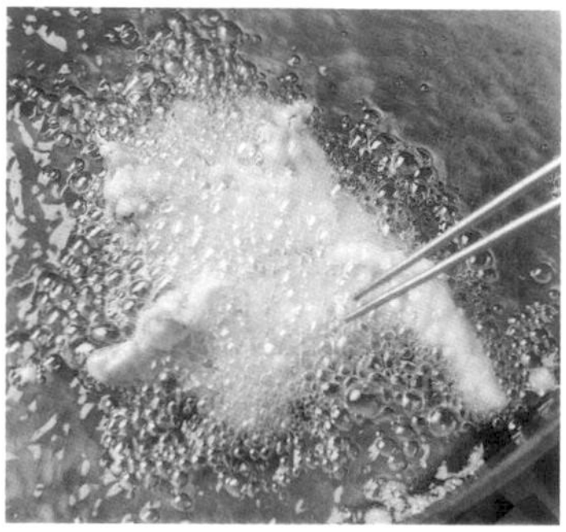

④ 翻一次面，讓麵衣不會集中在同一邊。油炸較大型的食材時，要注意避免麵衣流向同側而變得不均勻。

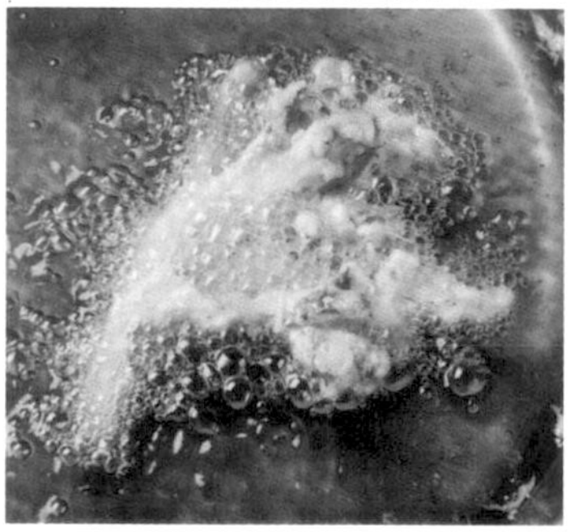

⑤ 當氣泡變大到這種程度為止即可起鍋。油炸後內部仍保留充足的水分。油炸時間為 20 ～ 30 秒。

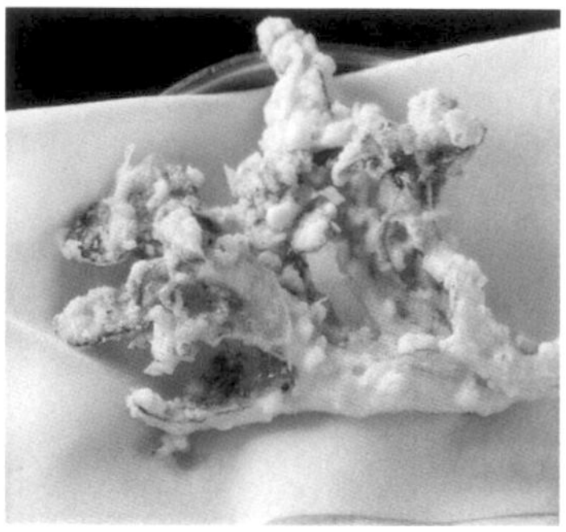

⑥ 瀝油。

松茸

Matsutake mushroom

油炸後散發著特有的香氣與口感正是松茸的特徵。菇傘張開前稱為「新芽」的松茸雖然極為高價，但香氣與張開後的松茸截然不同。

在製作天婦羅時，將油炸過的松茸淋上酢橘*會破壞原本的香氣，同時讓麵衣變得軟爛，因此嘗試將酢橘夾在松茸內油炸。這樣做能讓酢橘的香氣和酸味變得柔和，並且還能維持本身的水嫩感。另外酢橘的水分可以幫助松茸更容易咀嚼方便食用，微苦的汁液還有提味的功效。

對於吸收大地水分發育成長的食材，最重要的就是在油炸時盡力保留當中的水分。

粉

▼

衣
稍薄

▼

炸
170°C

在松茸的上方切一個切口，並放入切成薄片的酢橘。

油炸的要點

為了避免破壞香氣，切記不可過度油炸。油炸後對切的斷面仍需保持全白、有彈性的飽水程度，並且呈現出帶有嚼勁的口感。

雖然不需切開直接整根油炸，但也不必有加熱不足的疑慮。

*只生長在日本當地的柑橘類植物，是德島縣的特產。果實小呈綠色，有點類似柚子。

準備工作

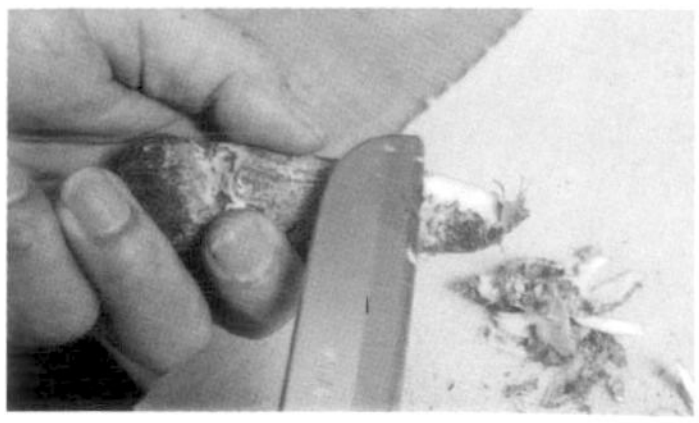
① 將菇柄根部堅硬的地方用菜刀削去。擦拭後在削除的話，反而會導致根部的髒污擴散，因此需依照此順序進行。

② 用沾濕的布巾從上至下輕輕地擦拭表面髒污。需注意逆向擦拭會造成表面剝落。

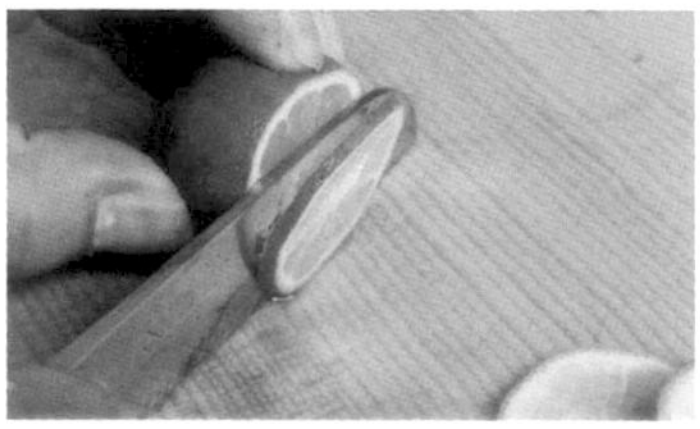
③ 將酢橘切成薄片。

④ 配合松茸的大小調整形狀。

⑤ 將松茸切開。

⑥ 夾入與切口形狀相符④的酢橘。

① 裹粉。注意不要讓粉進到切口當中，在手掌上輕輕地拂掉餘粉。

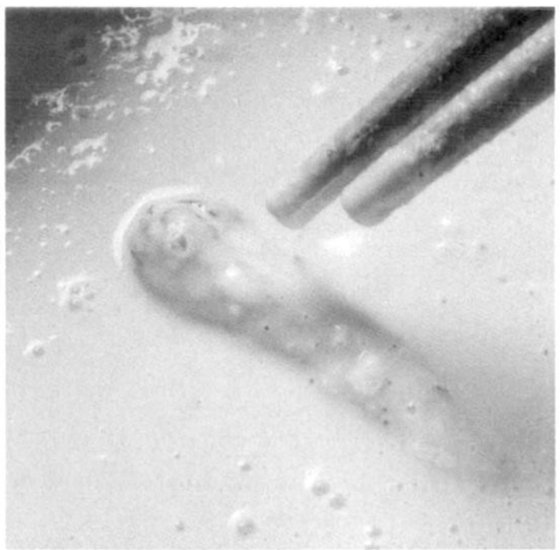

② 沾上稍薄的麵衣。

③ 用筷子夾住，小心不要讓麵衣掉落，靜靜地放入 170℃的熱油當中。

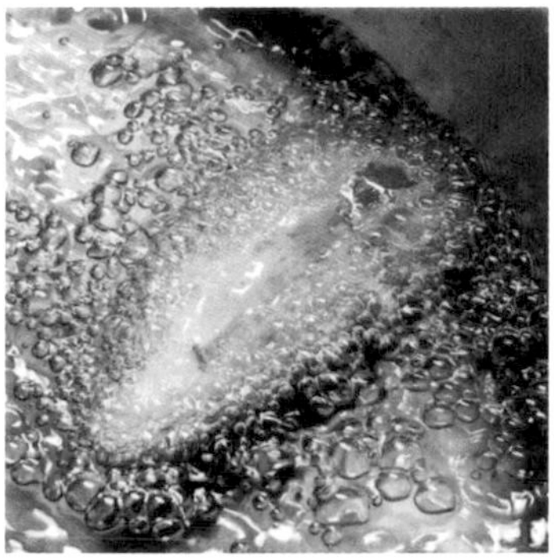

④ 剛開始會冒出許多細小的氣泡。啵嘰啵嘰的聲音是酢橘的水分。

⑤ 麵衣固定後持續轉動翻面加熱。

⑥ 當氣泡變大後即可起鍋。

⑦ 瀝油，沿著之前⑤的切口對切成一半。

慈菇

Kuwai

帶有頂芽的慈菇，因與日文的吉祥慶賀之意「芽出度い*」相呼應，而在日本被視為吉祥菜運用在新年料理當中。收穫期從初秋到春末，但盛產的季節卻是在十月。由於是新年的食材，所以也做為冬季的天婦羅食材推出。

雖然有分為青慈菇和白慈菇，但市面上販售的幾乎都是青慈菇。燉煮等料理通常都會先去除其苦澀的部分，但製作天婦羅時則不需要。為了降低本身的澀味，不裹粉沾麵衣，直接利用高溫來油炸。雖然沾麵衣會讓慈菇的萃取物殘留，但相反地不裹粉沾麵衣油炸過久，慈菇特有的萃取物又會完全消失，因此須多加注意。

油炸的要點

由於不裹任何東西直接油炸，因此為避免食材焦黑需以慢火進行。芽的部分則要炸到酥脆且散發香氣。

炸
170℃

*日文念做めでたい（medetai）。有喜事、慶賀之意。台灣有產，產於低海拔稻田或沼澤。

準備工作

剝去厚皮的六角形慈菇。

① 將慈菇的根部切平。

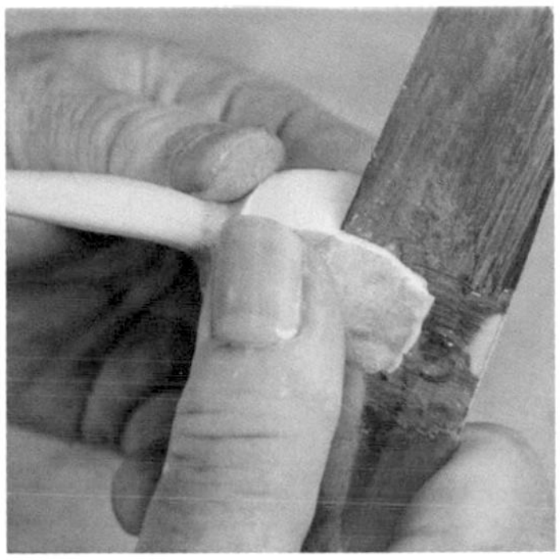

② 為了可以剛好剝成六片，從根部向芽的方向削去厚皮呈六角形。

油炸

① 握住頂芽，將慈菇以直立的方式放入 170℃的油鍋當中。

② 下鍋後立即冒出許多氣泡。在直立放入的慈菇自然傾倒之前，會產生相當多的氣泡。

③ 傾倒後仔細地加熱直到裡面熟透。

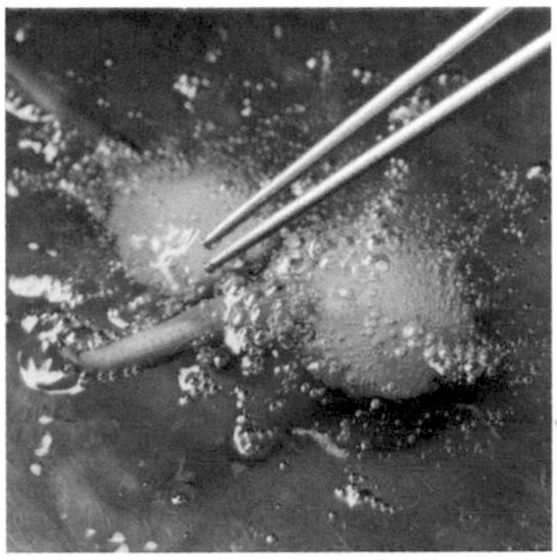

④ 不時將慈菇翻面，氣泡漸漸減少。

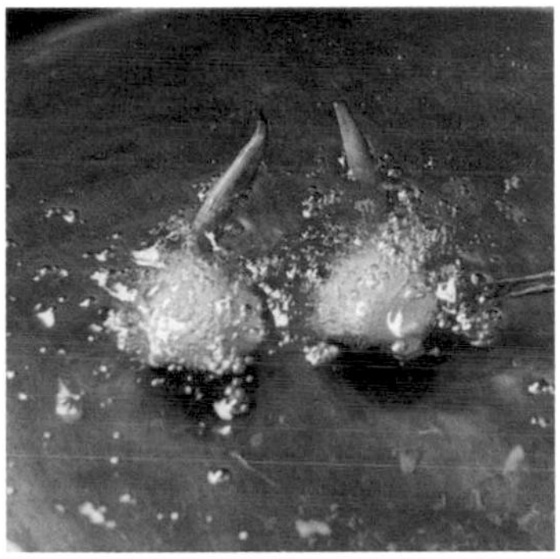

⑤ 當芽稍微浮起後即可起鍋。油炸過久會失去本身特有的味道和萃取物。

⑥ 取出瀝油。頂芽散發著香氣。

蕃薯

Sweet potato

近藤的名物「蕃薯*」。從以前說到蕃薯的天婦羅就是指切成薄片的炸物。與烤蕃薯的美味相比，為什麼天婦羅就沒那麼好吃呢？抱持著這樣的疑問，開始徹底研究蕃薯的特徵。經過長時間的發想，最後終於研發出這個蕃薯的天婦羅。油炸後再利用餘熱蒸熟的蕃薯，當中所含的甘甜與鬆軟口感，以及壓倒性的份量都是在其他地方不曾見過。

首先從食材的選擇開始。使用的是千葉縣香取產、足足有1公斤重的蕃薯。想要呈現出帶有厚度且漂亮的圓柱形，就必須要用大顆的蕃薯。

油炸的方法也很特殊。雖然是將蕃薯去皮油炸，但為了要維持在170℃的油溫，因此將油的份量調整到只有一半，讓蕃薯浸在油中。這麼做會在表面形成如外皮般香氣四溢的焦色。之後再用紙巾包覆，利用餘熱蒸到鬆軟。

完成後的蕃薯天婦羅，彷彿如同烤蕃薯的皮一般，表面呈現出香味撲鼻的油炸色澤，與中間金黃色的蕃薯形成強烈對比。

油炸的要點

以烤蕃薯的概念為出發點，加入蒸烤的手續。花費20~30分左右慢慢地油炸蒸熟。油鍋的溫度一旦下降，到上升為止需要經過一段時間，因此注意油溫要維持在170℃。

將蕃薯轉動讓周圍均勻受熱。中間還是生的時候即可取出。用紙巾包裹利用餘熱將中間悶熟。附帶一提，在餘熱中蕃薯的溫度約會再上升10℃。

如果想測試加熱程度，在油炸過程中用竹籤等刺入的話，會造成炸油流進蕃薯內。

粉
▼
衣 稍稍薄
▼
炸 170℃

*因日本舊薩摩國（今鹿兒島縣）以出產蕃薯著名，因此，在日本稱蕃薯為「薩摩芋」。

準備工作

去皮、切成漂亮圓柱形的蕃薯。

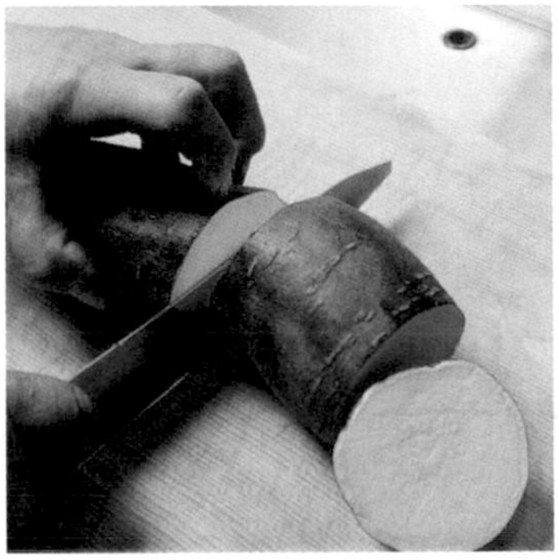

① 將蕃薯的兩端切下。切成大約７公分長的圓柱。

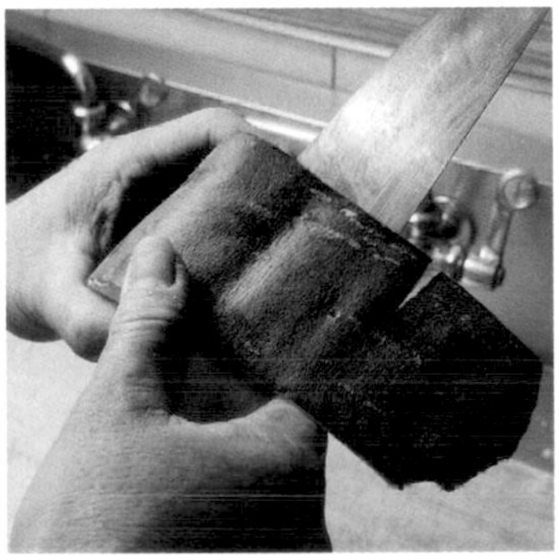

② 用剝白蘿蔔皮的方式削去外皮，調整成漂亮的圓柱形。

① 整塊裹粉，將多餘的粉拍除。

② 沾入稍稍薄的麵衣，去掉多餘的麵衣。

③ 以直立的方式輕輕地放入170℃的油鍋當中。

④ 麵衣全部散開，同時冒出許多細小的氣泡。適時地撈出油炸碎屑。

⑤ 當氣泡減少變人，下側的麵衣固定後即可翻面。

⑥ 再次冒出許多細小的氣泡。

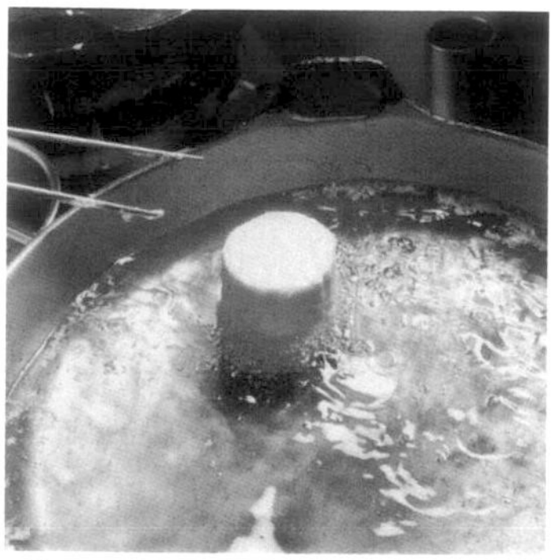

⑦ 氣泡減少後，將蕃薯橫放從側面加熱。

⑧ 不時翻轉，均勻地上色。

⑨ 變成相當深的顏色，氣泡也減少。

⑩ 油炸的色澤要均勻地上色到這種程度。

⑪ 將蕃薯取出，用紙巾包裹 15 分蒸熟。

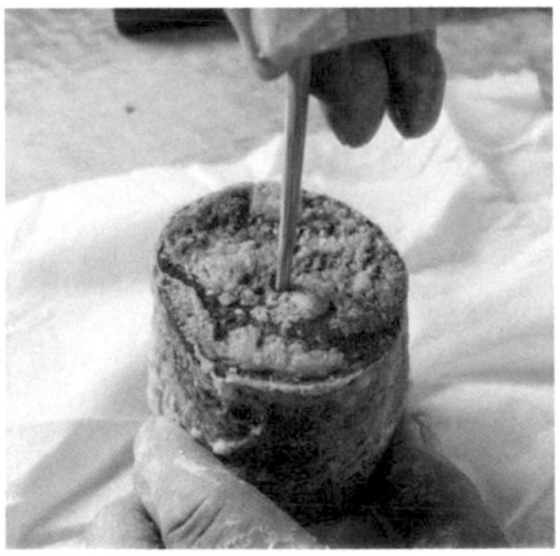

⑫ 利用筷子等工具在正中央戳上標記。

⑬ 用油炸專用筷從蕃薯正中間的標記切開。

⑭ 對切後的蕃薯。

山藥

Chinese yam

山藥的特色就是本身的粘性和甘甜。由於切過後會失去風味，因此建議整根購入。

保留山藥縱向的纖維切成厚片，即可呈現出鬆軟綿密的口感。雖然油炸後會失去粘性，但可以品嚐到加熱所帶來的味道變化。然而加熱過度會讓水分蒸發，造成口感過於鬆軟。這裡必需要保留些許山藥爽口的脆度。

同時，加熱會讓山藥的美味成分隨著水分滲出，被周圍的麵衣吸收，使麵衣變得甘甜。

油炸的要點

由於是仔細慢慢地加熱到內部，因此可以油炸出周圍鬆軟，中心仍維持脆度的清爽口感。

粉
▼
衣
稍稍濃
▼
炸
180℃→175℃

準備工作

處理完畢的山藥。

① 兩端切除，只使用粗細相同的部分。切成厚度 2 ～ 3 公分的圓形薄片。

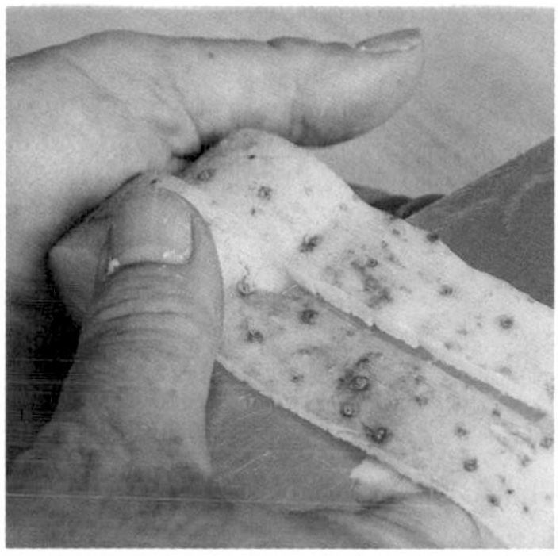
② 兩片合在一起，以削白蘿蔔皮的方式旋轉切除薄皮。

油炸

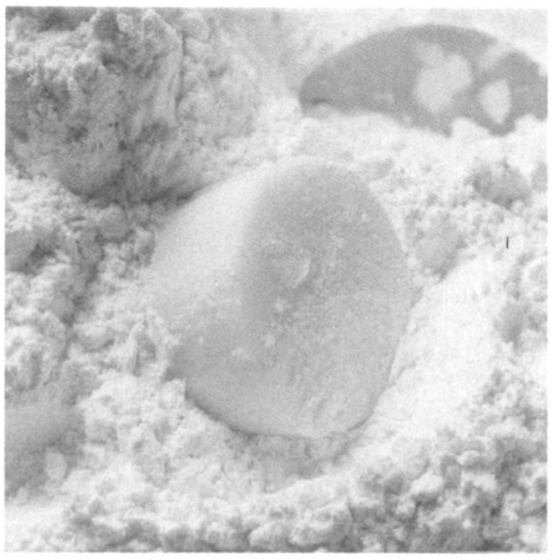
① 仔細地裹入一層薄薄的粉。

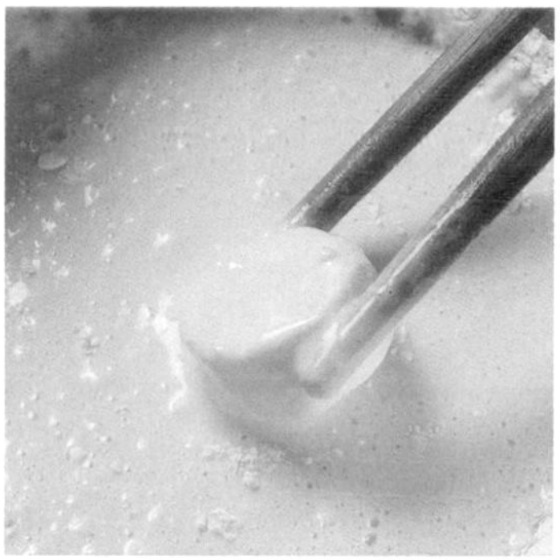
② 沾入比標準再稍稍濃的麵衣。

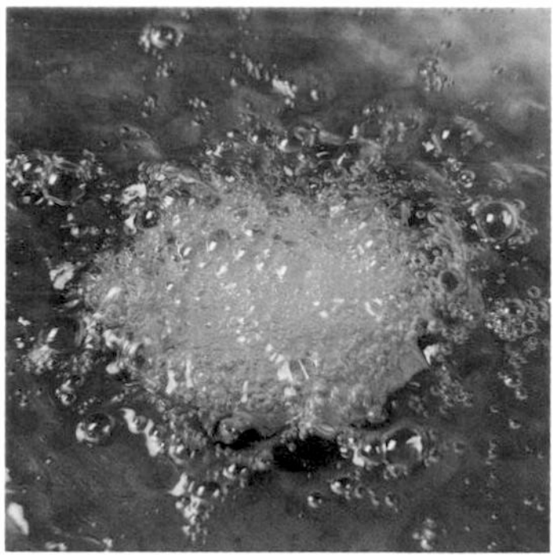
③ 放入 180℃的油鍋當中。一開始會暫時往下沉，之後油溫保持在 175℃。

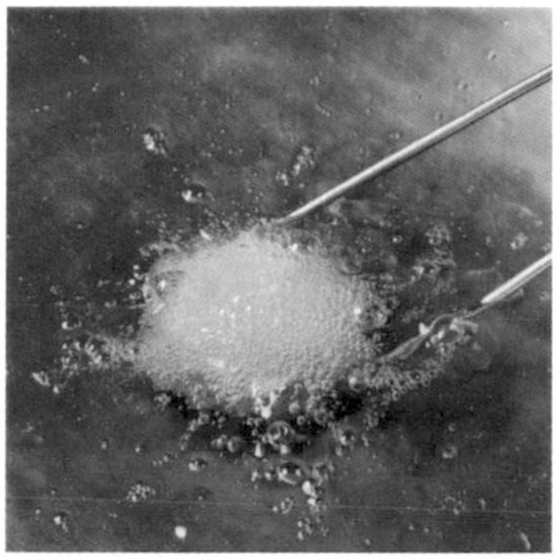
④ 上面（表面）的麵衣固定後即可翻面。

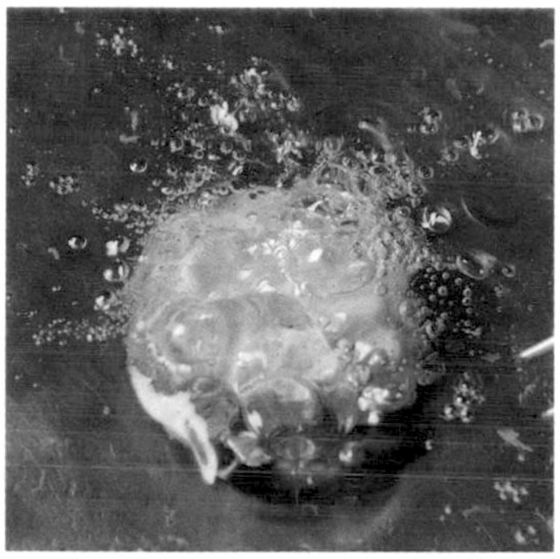
⑤ 當氣泡變大減少、山藥浮起後即可起鍋。

⑥ 瀝油。

油菜花

Rapini

搶先一步品嚐春天的香氣，十一月下旬到十二月之間登場的天婦羅食材。考慮油炸後的形狀，只保留1～2片接近嫩芽的葉子，將其他數片較大的葉子切除。最重要是要油炸出青綠色的葉片充滿生氣的印象。

須注意如果擔心葉片太薄易焦，使用過低的油溫，反而會造成葉片的外型塌落。

油炸的要點

為了讓葉片能呈現出自然的姿態，恰到好處地展開，需從葉子的前端放入油鍋。開始的油溫不可過低，受熱的情形可以透過葉片來判斷。

避免將葉片油炸過脆，適度地保留油菜花特有的水嫩口感。

粉
▼
衣 稍濃
▼
炸 170℃

準備工作

將葉片適度地摘除，對齊切成約 10 公分的油菜花。

① 用手指將較大的葉片從莖的地方摘除。保留 1 ～ 2 片接近花且形狀完整的小片葉子。

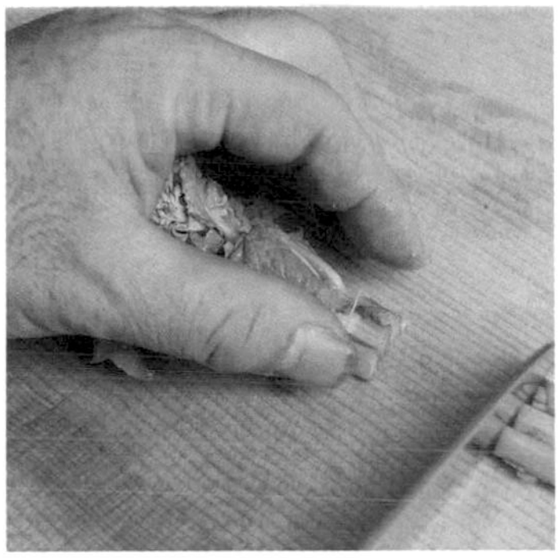

② 保留莖的長度約 10 公分，從尾端整齊地切除。

油炸

① 以手握著莖的部份，將全部裹入薄粉。

② 沾上稍濃的麵衣，從葉子的前端放入 170℃的油鍋當中。讓葉片呈現自然打開的狀態投入。

③ 冒出旺盛的氣泡，就這樣維持片刻。

④ 當氣泡減緩到這種程度之後即可翻面。

⑤ 到葉片熟度適中時就可以起鍋。

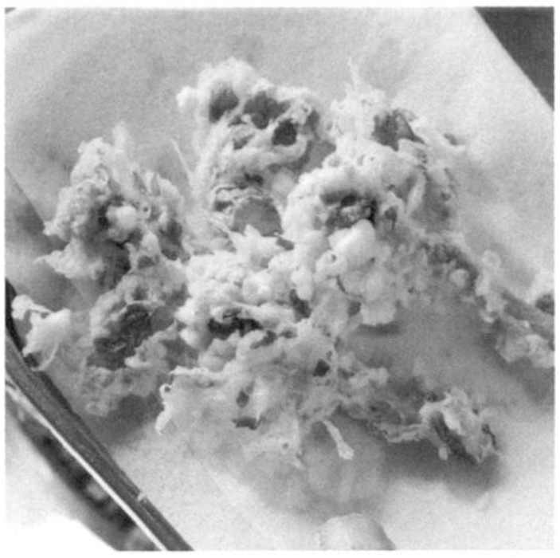

⑥ 瀝油。

胡蘿蔔

Carrot

這是一道專門為不敢吃胡蘿蔔的人所設計的天婦羅。為了讓細切的胡蘿蔔絲可以在短時間內均勻受熱，先分散放入熱油當中，之後在鍋內快速地集中堆疊，打造出立體感。

在口中清脆地散開來，打破以往對胡蘿蔔的印象，呈現出輕盈酥脆的天婦羅餅。

油炸的要點

將胡蘿蔔絲放入油鍋後會立即散開的油溫最為恰當。胡蘿蔔絲各自分散卻又帶點糾結的狀態，才能讓每一根都均勻地油炸酥脆。稍微開始定型後，用油炸專用筷迅速地攪動集中，堆疊出高度。一連串的動作須一氣呵成。

粉
▼
衣 薄
▼
炸 超過 170℃

削去外皮，沿著纖維切成細絲的胡蘿蔔。一人份的量。

準備工作

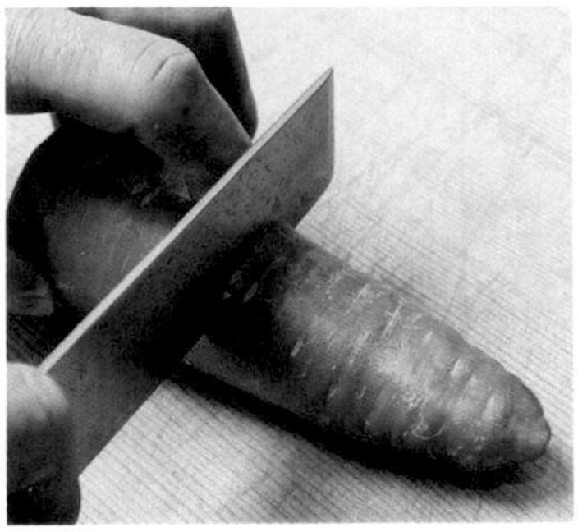

① 選擇粗細大致相同的胡蘿蔔，切成 5 ～ 6 公分的長度。

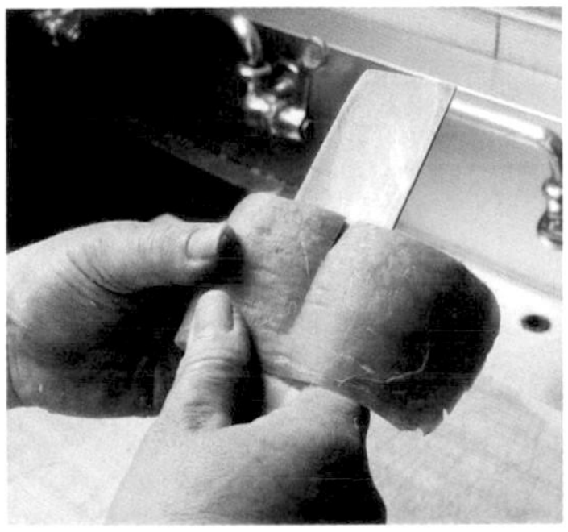

② 削去外皮。使用薄刃菜刀較容易削除。

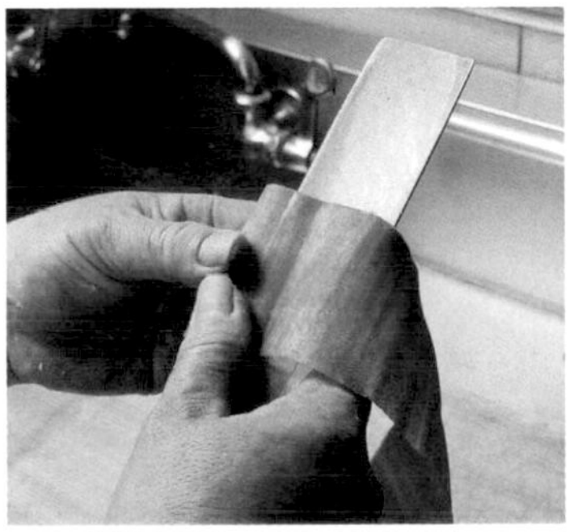

③ 薄削成長片。

④ 切到適當的長度後疊起，沿著纖維切絲。

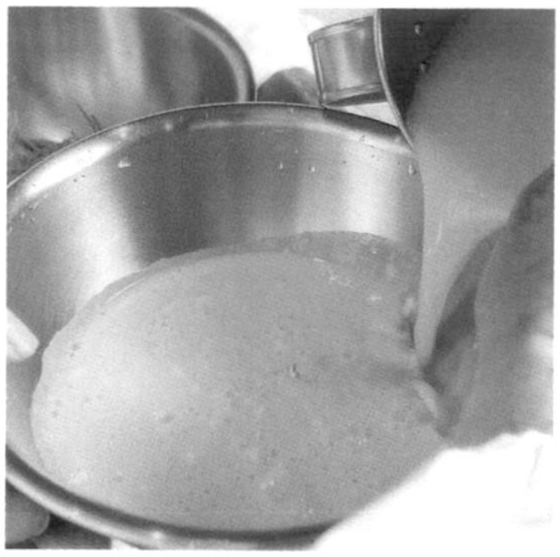

① 在標準的麵衣裡加入蛋汁稀釋。

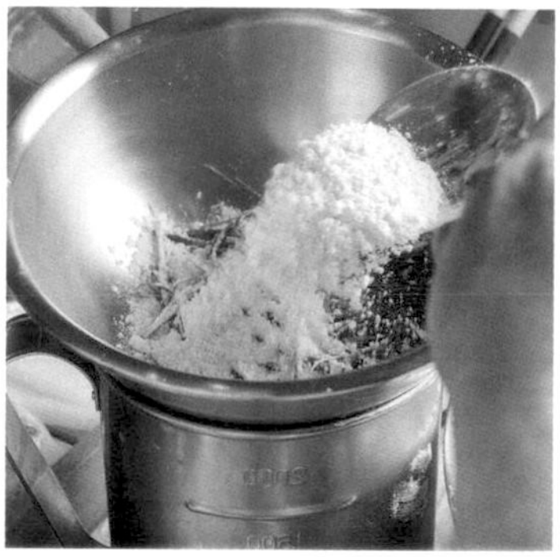

② 再準備另一個碗，放入胡蘿蔔絲與麵粉。

③ 將胡蘿蔔絲均勻地裹粉。

④ 在稀釋過的麵衣裡放入胡蘿蔔絲。

⑤ 直到用漏杓撈起時麵衣呈垂直滑落的狀態為止，持續加入蛋汁。

⑥ 在熱油裡滴入少量的麵衣。瞬間沉落。

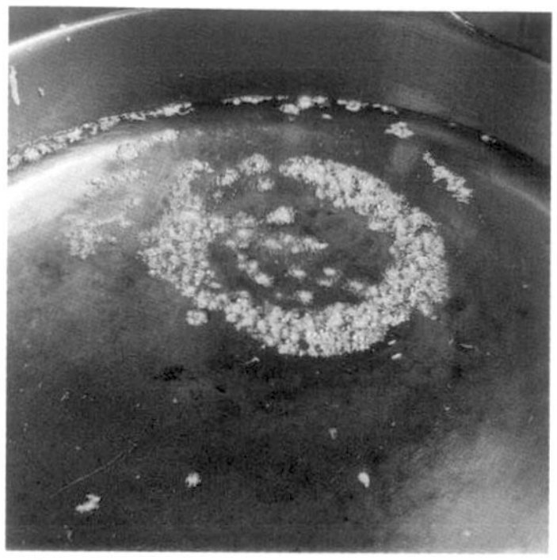

⑦ 麵衣立即浮起，散開成一個圈。從這時候麵衣的狀態和時間來判斷油溫。將油溫調整到比170℃再高一些。

⑧ 去除多餘的麵衣，將胡蘿蔔絲輕輕地放入油鍋中。

⑨ 用油炸專用筷將胡蘿蔔絲攪散。雖然散開，但末端卻是連結在一起的狀態。

⑩ 胡蘿蔔絲均勻地散開。冒出許多小氣泡。

⑪ 用筷子迅速地攪動，將粘在一起的胡蘿蔔絲分開。

⑫ 將分散的胡蘿蔔絲集中。氣泡明顯減少。

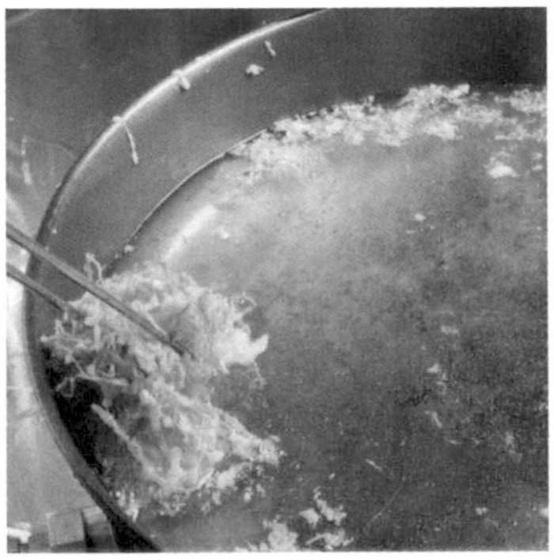

⑬ 用油炸專用筷夾起，集中成稍有高度的立體形狀。

⑭ 將四周散落的胡蘿蔔絲全部拾起集中。

⑮ 取出瀝油。

和布蕪

Mekabu

和布蕪是裙帶芽的新株，盛產季在二月，是這個時期限定的天婦羅食材。

使用生的和布蕪相當重要，油炸帶有厚度的和布蕪時，要保持本身的水分，並將顏色轉變成漂亮的鮮綠色。

但如果裹入過多的麵粉，將無法油炸出特有的漂亮色澤。

油炸的要點

首先將切開的和布蕪放入油鍋內散開，使其均勻受熱。等顏色忽然變得鮮豔時，再用筷子集中成一堆。集中時要堆疊出高度，呈現出具有立體感的天婦羅餅。

為了避免帶有厚度的和布蕪水分流失，油炸時候的動作要快。適度地去除水分，用筷子夾起觀察，變輕後即可起鍋。

粉
▼
衣 薄
▼
炸 180℃→170℃

準備工作

① 用清水將髒污洗淨。

② 水分擦乾，將附著在莖周圍的和布蕪切斷。

③ 切斷後的和布蕪。莖不使用。

④ 為了方便食用，切成一口大小。

油炸

① 將和布蕪放入碗內，加入麵粉後輕輕攪拌。

② 放入適量的標準麵衣，並加入蛋汁稀釋，仔細地裹入和布蕪的皺摺內。

③ 用漏杓將和布蕪集中撈起，輕輕地放入180℃的油鍋內。

④ 麵衣與和布蕪同時散開，用筷子將和布蕪集中。

⑤ 冒出許多細小的氣泡，並能聽見氣泡聲。

⑥ 當氣泡減少，下側固定後用筷子翻面。油溫保持在170℃，氣泡漸漸減少，並開始變大。

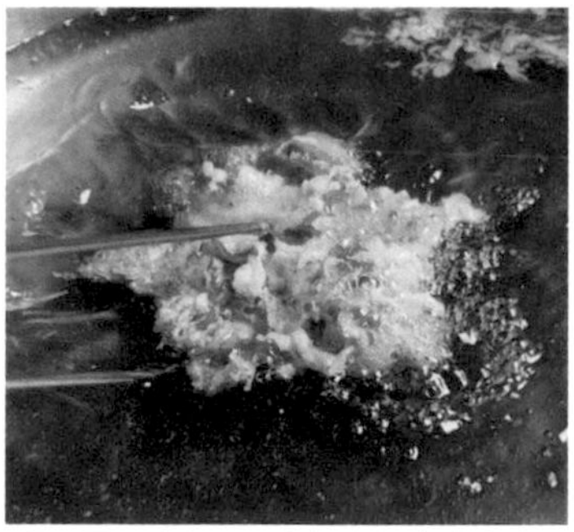

⑦ 再一次翻面。當氣泡變大減少後即可取出瀝油。

天婦羅的高湯和醬油

天婦羅的高湯

無論是天醬油、丼醬油還是茶湯汁，都是利用鰹魚片和真昆布*來熬煮高湯。

製作高湯每日必須用到一整塊鰹魚條。每天早上，都要用柴魚刨片器將鰹魚條刨成較厚的片狀。所使用的種類是雄節（鰹魚的背肉）。由於要搭配天婦羅，避免蓋過食材本身的風味，因此不刻意強調鰹魚的香氣，將高湯熬煮成清爽的口味。

鰹魚片

用柴魚刨片器將雄節刨成稍厚的片狀。所有的高湯都是使用這個鰹魚條。

真昆布

用在製作茶湯汁的高湯當中。

*昆布科的褐色海藻。分布在北海道南部到三陸地方的沿岸。長2～4公尺，葉片肉厚。是食用昆布當中最高級的種類，非常適合用來熬煮高湯。

天醬油

天婦羅是依照客人的喜好，沾鹽或是醬油來享用。天醬油為了呈現素材的味道與香氣，不添加砂糖，只使用味醂來降低甜度。通常天醬油是以常溫供應。冰的天醬油會讓天婦羅變涼，相反地，熱的天醬油又會讓麵衣軟爛。因此建議將剛炸好的天婦羅，迅速地沾上常溫的天醬油享用。再配上一點白蘿蔔泥，絕對能充分品嚐到美好的滋味。

天醬油

水 800cc
味醂 200cc
鰹魚片 1 把
濃口醬油 200cc

① 將味醂倒入水中。再將鰹魚片放入點火加熱。

② 水滾，煮沸到表面布滿氣泡為止。

③ 布滿氣泡後（味醂的酒精蒸發），加入濃口醬油。

④ 再次水滾到氣泡布滿鍋內時，關火靜置五分鐘。

⑤ 過濾。

丼醬油

天丼用的醬油。將天婦羅餅沾入這種醬油後鋪在白飯上。由於是用在丼飯的醬油，因此能否呈現出足夠的味道相當重要。同時為了要帶出本身的層次感，會在醬油裡添加清酒。

這個丼醬油是從開店至今持續使用的醬汁，因此當剩餘量到三分之一時，就要再重新熬煮補充。營業前必須先隔水加熱，待冷卻後即可以常溫使用。

① 將清酒和味醂同時放入以大火煮沸，待酒精完全蒸發。

② 到火焰完全消失為止，繼續煮沸。酒精殘留會讓清酒的澀味影響醬油的味道。

③ 火焰完全消失後，加水。

④ 隨後立即放入鰹魚片。

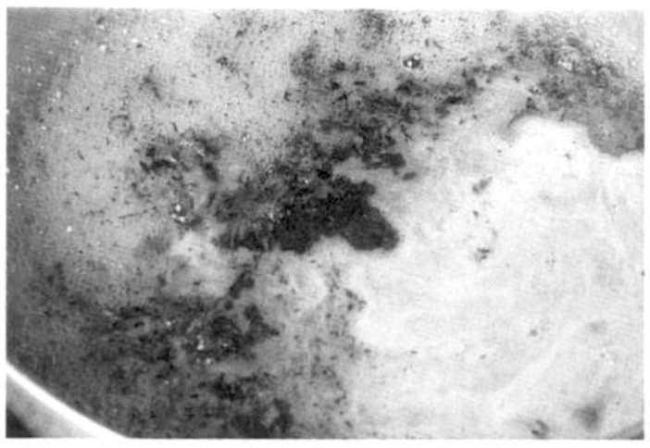

⑤ 水滾到泡沫將表面完全覆蓋為止。

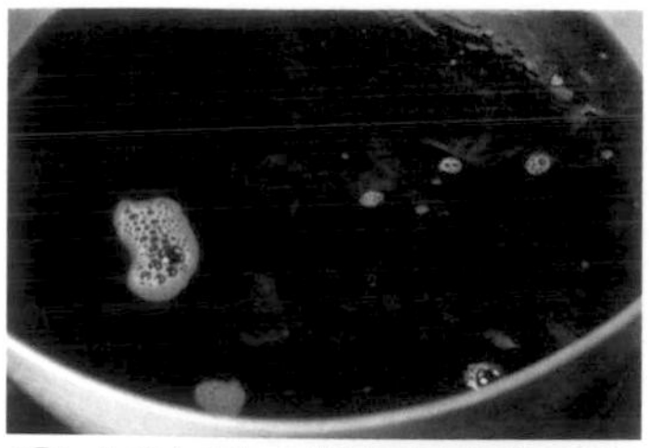

⑥ 之後立即加入醬油繼續煮沸，消除生醬油特有的味道。

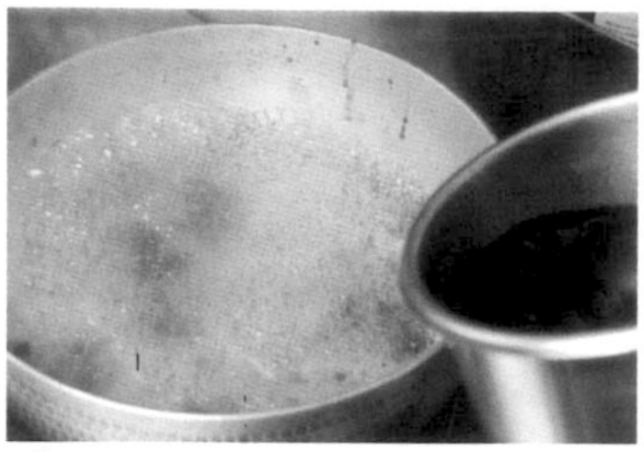

⑦ 泡沫再次將表面覆蓋後，加入原本的醬油。

⑧ 水滾後關火，靜置五分鐘。不煮沸的話就無法與原本的醬油融合。

⑨ 用湯杓將雜質取出。

⑩ 過濾。

清酒　1 公升
味醂　400cc
水　600cc
鰹魚片　1 把半
濃口醬油　600cc

丼醬油

天丼

在天婦羅的最後一道餐點，可依客人的喜好，選擇天丼或是天茶（天婦羅茶泡飯）。

天丼和天茶內放的是小柱的天婦羅餅。

天丼的天婦羅餅，搭配著丼醬油炸到香濃酥脆。在剛起鍋還熱騰騰時，馬上沾入長年持續使用的丼醬油，鋪在冒著熱氣的白飯上。天丼的套餐當中，附有味噌湯和漬物。

茶湯汁

天茶用的湯汁。昆布高湯當中加入少量的鹽，再放入焙茶的茶葉熬煮。利用焙茶可以製做出清爽的風味。為了要呈現出香氣，每一份茶湯汁都是即點即煮。

茶湯汁用的高湯

① 首先熬煮茶湯汁用的高湯。鍋內裝水，加入真昆布後開火加熱。

② 鍋底開始水滾冒泡如圖片般的程度。

③ 當冒出氣泡後，立即放入鰹魚片。

④ 再次冒出氣泡，布滿表面後關火。

⑤ 稍待片刻後，用湯杓將雜質取出。

⑥ 靜置五分鐘。

⑦ 過濾。

茶湯汁

⑧ 在過濾完成的高湯當中，加入鹽和濃口醬油增添香氣及風味。確認味道是否調整到清湯的程度。

⑨ 加入焙茶，煮沸後關火。

⑩ 立即倒入茶壺過濾。

茶湯汁用的高湯
做為茶湯汁的基礎湯底

茶湯汁

茶湯汁用的高湯 400cc
水 6公升
真昆布 10公分一片
鰹魚片 2把半
焙茶（茶葉）2大匙
鹽 1小匙
濃口醬油 1小匙

天茶

白飯上鋪著天婦羅餅，再倒入熱茶湯汁。天茶用的小柱天婦羅餅，關鍵是要呈現油炸後入口即散的鬆軟口感。

天茶的套餐。將現磨山葵泥另外放置在碟子上，並附上剛煮好還散發著香氣的茶湯汁。

天婦羅的用具

鍋

使用銅錫合金的青銅鍋。青銅製成的鍋子導熱性佳，保溫的效果也相當優秀。店內的青銅鍋是直徑 36 公分 深 7 公分。由於需經常換油，鍋底過深將不符合經濟效益。另外，麵衣沾粘鍋底會讓油炸的過程不易進行，因此在使用時，炸油的添加量要到麵衣不易沾粘的程度。

筷子

右邊的木製筷子，是為了在蛋汁裡攪拌麵粉時時使用。為確保在不沾粘的情況下快速混合，因此筷身粗大。一般稱為攪拌棒。

而左邊金屬製的油炸專用筷，是將鍋內的天婦羅翻面和從油鍋取出時使用。也可稱為真魚箸，長度比一般的筷子還要長。

食材木盤

將已處理完成、接下來要下鍋油炸的食材先放在這個木盤內做準備。從這裡拿取食材，裹粉沾麵衣。由於可以相互堆疊，因此在保存上相當便利。

湯杓

在製作麵衣時，將蛋汁加入麵粉時使用。利用較淺的湯杓少量添加，可以輕鬆地調配出麵衣濃度的細微差距。

瀝油桶　濾油杓

將鍋內散落的麵衣撈除的網杓，和放置油炸碎屑的濾油桶。市面上有各種不同的尺寸，只要選擇適合油炸場所的大小即可。而濾油杓為了可以將粘在鍋底的麵衣揭除，須搭配鍋子的形狀來選購，瀝油桶和濾油杓兩方的形狀大小適合就沒問題。「近藤」使用的是大約中型的尺寸。

漏杓

在油炸天婦羅餅時，為了要去除多餘的麵衣，而使用帶有濾孔的杓子。另外有時也會在調整濃度時，利用漏杓將少量蛋汁一點一點地加入麵粉當中。

瀝油檯

將油炸好的天婦羅擺在上方，用來過濾炸油的大型器具。由於天婦羅斜立式排放較方便瀝油，因此為了讓天婦羅容易固定，將另一側設計的較高。

瀝油盤（吧檯用）

小型的瀝油盤。在上頭鋪上紙巾等，將剛炸好的天婦羅放在上面瀝油。直接從這裡拿取供應給吧檯上的客人。

天紙

將天婦羅供應給客人時，會先在盤內鋪上天紙（吸油紙），再放入天婦羅。使用吸油力佳的紙。雖然有些店家不喜歡油漬，而選擇不吸油的滑紙。但多出來的油反而會滲入天婦羅，因此建議避免。我認為就算多少有點油漬也無妨，不過相對地，只要沾上油污就要勤於更換。

篩粉器

過篩天婦羅粉（低筋麵粉）時使用的工具。

打蛋器

製作麵衣時使用。過度攪拌會產生麵筋，因此需將打蛋器以畫 8 字的方式把粉和蛋汁混合。以前為了避免麵筋產生，曾經使用攪拌棒。打蛋器的尺寸建議搭配所使用的碗來選購。

一文字

在大阪燒或是文字燒裡被大家所熟悉的一文字，在天婦羅當中主要是做為清潔專用。負責去除掉落在油鍋外側、或是料理檯上的麵衣及粉末。

橡膠鏟

用在換油時，集中並刮去積在鍋底的油炸碎屑。

後記

對天婦羅職人而言最重要的事

最後，我將自己身為一個天婦羅職人，每日謹記在心的事、並且最重視的觀念試著做一個總整理。就算都稱為天婦羅店，每間店也各自有不同的作法，因此說不定有所分歧之處。但對於站在吧檯料理天婦羅的職人而言，以下所說的應該都是相通的要點。

①在吧檯內需時常保持冷靜的態度

在吧檯內如果無法保持冷靜的精神狀態，就不能掌握客人的動態及情緒。因為做不到這樣，就無法讓客人盡情享用、盡興而歸。優秀的職人，不只是一昧地加快速度出菜而已。

對客人的言談或是態度焦躁不安、內心無法平靜，當然天婦羅的油炸工作也不可能順利進行。因為情緒會忠實地反應在料理的味道上。

②掌握住全部十五席座位的時機，將工作流程做綜合性的規劃

天婦羅的油炸技術固然重要，但在店的經營來說，掌握時機這件事更是需要高度的技術，甚至可以說是最困難的一件工作。隨著客數增加難度也相對增高。

掌握時機，聽來簡單，但涵蓋的範圍卻是非常廣泛。控制鍋內的適當溫度和油的狀態，拿起食材便可以正確地測量水分及重量。雖然這些都是技術，但最重要的還是將這些技術鍛鍊成熟後，掌握在吧檯內油炸的時機。

在「近藤」，一天約有十二種海鮮、十五種蔬菜，另外，備有多種的天婦羅食材。

由於食材眾多，如果有定食以外的單點客人，要掌握鍋內的時機就變得非常困難。雖然十五人各自不同，要掌握住每一個人的最佳時間點並不容易，但天婦羅的美味就在剛起鍋熱騰騰的瞬間，因此這個時機極為

重要，它左右了客人對食物的滿足與否。

例如蠶豆和玉米，就屬於需維持一定的溫度否則就容易破裂的食材。因此，當這之外還要同時油炸別的食材時，作業流程的編入就變得相對困難。

像上述般，還有其他在油炸時需要留意溫度的食材。所以不得不將這些做適當的整合，順著一連串的作業流程，不間斷地供應。為此我會同時準備兩口油鍋，盡可能在完美的節奏下出菜。

如果有單點的客人表示，希望能品嚐當日準備的所有食材。這時候，以定食做為基本流程，當中再適時地穿插其他食材。同時對於單點的客人，有必要給予和其他定食客人稍微與眾不同的優越感。

另外，在用餐速度上，每一位客人也不相同。快的人，七到九品（道）的天婦羅大約在二十分鐘就可以享用完畢。而這個時候，就必須要顧慮到如何能在不破壞隔壁客人的興致下出菜。

同時也有熱中談話或是飲酒、用餐速度遲遲沒有進展的客人。這時可以利用更換天紙的動作，試圖將用餐的節奏拉回到料理人這邊。努力不著痕跡地讓客人跟隨自己容易掌握的節奏，可以說是一件相當重要的事。甚至有時對於用餐速度沒有進展的客人，當下也有可能需要暫時中斷料理的供應。

像這種掌握時機和察言觀色的能力，若是不時常鍛鍊就會變得遲鈍。假設油炸技術高超的天婦羅職人轉換跑道到別間料理店，而工作上面對的顧客又是少數客群的話，在那樣的店經過一段時間後，身心都會隨之怠惰。多年後，要是又換到來客人數多的店，便已經很難再回到吧檯內工作。因為那種配合全部客人的用餐情緒，流暢地掌握出菜時機的感覺已經變得遲鈍。

③讓客人盡興而歸

站上吧檯後，必須瞬間了解客人的喜好（對食物的好惡）或是習慣，工作才有辦法順利地進行。

例如天紙上剩下某一種食材的天婦羅。這是對方討厭的食材？又或是因為喜歡想放到最後品嚐？這時候的判斷就顯得相當困難。若客人在這之後又享用一、二道天婦羅，最終還是剩下的話，說不定就是討厭了。

這時候也是利用更換天紙的動作來探試。更換時，也許會得到「這個等一下再吃」的回應，但也有可能回答「請收走吧沒關係」。

靠這樣將客人的喜好確實地記住。因為當同一位客人下次來用餐時，要避免再端出同樣的食材，並且類似的食材也要留意。

另外，店內不分男女老幼、有各式各樣的客人前來用餐。對於這些客人，希望盡可能提供最適當的服務。

例如雖然蘆筍一整根直接供應最美味，但倘若是高齡的客人，就會變得不方便進食。對於這樣的客人，會先切成一口大小再下鍋油炸。但是，如果是一位高齡的紳士和年輕女性一同用餐的話，就必須非常謹慎地判斷，有些時候是不要在意年齡上的問題比較恰當。

てんぷら
近藤

④製作沒有油膩感的天婦羅

天婦羅因為是沾麵衣油炸的食物，當然卡路里也相對地高，與近年來以健康取向為主流背道而馳的印象，似乎相當強烈。

為了要消除這種印象，如何能感覺不到油膩、油炸出清爽的天婦羅就成了重點。

沾入適合天婦羅食材的麵衣，並且用適當的溫度油炸，即使一樣的天婦羅食材，內含的卡路里也會大不相同。本書介紹的油炸方法，是為了要呈現出不油膩、沒有負擔且容易入口的天婦羅。我們有義務要為提升天婦羅的形象，盡最大的努力精進油炸的技術。

不單只有麵衣和炸油，天氣也會影響油炸的結果。我認為是氣壓變化所帶來的影響。有時候明明以平時相同的方式油炸，卻會稍微油炸過度，在這種時候的隔天就會下雨。因此站到吧檯時，也得要留意當天的天氣才行。

本書是將「天婦羅近藤」每日的工作和我長年累積的技術，以圖片和文章的方式進行詳細地解說。期望把日本這種天婦羅的飲食文化，盡可能正確地向世界推廣，並同時肩負承傳後代的責任。

今後我也不會只滿足於現階段的天婦羅。期待時常邂逅新的食材，獲得更多的靈感，繼續創作出美味的天婦羅。我一直認為這是自己的天職。即使時代改變，仍希望持續製作出讓蒞臨本店的客人從心底獲得滿足、真心說「美味」的天婦羅。

天婦羅近藤　近藤文夫

近藤　文夫（KONDO Fumio）

一九四七年出生。十八歲進入「山之上飯店」（東京御茶水），並開始在飯店內的天婦羅店「和食天婦羅山之上」進行修業。二十三歲擔任主廚，並持續長達二十餘年，同時打響該店名聲。一九九一年獨立，在東京銀座開設「天婦羅近藤」。二〇〇四年隨著店址大樓的改建，將店面擴大移至九樓。總是維持中午二輪，夜晚高朋滿座的繁榮景象，從世界各國慕名前來「天婦羅近藤」的客人也不計其數。並時常出現在雜誌和螢光幕。因已故作家池波正太郎的機緣，曾參與電視連續劇的演出。在重現小說《劍客生涯》書中料理的節目《劍客家常菜》上，負責製作料理的部分。重要的著作有《獻給池波正太郎的年菜料理》（筑摩書房）、《池波正太郎的食桌（合著）》（新潮文庫）、《劍客商売 包丁ごよみ（合著）》（新潮文庫）等。

天婦羅近藤
〒104－0061　東京都中央　銀座5－5－13坂口ビル9階
電話　03－5568－0923

米其林二星「天婦羅近藤」主廚近藤文夫的
全技法圖解天婦羅

作者　近藤文夫
翻譯　陳孟平
責任編輯　廖婉書
美術設計　蔡文錦

發行人　何飛鵬
事業群發行人　李淑霞
副社長　林佳育
主編　張素雯

出版　城邦文化事業股份有限公司 麥浩斯出版
E-mail　cs@myhomelife.com.tw
地址　104 台北市中山區民生東路二段 141 號 6 樓
電話　02-2500-7578
發行　英屬蓋曼群島商家庭傳媒股份有限公司城邦分公司
地址　104 台北市中山區民生東路二段 141 號 6 樓
讀者服務專線　0800-020-299（09:30 ~ 12:00; 13:30 ~ 17:00）
讀者服務傳真　02-2517-0999
讀者服務信箱　Email: csc@cite.com.tw
劃撥帳號　1983-3516
劃撥戶名　英屬蓋曼群島商家庭傳媒股份有限公司城邦分公司
香港發行　城邦（香港）出版集團有限公司
地址　香港灣仔駱克道 193 號東超商業中心 1 樓
電話　852-2508-6231
傳真　852-2578-9337
馬新發行　城邦（馬新）出版集團 Cite（M）Sdn. Bhd.
地址　41, Jalan Radin Anum, Bandar Baru Sri Petaling, 57000 Kuala Lumpur, Malaysia.
電話　603-90578822
傳真　603-90576622

總經銷　聯合發行股份有限公司
電話　02-29178022
傳真　02-29156275

製版／印刷　凱林彩印股份有限公司
定價　新台幣 499 元／港幣 166 元
2014 年 02 月初版 1 刷
2023 年 6 月初版 13 刷 · Printed In Taiwan

ISBN　978-986-5802-73-8

TENPURA NO ZENSHIGOTO TENPURA KONDO NO WAZA TO AJI

國家圖書館出版品預行編目(CIP)資料

米其林二星「天婦羅近藤」主廚近藤文夫的全技法圖解天婦羅 / 近藤文夫作; 陳孟平譯. -- 初版. -- 臺北市: 麥浩斯出版: 家庭傳媒城邦分公司發行, 2014.02
面; 公分
ISBN 978-986-5802-73-8(平裝)

1.食譜 2.日本

427.131　103000592